Consumer Behavior

消費者行為

2nd Edition

林欽榮◎著

再版序

人類自出生起，即扮演著消費者的角色。無論在食、衣、住、行、育、樂等各方面，每個人都會自然地成爲消費者。不過，隨著文明的進展與科技的發明，人們所消費的產品和服務，不管在種類或數量上都愈爲繁多，且由簡單而複雜，由單一而多樣。此不僅顯現在產品和服務的變化上，也顯示在人們需求的變化上。因此，凡是有意從事行銷工作的人員面臨此種情景，都必須更加努力地去探討消費者行爲。本書撰寫的目的，即在幫助行銷人員瞭解、解釋和預測消費者的購買行爲，從而能掌握住消費者的動態。

然而，誠如本書第一版所強調的，消費者行爲是植基於個人的心理基礎上，這部分即由消費者的動機、知覺、學習、態度和人格所構成。其次，消費者的購買意願與行爲，也深受人際互動、參考群體，以及家庭決策的影響。此外，所有的消費行動都是在社會文化情境中完成的，此種情境最主要包括社會階層、文化規範、組織環境，與整個決策過程等。由於吾人認爲整個大環境也可能影響消費者的行爲，故而再列出專章「消費情境」，用以加深行銷人員對消費者行爲的深入認識。

接著，由於消費者行爲的研究，乃在幫助行銷人員增進其行銷知能；而此種知能的增進，除了需瞭解影響消費者行爲的各個層面因素之外，行銷人員也必須接受相關的訓練，並作自我的發展。是故，吾人乃以「行銷訓練與發展」作爲本書的結尾。

本書再版與第一版的不同之處，乃在於加強消費者知覺方面的探討，新增了消費情境的分析，並把第一版最後三章濃縮成一章「行銷訓練與發展」，其餘各章則只作部分文字的修訂。本書進行修訂的目的，一方面乃在期求更能貼近消費者行爲的題旨，另一方面則在順應今日目

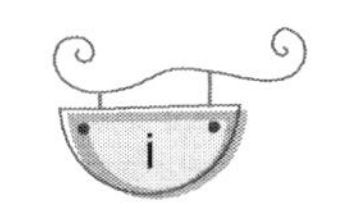

標市場的需求。

本書自出版以來，承蒙各界人士的厚愛，著者在此致上最深的謝意。同時，期待舊雨新知仍能一本初衷，繼續指教爲幸。

林欽榮 謹識

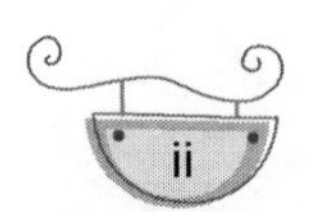

第一版序

消費者行爲研究是今日行銷領域的重心，蓋今日的行銷概念是具有「消費者導向的」（consumer-oriented）。所有企業生產或提供的產品或服務，若沒有消費者或消費大衆，必將化爲烏有。因此，今日的生產者不僅要提供良好品質的產品或服務，更重要的乃在滿足消費者的需求和願望，這就是今日行銷學所提倡的「以消費者的需求爲前提，以消費者的滿足爲依歸」之鵠的。

爲了達成此目標，本書的撰寫乃從行爲科學的角度來探討消費者的心理與行爲。首先，吾人從消費者的個體行爲基礎開始，討論個體的動機、知覺、學習、態度和人格等，是如何在塑造個別的消費行爲。依此，行銷人員必須適切地掌握消費動機，善用消費者的知覺，增強消費者的品牌忠實性，推展足以影響消費者態度的行銷策略，以及發展具有產品人格和品牌人格的產品，用以吸引消費者的注意，激發其購買興趣，燃起其對產品的欲望，並在採取購買行動後，能獲致充分的滿足感。

此外，消費者個別的消費活動，並非完全依其自我心理狀態而形成的，有時此種購買行爲也會受到人際互動的影響。此種人際互動包括兩人之間的互動、參考群體和家庭成員等的相互影響。在人際互動中，意見領袖的影響具有動見觀瞻的效用。參考群體則爲消費者學習和模仿的對象；而家庭成員的需求和生命週期，則決定了消費決策與行動。這些都是行銷人員所必須探求的重點。

再者，消費者的購買動機與行爲，也受到社會文化與組織環境的影響。在社會方面，消費者會依據其社會地位選購符合其規範的產品和服務。在文化方面，文化特質因素以及個人所處的次文化群體，都會規制

個別消費者的購買行爲。在組織環境方面，除了組織因素會對消費者行爲有所影響之外，組織本身的購買過程亦會顯現出一些特性。同時，消費者會依上述各種心理、社會和文化等的綜合情境因素做出消費決策。

消費者行爲固由前述各項因素所構成，則行銷人員正可依此作爲市場區隔的基礎，而將消費大衆區隔爲許多不同的消費群體，以便於推展行銷工作。除此之外，行銷人員亦需作自我的行銷訓練，發展自我的溝通技巧，並隨時創新與擴散新產品，以使消費者保持常新的新鮮感和好奇心，如此自可刺激或增進消費者的購買動機和行動，並達成促銷產品的目標。

本書基本上係依據上述架構而編寫，其目的乃在幫助行銷人員瞭解消費者行爲，並探討影響消費者行爲各個層面的因素，用以擬訂較合宜的行銷策略。同時，也提醒學生在學習行銷原理之餘，能不忘記對消費者行爲的探究，如此較能完整地吸收整個行銷概念。然而，由於作者所知有限，其中難免有所疏漏，尙望專家學者不吝指教。

林欽榮 謹識

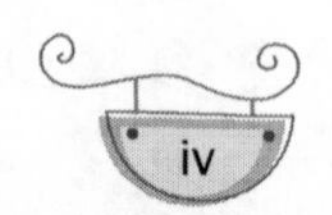

目　錄

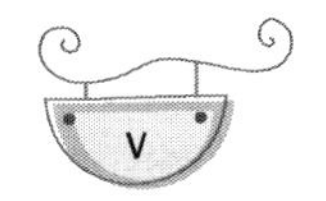

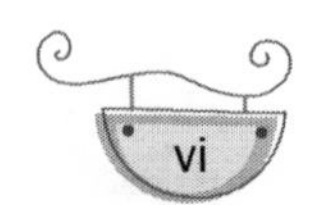

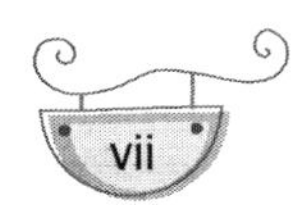

第四篇　社會文化與購買決策　219

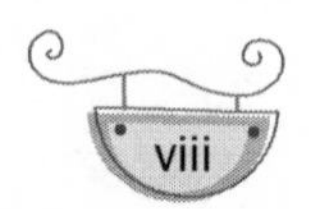

Consumer Behavior

第一篇　導　論

在今日工商業發達的社會裡，所有的企業生產或提供無數的產品與服務，都有賴行銷工作來推展；而在行銷領域中，對消費者行為的瞭解與研究實居於關鍵性的地位。蓋任何商品若沒有目標市場，即消費者和消費群，則商品的生產將不具意義。因此，在行銷上乃由過去的銷售觀念（selling concept）轉為今日的行銷觀念（marketing concept），亦即由過去的「生產者導向」（producer-oriented）轉為今日的「消費者導向」（consumer-oriented）。今日生產者不僅要生產或提供良好品質的產品或服務，更要重視消費者的各種需求和慾望，故而深入探討消費者及其行為是必要的。本書編寫的目的即在讓行銷者瞭解、解釋、預測與掌握消費者行為。

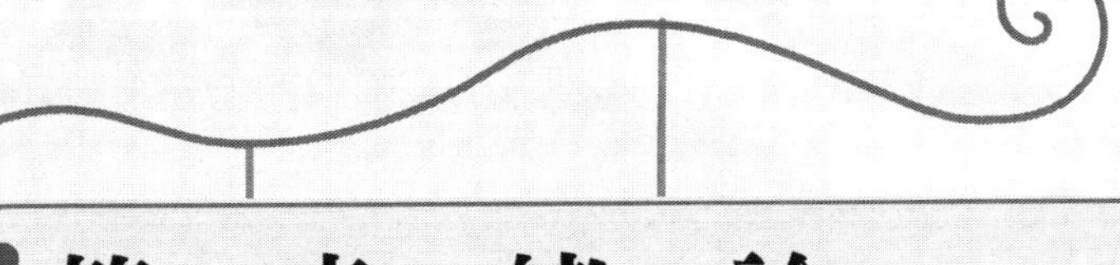

第一章　緒　論

Consumer Behavior

第一節　消費者行為的意涵

第二節　消費者行為的研究目的

第三節　消費者行為的研究步驟與方法

第四節　消費者行為的相關學科

第五節　本書的架構

消費者行爲研究的目的，乃在使行銷人員瞭解消費者的行爲與反應。就事實而論，個別消費者之間的行爲具有許多同質性，但也存在著不少的異質性。此乃因人類行爲在本質上固有共同性，但也因各項因素而存在著差異性之故。消費者行爲研究必須針對影響消費者行爲的各項因素作深入的探討。本章首先將分析消費者行爲的意涵，然後研討其研究目的、方法，且研析與消費者行爲相關的學科，據以確立消費者行爲的研究範圍及其內容。

第一節　消費者行爲的意涵

消費者與生產者是相對的概念，生產者是提供產品或服務的人，消費者是耗用產品或服務的人。事實上，就消費實體而言，消費者可分爲個人消費者（personal consumer）與組織消費者（organizational consumer）。組織消費者包括政府機關、營利和非營利事業單位等機構，這些組織購買產品、設備或服務，有些是用來生產或提供新的產品或服務，有些則只用來維持其正常營運與運作。至於個人消費者是指個別的自然人，其選購產品或服務係爲了自己的需求、家庭需要，或作爲贈品。在這些情況下，個人選購產品或服務，基本上是爲了滿足自己的需要，亦即爲供作個人使用，故又可稱爲最終消費者（ultimate consumer）。

一般而言，無論是個人消費者或組織消費者對行銷工作都同樣重要。然而，個人消費者是所有消費行爲類型中最普及的，其所涉及的範圍包括所有的個體，此種不同個體固有其一致的相同特性，但也存在著許許多多的差異，如年齡、動機、知覺、過去經驗、學習、態度、情緒、性格、價值觀，以及人際互動型態、群體關係和其他各種背景，以致影響其購買決策、消費型態和購後行爲。因此，個人消費者所表現的

行為，乃為本書所欲探討的重心所在。

依此，消費者行為的研究重心，乃在瞭解個體如何進行決策，以運用各種可能的資源，從事於各項消費活動。今日消費行為研究者，必須致力於「以消費者的需要為前提，以消費者的滿足為依歸」。換言之，消費者行為研究的基本原則，就是在強調「消費者至上」。因此，消費者行為研究應把重點放在消費者與消費環境的互動行為上。

至於，所謂行為係指個體所表現的一切活動而言。此種活動可以是內隱的，也可以是外顯的，前者稱為內隱行為（implicit behavior），後者稱為外顯行為（explicit behavior）。內隱行為是個體表現在內心的行為。它為隱藏在內心的思想、意念、態度等，如想要購買某種東西即是。外顯行為是個體表現在外而能為他人所察覺或看見的行為，如某個人正在購買機車即是。內隱行為涵蓋了個體所知道或無法知覺到的，其尚可包括意識（consciousness）、潛意識（unconsciousness）和半意識（sub-consciousness），這些都會影響到個人的行為。外顯行為則不僅個人知覺得到，而且也是別人所看得到的，如一個人正在選購商品即是一種外顯行為。

綜上言之，消費者行為乃是消費者在搜尋、取得和處置產品或服務時，所表現的內在和外在行動。這些行動常受到個體因素，如動機、知覺、需求、慾望、態度、性格和過去經驗，以及人際互動、群體關係、組織、社會、文化與物理環境等因素的影響。因此，消費者行為研究乃在探討個人如何依據上述各種因素，而作出購買決策，從而採取購買行動之過程。企業行銷人員正可藉由此種瞭解，用以促進行銷活動，終而達成行銷的目的。

第二節　消費者行為的研究目的

任何學科的研究都有其目的，消費者行為研究亦然。消費者行為研究係將心理學、社會學、文化人類學的原理原則，應用於解說消費者的購買動機與行為、購買決策以及購買情境上，以使行銷者懂得運用各種行銷手法，而利於產品和服務的促銷活動。綜觀消費者行為的研究目的，可細分為下列各項：

一、有效區隔市場

消費者行為研究的首要目標，就是在協助行銷者深入瞭解消費者，以便能作有效的市場區隔。在消費行為上，購買者的動機、偏好、態度、性格、群體互動、社會階層、所得水準與文化因素等，是不相同的。因此，為了順應消費者的不同需求，必須將消費者的屬性與特性加以分類，據以訂定行銷策略和方針，此即為市場區隔（market segment）。當然，由於人類的基本需求是一致的，廠商也可以整個市場消費者的慾望，來訂定市場政策，此即為市場總合（market aggregate）。然而，廠商無法確知哪些產品是消費者最喜歡的，哪些是他們不喜歡的；此時只有研究產品屬性、消費者的偏好以及其生活背景、社會屬性與行為特質等，來區隔市場。組織行為研究正在探討這些特性。是故，有效地區隔市場，是消費者行為研究的主要目標之一。

二、瞭解消費動機

消費者的購買動機，正是消費行為的原動力。因此，要探討消費者的行為，就必須瞭解消費者的動機。惟消費動機是相當複雜的，消費動機除了可能來自於消費者本身的需求之外，尚可能源自於內、外在的刺激。這些動機可包括生理性的、心理性的和社會性的，以致形成購買動機，包括產品動機和惠顧動機。此等動機都是消費行為研究者所必須探討的內容。甚而個人可能因購買動機而有了理性的購買和情緒性的購買。這些都有賴於對消費者行為的深入探討。是故，瞭解消費者的動機，亦為消費者行為研究的目的。

三、開拓行銷市場

消費者行為研究的基本目標，既在探討消費者的購買動機和行動，則可由此而瞭解目標市場何在，從而找尋目標市場，並評估該市場有多少購買者，具有多少購買潛力。行銷者可依此而開發自己的產品和服務，用以因應此種市場，發展其行銷利基。因此，從事消費者行為的研究，可協助企業機構開發和拓展其行銷市場，乃是不容置疑的。

四、提高行銷效能

消費者行為研究的目的之一，乃是希望能提高行銷與服務效能。產品行銷量的大小，往往取決於產品銷售服務效能的高低。企業唯有提升行銷與服務效能，才能深受消費者的喜愛，從而達成大量行銷的目的。因此，廠商提供快速而周到的商品行銷服務，是促進大量行銷的最佳方法。此外，商店位置的選擇、展覽會的舉辦、商品的陳列與佈置、人事與組織的發展、連鎖商店的建立等，都與行銷效率有關；而這些都有賴對消費者行為的研究，據以瞭解消費者的型態，進而完成促銷的任務。

五、促進行銷活動

消費者行爲研究的目的之一，乃在促進當前的行銷活動，打開促銷的通路，開發新的行銷機會。消費者行爲的研究，可提供廠商作爲行銷原則，並據以擬訂行銷策略與方針。如商業廣告如何引發消費者的注意與興趣，如何瞭解消費者的個人偏好，參考群體、社會階層與文化因素，如何影響消費者行爲，如何安排行銷環境以刺激消費者的衝動性購買，如何發現新的消費群體，如何開發新產品與新市場，以及如何滿足消費者尚未滿足的需求與慾望等，都可自消費者行爲研究中歸納出原則原理，並善加運用。

六、開發行銷技巧

消費者行爲研究不僅在提高行銷效能與促進行銷活動，更在於開發行銷技巧。行銷技巧如與消費者的溝通、引發消費者的注意與興趣等，都必須透過商業訓練才能達成；而此等行銷技巧的訓練，都有賴對消費者行爲學理的深入研究與探討。其目標乃在提高行銷人員對人際關係和社會關係的敏銳性和敏感度，行銷人員唯有從中得到啓示，用心瞭解人性行爲，才能有助於行銷工作的完成。行銷技巧的有效運用，正可促進行銷活動，提高行銷效能，用以達成行銷目標。

七、發展行銷學術

消費者行爲研究的另一項目標，就是在協助發展行銷學術，用以指導行銷技巧。行銷學術的發展，乃在發掘行銷上的各項問題，從而尋求解決問題的方法，用來協助解決行銷上的實際問題。行銷問題唯有賴學術研究，才能尋求順利解決問題之道，並隨著環境的變遷而採取因應之道。例如，過去的「生產者導向」之轉化爲今日的「消費者導向」，實是社會環境發生變遷之故，而此則爲透過消費者行爲研究所發現的結論。同時，消費者行爲研究的學術，即爲廣泛地運用科際整合的知識，才發展出其本身的研究範圍。是故，消費者行爲研究本身亦可提升其學術水準。

八、維護消費權益

消費者行爲研究既在探討和瞭解消費者的購買行爲，則此等研究必須追尋何以消費者要購買。一般而言，消費者之所以要購買是因爲缺乏而有了需求，亦即他所想購買或已購買的產品或服務能帶給他好處和便利，唯有如此他才願意購買。因此，消費者行爲的研究者乃一再強調行銷者有責任去維護消費者的權益，也唯有如此才能激發消費者再度購買的意願。因此，從事消費者行爲研究，可提醒行銷者注意維護消費者的權益。

九、創造企業利潤

消費者行爲的研究，乃在使廠商知道如何激發或改變消費者的需求與習慣，從而能達到促銷的目的，以提高其企業利潤。企業經營的目標之一，即在創造最大利潤；而利潤目標的達成，必須產品有寬廣的行銷通路，且廣受消費大衆的歡迎。至於行銷通路的擴展與消費者的偏好等，都有賴消費者行爲的研究。因此，消費者行爲研究的目標之一，即在協助廠商創造企業利潤。

十、增進社會福祉

消費者行為的研究，不僅在協助企業開創利潤，更在促使企業提供高品質的產品與服務，來滿足消費者的需求。因此，商業行銷固應為企業賺取利潤，更重要的乃在增進消費者的福利。惟有消費者對產品或服務感受到利益，他們才願意繼續消費，甚而產生品牌忠實性。是故，廠商不但要瞭解消費者的需求，而且要預測與刺激消費者的需求，方能使不同類型的消費者，購買到個人所需要的產品。這些都要透過消費者分析與需求刺激的研究來達成。

總之，消費者行為的研究目標是多元的，它不僅在協助工商企業解決行銷上的問題，也在滿足消費者的各項需求。它的重大貢獻包括協助有效地區隔市場、瞭解消費者的動機、開拓行銷市場、提高行銷效能、促進行銷活動、開發行銷技巧、發展行銷學術、維護消費權益，最終目的則在開創企業利潤與增進社會福祉。然而，消費者行為的研究與應用，很難達到盡善盡美的境地；此乃因其牽涉到消費者的許多內在心理因素與外在環境因素，這些都是難以預測、解釋和控制的。

第三節　消費者行為的研究步驟與方法

消費者行為具有相當的動態性，所有消費行為之間都存在著錯綜複雜的關係。吾人研究消費者行為，必須運用科學方法有系統地作資訊蒐集。因此，消費者行為的研究並不是一蹴可幾的，它必須經過嚴謹的歷程，始能得到初步的瞭解；然後再經過不斷地淬礪，始能獲取其精髓。是故，消費者行為研究實包括相當複雜的歷程，並需使用各種方法去探

討消費者行爲的本質。本節將依其過程分析各項步驟，同時研討消費者行爲的方法。綜觀消費者行爲的研究過程如下：

一、界定研究目標

消費者行爲研究的首要步驟，就是在確立所要研究的目標。唯有確立所要研究的目標，才能掌握研究的方向，並釐定其研究範圍與內容。例如，吾人研究消費者行爲的目的之一，乃在探討消費者的購買動機及其購買決策過程；其最終目標則在使行銷者瞭解這些過程，以改善行銷技巧，達到商品促銷的目的。因此，界定消費者行爲的研究目標，才能指引消費者行爲的研究方向，再從中探討有關消費者行爲的所有主題，然後據以確定其研究內容，諸如消費者的心理基礎、群體互動狀態、社會文化的影響等。是故，研究目標的確立，是所有研究工作的首要步驟。

二、搜尋一般資料

在設定研究目標之後，就必須開始搜尋與該目標有關的一般資料。所謂一般資料，是指與研究目標和主題有關的資料，但尚不屬於專屬的直接資料。這些資料可能包括外界組織或人士所做的研究發現、公司內部所保留的資訊，或其他人士所蒐集的消費資訊等，都可用來印證所要研究目標的主題，並從中獲得靈感，或協助作爲研究目標的主題之線索和方向。通常政府機關、民間研究機構、行銷研究公司，以及廣告代理商所發布的人口統計資料，如地區居民人數、年齡、性別、職業所得、工作地點等，正是一般資料的來源。

三、設定研究方法

消費者行爲研究的第三個步驟，就是設定研究方法。在搜尋過一般資料後，研究者必須思索一些研究方法，考量何種方法最能夠完成所要研究的目標。這些方法不外乎：

(一)觀察法

觀察法（observational research）是研究消費者行爲運用最爲廣泛的方法。行銷人員透過觀察法可瞭解消費者與產品之間的關係，最好的方法就是觀察他們的購買和使用過程。觀察法又可稱之爲自然觀察法，此乃因觀察法係順乎自然所作的研究方法之故。一般而言，人類行爲大多發乎自然，而在自然的情況下，較能作客觀而有系統的觀察。因此，觀察法不失爲蒐集資料的最佳方法之一。惟觀察法又可分爲現場觀察法和參與觀察法，前者的研究者只是一位旁觀者；而後者則研究者成爲親自參與所研究的對象，以掩飾其身分，如此所得資料較爲可靠而有效。

不過，無論是何種觀察法，研究者本身必須接受相當的觀察訓練，其所得資料始不致失之偏頗；且研究者本身必須能培養理性客觀的態度，而在作研究時也儘量採用科學的測量儀器。由於觀察法很少運用科學儀器，故常受人爲主觀因素的影響，因此觀察法的運用必須審慎爲之。

(二)調查法

所謂調查法（survey approach），乃是由研究者就某項主題設計一些問題，要被調查者加以回答，然後由研究者加以統計，以求得結果的方法。此種方法可包括個人訪談調查（personal interview surveys）、電話調查（telephone surveys）、郵寄問卷調查（mail surveys）和線上調查

（on-line surveys）等，這些方法都可用來調查消費者個人的購買偏好，以及消費者對商品的意見、態度及需改善之處。這些方法都各有其優缺點，如**表1-1**。有些方法既可節省人力、物力，且調查範圍可加以擴大；有些則否。有些則回收率低，且填答者或受訪者的態度不夠認眞，或不願接受訪問，以致失去眞實性。就科學方法論的觀點而言，這些方法並不是很嚴謹的研究法，只是較爲便利或提供參考而已。

表1-1 各種調查法的比較

調查類型／比較項目	個人訪談	電話調查	郵寄問卷	線上調查
成本	高	適中	低	低
周延性	低	適中	高	適中
回收率	高	適中	低	自選
速率	慢	立即性	慢	快
受訪偏差	高	適中	無法確知	無法確知
地理限制	受限	不受限	不受限	不受限
真實性	較高	適中	低	低
反應品質	佳	有限	有限	好

(三)測驗法

測驗法（test method）是心理學家蒐集研究資料的主要方法之一，也是近代行爲科學研究最進步的方法。它係利用測驗原理，設計一些刺激情境，以引發受測者的行爲反應，並加以數量化而使用的方法。這些方法包括個人量表（personal inventories）、態度量表（attitude scales）、李克特量表（Likert scales）、語意差異量表（semantic differential scales）、排序量表（rank-order scales）、投射技術（projective techniques）、暗喻分析（metaphor analysis）等，用以發掘消費者的潛在動機，對產品的感受和態度，以及消費者對產品所追尋的價值等。消費者行爲學家常利用心理測驗原理，發展成各種量表，用以測驗消費者的各種態度、動機、情緒等。因此，測驗法不失爲研究消費者行爲的研究方法之一。

(四)統計法

統計法（statistical methods）是處理資料最有系統而客觀的正確方法。統計法通常應用在大量資料的蒐集上，經過統計分析後，可發現平時不易察知的事實。消費者行爲所研究的對象甚多，所包括的因素甚廣，此時可利用統計相關法，來分析其中若干因素的相關性；或者使用因素分析法，來發掘其中的共同因素。此外，統計上的若干量數，如平均數、中數、衆數等，以及常態分配概念，都可提供消費者行爲研究上的若干便利。惟統計法的應用必須注意樣本的選取以及機率設計的特徵。

(五)實驗法

實驗法（experimental methods）是在進行科學研究時，設計一種控制情境，以研究事物與事物間因果關係的方法。消費者行爲研究藉由實驗法，可測試各種行銷變數，如包裝設計、價格、促銷，或廣告主題等，對銷售業績的相對影響。通常實驗法的研究者必須操控一個或多個變數，這些變數是屬於獨變數（independent variables）。所謂獨變數，就是影響行爲結果的變數，此種變數是實驗者可以作有系統的控制的。另外，有一種變數稱爲依變數（dependent variables），就是隨著獨變數而變動，且可加以觀察或測量的變數。如研究廣告對行銷業績的影響，則廣告是獨變數，而行銷業績爲依變數。

實驗法的第三種變數是控制變數（control variables）。該種變數必須設法加以排除，或保持恆定。例如，研究廣告對行銷業績的影響時，其他條件如產品品質、促銷優惠、行銷地點和通路等皆屬於控制變數。

在實驗過程中，由於控制變數亦可能影響獨變數與依變數之間的關係，故宜加以排除或保持恆定，亦即須予以控制。

消費者行爲的研究，有很多可採用實驗法來進行。惟人類行爲往往受到多重因素的影響，有時很難像自然科學那麼容易控制。尤其是影響消費者行爲的因素甚多，包括消費者本身因素、社會文化情境的各種因素；且上述各種情境因素是錯綜複雜的，吾人在採用實驗法進行研究時，必須考慮周詳，始能得到正確的結果。

四、蒐集主要資料

消費者行爲研究在設定研究方法之後，接著就在於蒐集和研究有關的直接資料，這些資料乃是研究所需要的核心資料。研究者必須將這些資料化爲有用的資訊，才能有助於研究的進行。至於此階段的研究人員，必須爲受過嚴格專業訓練的社會科學家，或委由專門從事實地訪談的機構或人員來執行。不論在何種情況下，所有資料的蒐集都必須確實，以防掛一漏萬，而影響研究的結論。在此種過程中，必須確實掌握第一手資料，這些資料必須是清楚、易讀的，且依進度定期檢視所蒐集資料的完整性，使其研究結果能更正確。

五、分析各項資料

當研究者在蒐集一般資料與主要資料之後，必須加以整理分析，以建構一定的研究架構。在分析過程中，研究者必須對各項資料加以編碼，並轉換爲數量化資料，再將這些資料製成表格；並運用複雜的分析程式，檢視各項變數之間的關係，或依據人口統計變數，將資料予以歸類。同時，研究者必須根據學理作出判斷，形成結論，並提出可行的途徑與方案。

六、撰寫研究報告

消費者行爲研究的最後步驟，就是完成整篇研究報告，且將之訴諸書面文字。所有的研究報告內容，都應包括研究結果的簡單摘要。本文應包括前言、研究動機與目的、方法、過程、結果和結論與建議。在報告中，一旦有定量研究，就必須呈現與研究結果有關的表格和圖例。若有使用問卷，尚須列出附錄，使相關人士可據以研判研究結果的客觀性。

總之，消費者行爲研究不管其主題爲何，都有一定的研究過程與方法。吾人必須遵循一定的原則與程序，庶不致有所偏頗；且能提供給行銷人員與消費者行爲研究者一些正確的結果。

第四節　消費者行爲的相關學科

消費者行爲研究固有其本身的領域與範圍，然而它必須運用相關學科的原理原則，用以協助其作更深入的研究。事實上，今日消費者行爲的科學知識，亦是借助相關學科的「科際整合」之產物。因此，吾人於探討消費者行爲之前，亦需瞭解相關學科的內容及其對消費者行爲研究的貢獻。這些學科至少包括：

一、心理學

心理學是研究人類個體行爲的科學，其重點在探討個人的動機、知覺、情緒、學習、人格和態度等特質，以及個人身心發展的過程，和個人的社會適應問題。這些主題都可用來探討消費者的心理與行爲。例

如，購買動機、情緒性購買、心理性價格、廣告設計、包裝設計、商品命名、品牌忠實性、市場區隔和產品訊息的傳達等，都可透過心理學的主題研究，來達成促銷和行銷的目的。此外，商業行銷人員的訓練與知能的培養，亦可透過心理學學理的研究而達成。

二、社會學

社會學是研究人類社會結構與行為現象的科學。社會學之運用於消費者行為研究的主題，包括人際間的互動、兩人關係、群體動態、社會階層、家庭所得、教育水準等對消費者行為的影響。在消費者行為研究中，影響他人購買決策和行為的，正是意見領袖和社會中菁英分子。另外，參考群體對其他消費者有消費示範的作用，家庭內每個分子對購買決策的影響力，以及社會階層的高低可作市場區隔的基準。凡此都是社會學對消費者行為研究的主題。

三、文化人類學

文化人類學是研究人類文化關係的科學，該學門過去常探討原始社會及文化的研究，近來逐漸重視現代文明社會的研究，特別是不同種族和文化的差異。此種文化差異正可提供市場區隔的標準。此外，次文化群體有不同的消費習慣，此亦影響其消費行為。因此，文化人類學對消費者行為的最主要貢獻，乃為社會過程、文化變遷、次文化群體、族群關係，與國際文化的不同行銷。這些都是消費者行為研究所必須注意的文化因素。

四、行銷學

行銷學是在研究如何透過社會過程，經由創造、提供與他人自由交換有價值的產品和服務，以滿足個人或群體慾望和需求的科學。行銷學可提供協助消費者行為研究的主題，至少包括行銷策略的運用、對消費者市場及購買行為的瞭解、市場區隔和目標市場的選擇、新產品開發、行銷溝通以及行銷通路的建立等。這些主題最初皆源自於經濟理論，同時也有助於消費者行為的研究。

五、廣告學

所謂廣告學，就是在探討如何吸引消費者，以及促進消費者對產品與服務的瞭解之科學。它一方面在促進消費者採取消費行動，並滿足其需求；另一方面則在使行銷者得以作大量的銷售，以賺取其利潤，並達成其行銷目標。廣告學可應用於消費者行為研究的，至少包括如何推出動人的廣告、製作吸引人的廣告、測度廣告效果與消費關係、廣告策略的訂定與運用，以及發揮廣告創意，用以引發消費者的注意與興趣，從而能達到行銷與促銷的目標。這些都是廣告學對消費者行為的重大貢獻。

六、經濟學

經濟學是研究人類有關於財貨或勞務的生產、分配、交易與消費關係的科學，亦即為研究人類的經濟行為或活動的科學。人類的經濟活動在社會生活中，可說占了最大和最重要的一部分，消費者行為亦然。經濟學之適用於消費者行為研究的主題，至少可包括價格對購買意願的影

響、心理性價格的訂定、物質條件的誘因、行銷策略的擬訂等，都會左右消費者的行爲。

最後，與消費者行爲研究有關的學科尙多，如人際關係與溝通對行銷人員溝通技巧的影響，管理學對行銷人員的訓練與行銷管理，法律學和倫理學對行銷人員行爲的規範等，都多多少少和消費者行爲的研究有關，吾人不能忽視之。

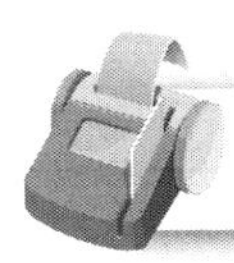

第五節　本書的架構

消費者行爲研究乃在探討消費者的心理與行爲，其乃在說明消費者產生某些消費行爲的原因。首先，消費行爲乃係基於某些需求，而產生購買的欲望；然後他們會搜尋有關產品或服務的資訊，從中作一些選擇；最後再做出決策，並採取購買行動。甚至於在購買產品或服務之後，他們仍然會思考其購買決策和行動是否正確，以備日後消費的參考。當然，此種過程是相當複雜的。行銷人員爲了有效地展開其行銷活動，以提高其行銷績效，就必須探討消費者的行爲。本書的編寫即依此過程而將之劃分爲五篇。

第一篇「導論」，分列兩章。第一章「緒論」，乃在探討消費者行爲的含義、研究目的、研究步驟與方法、相關學科以及研究範圍，以爲以後各章研討的依據。第二章「市場區隔」，乃在研析市場區隔的意義、基礎，有效區隔的準則，市場區隔的利益與行銷策略，以作爲行銷人員認清消費群體的基礎。

第二篇「消費者的個體基礎」，分爲五章。第三章「消費者的動機」，乃在闡明動機的本質、分類，購買動機與情緒性購買，動機研究與行銷的關係，以及消費動機的激發。第四章「消費者的知覺」，則在研析知覺的含義與形成過程、知覺與商品價格的關係、知覺與商品品質的關聯性、知覺對惠顧動機的影響、知覺與廣告設計，以及知覺對其他行銷活動的影響等。第五章「消費者與學習」，乃在研討學習的含義、增強學習與消費行為的相關性、認知學習與消費行為的關係、消費者學習的測度、品牌忠實性與行銷等主題。第六章「消費者的態度」，乃在說明態度的意義與特性、構成要素、功能、形成，以及改變態度的行銷策略。第七章「消費者與人格」，乃在闡述人格的意義與特性、人格結構的要素、人格理論的應用、人格特質與消費行為的關係、自我概念與消費行為的相關性，以及產品人格和品牌人格的形成等。

第三篇「人際影響與消費行為」，分為三章。第八章「人際互動」，乃在敘明人際互動的意涵、基礎、過程，意見領袖的影響，人際互動與行銷策略。第九章「參考群體」，乃在說明參考群體的意義、類型、結構與功能，群體影響力，以及參考群體在行銷上的運用。第十章「家庭決策」，乃在闡明家庭的意義及其變遷、家庭成員的消費社會化、家庭功能與消費行為的關係、影響家庭購買的因素、家庭決策與消費行為的相關性，以及家庭生命週期對消費行為的影響等。

第四篇「社會文化與購買決策」，乃分為五章。第十一章「社會階層」，乃在說明社會階層的意義、評估社會階層的因素、衡量社會階層的方法、社會階層與購買行為的關係，以及社會階層在消費行為上的運用等。第十二章「文化影響」，乃在分析文化的意義、功能，文化特徵與消費行為的相關性，次文化群體，跨國性文化與行銷等。第十三章「組織環境」，乃在敘述組織的概念、組織結構對消費行為的影響、組織管理與消費行為的關係、組織文化對消費行為的影響、組織的工業購買等主題。第十四章「消費情境」，乃在說明消費情境的含義、個體性情境與整體性情境的因素，以及行銷人員應如何建構消費情境，並維護消費者的權益。第十五章「消費決策」，乃在敘明消費決策的含義、類型、過程，影響消費決策的變數，以及組織的購買決策等。

第五篇「結論」，只列一章。第十六章「行銷訓練與發展」，乃在闡述行銷訓練與發展的意涵，行銷訓練的類型、內容與方法，以及行銷人員的自我發展，然後研析行銷技巧的培養與運用。

總之，消費者行爲係以個體行爲爲基礎，而從事與購買有關的行爲，這些行爲基礎包括動機、知覺、學習、態度和人格。其次，個體的消費行爲仍會受到人際互動、群體關係和家庭生活的影響。此外，消費行爲是表現在社會文化與組織環境之中的，消費者乃依前述各項要素而作出決策。因此，行銷人員必須講求行銷技巧，作自我的行銷訓練與發展，培養溝通技巧，才能吸引消費者的注意力，引發其興趣，卒而能採取購買行動。是故，消費者行爲研究實爲行銷管理的重心所在。

第二章　市場區隔

Consumer Behavior

第一節　市場區隔的意義

第二節　市場區隔的基礎

第三節　市場區隔的準則

第四節　市場區隔的利益

第五節　市場區隔的行銷策略

消費者行爲研究乃在探討消費者個人如何決定購買和使用產品或服務。在此過程中，許多消費者固然會表現相同的行爲特性，但也顯現出若干差異性。此時，行銷人員必須針對一些相似性和差異性，分別規劃出不同的行銷策略。在傳統行銷上常將目標市場視爲具有同一性質的市場，甚少將消費者區劃爲許多不同的消費群體；惟隨著社會的多元化，今日市場乃逐漸有了市場區隔的概念。本章首先將說明市場區隔的意義、基礎，且分析有效區隔的準則與利益，據以研析市場區隔的行銷策略。

第一節　市場區隔的意義

市場區隔（market segmentation）與市場總合（market aggregation）是一種相對的概念。市場總合乃爲過去銷售者無視於消費者的差異，而將所有的消費者當作單一市場，以致採取大量行銷的策略。然而，隨著社會的變遷與經濟的發展，消費者的教育程度和所得不斷提高，購買動機與消費行爲日益分歧，市場總合策略已無法順應時代的要求。因此，行銷人員必須正視消費者的差異，採取市場區隔的策略。

所謂市場區隔，是指行銷者將廣大的消費大衆區分爲幾個較具同質性的消費群體而言。一般來說，市場是由許許多多的消費者所構成，這些消費者的需求、慾望、年齡、性別、購買能力、生活型態、購買動機、購買行爲等都不盡相同，甚而具有很大的差異性。銷售者在選擇目標市場前，必須將市場加以區隔，才能做好較佳的行銷工作。因此，市場區隔化就是行銷人員根據某些變數，把一個高度異質性的大市場區隔成若干比較同質性的較小市場之過程。

依此，市場區域亦可分割爲更小的區隔，此稱之爲次區隔（sub-segment）。此種次區隔依其程度又可分爲利基市場區隔（niche market segment）、地區市場區隔（local market segment）、個人市場區隔（individual market segment）。一般而言，區隔市場是指區隔後市場內的較大群體，而利基市場是指基於利基而分割成的次區隔市場。區隔市場較大，會有較多的競爭者；而利基市場較小，可能只有一位或少數的競爭者。由於利基市場是基於單一利基的需要，消費者必須付出較高的購價。例如，高級車訂定較高的價格，乃爲顧客認爲可獲得較高品質的服務以及凸顯自我的地位，此即爲行銷者帶來極大的利基。

再者，地區市場乃是針對地區性消費群體的需求與慾望，而設計出不同的行銷策略與活動。例如，有些公司常依據鄰近地區的人口統計特性，提供不同的行銷組合。此種市場區隔雖然降低了行銷規模，以致增加製造和行銷成本，但可有效地滿足不同地區消費者的需求。

最後，個人市場區隔乃爲針對個別消費者的需求與偏好，而發展出來的行銷策略與方案，此爲最小的市場區隔。此種區隔主要是個別性的，亦即爲個人量身訂做的，它是屬於客製化行銷（customized marketing）和一對一行銷（one-to-one marketing）。今日由於科技的發展，市場上乃逐漸重視個性化的商品，如個人電腦、資料庫等產品，已逐步走向個人區隔的趨勢。然而，爲了提高獲利，行銷者可發展出大量客製化（mass customization），一方面可滿足個別消費者，另一方面則可大量提供個別設計的產品。如此不但可增進個別消費者的價值期望與滿足感，而且可降低成本、提高獲利。

總之，今日市場趨勢已由過去的市場總合走向今日的市場區隔，此乃因社會已走向多元化的境地之故。因此，市場區隔與多元化是相生相成的概念。爲滿足消費者的各種差異性，市場區隔乃成爲一項具有吸引力、可行性，以及潛在獲利性的行銷策略。惟爲了市場區隔行銷策略的有效性，吾人必須重視市場區域的基礎與要件，這些將在下兩節賡續討論之。

第二節　市場區隔的基礎

市場區隔既爲今日市場行銷的趨勢，則行銷人員應採取市場區隔的行銷策略。至於行銷人員究竟應如何區隔其市場，此則有賴於選擇最適當的市場區隔基礎。一般而言，可供作市場區隔基礎的變數甚多，如地理變數、人口統計變數、心理變數、社會文化變數、使用行爲變數、使用情況變數、混合變數等，如**表2-1**。本節將逐一分述如下：

表2-1　市場區隔的主要變數

區隔變數	相關因素
地理變數	
地區	太平洋地區、大西洋地區、中東地區、中美洲地區、北美地區、非洲地區
區域	東部、西部、北部、南部、中部
城市大小	大都會區、城市、鄉鎮
人口密度	都市、近郊、遠郊、鄉村、山地
氣候	炎熱、溫暖、寒冷、潮溼、乾燥
人口統計變數	
年齡	嬰幼兒、兒童、少年、青少年、青年、成年、中年、老年
性別	男性、女性
婚姻	單身、離婚、單親家庭、雙薪家庭
所得	無所得、低所得、中所得、高所得、超高所得
教育程度	不識字、國小程度、國中、高中、大專、大學畢業、研究所
職業	專業與技術人員、管理者、官員、銷售人員、操作人員、農人、學生、軍人、教師、家庭主婦、其他

（續）表2-1　市場區隔的主要變數

區隔變數	相關因素
心理變數	
動機	生理需求、安全、保障、情感、實現自我價值
知覺	高度敏銳性、中度敏銳性、低度敏銳性
學習	深入、淺出
人格	外向、內向、積極、保守、樂觀、追求新奇
態度	正面態度、負面態度
社會文化變數	
社會階級	低、中、高、藍領階級、白領階級、下下、下中、下上、上下、上中、上上
生活型態	懶散享樂、熱中工作、踏實、尋求權威、懷疑論者、憂鬱症患者、名士型、時尚型
文化或種族	中國、中東、日本、埃及、墨西哥、美洲……
次文化	種族次文化、年齡次文化、生態次文化
宗教	佛教、基督教、天主教、回教、猶太教……
家庭生命週期	新婚、滿巢期、空巢期
使用行為變數	
使用情況	從未用過、以前用過、初次使用、固定使用、有使用潛力
使用率	很少使用、尚常使用、經常使用
購買準備程度	不知、已知、相當清楚、有興趣、熱中、有購買意圖
對產品態度	狂熱、喜歡、無所謂、不喜歡、輕視
對行銷敏感性	品質、價格、服務、廣告、推廣
忠實性	無、尚可、強烈、絕對
追尋利益	品質、服務、便利性、經濟性、持久性、價值性
使用情境變數	
時間	平時場合、特殊場合、休閒時、工作時、匆忙時、白天、夜晚
目的	自用、送禮、娛樂、成就、炫耀
地點	住家附近、工作地點、大賣場、商店、攤販
人員	自身、家人、朋友、同事、老闆

一、地理變數

地理變數可作爲市場區隔的基礎者，至少包括地理區域、地區、城市大小、人口密度、氣候等因素。此乃爲在理論上，住在同一地區或區域的人較可能有相似的需求，這些需求有別於其他地區或區域的人們。例如，某些食物在某些地區賣得比其他地區爲好，即屬之。再者，消費者的購物型態，在城市、近郊和鄉村顯然不同。又在人口密集地區比人口疏散地區容易促銷。至於氣候炎熱、溫暖、寒冷或乾燥、潮溼等，都會影響消費行爲。因此，行銷人員可依地理變數的各項因素作不同的市場區隔。

二、人口統計變數

人口統計變數可作爲市場區隔的基礎者，包括年齡、性別、婚姻、家庭人數、所得、教育程度、職業等，這些最常被用來作爲市場區隔的基礎。人口統計通常都是與人口有關的統計資料，此種資料最容易取得，而且是最具成本效益的方式。人口統計資料包括人口普查資料，可用人口統計型態來表示，甚至於在心理統計和社會文化研究，也必須包含人口統計資料，以輔助對其研究結果的解釋。因此，人口統計變數實是市場區隔的最重要基礎，可協助行銷人員方便地找出目標市場。茲就其各項因素，細述如下：

(一)年齡

年齡是市場區隔很重要的基礎之一，此乃因年齡在人口統計上甚爲方便之故。在消費行爲上，消費者對商品的需求和興趣常隨著年齡而變化，此即可用作統計和市場區隔的依據。例如，年輕人、中年人和老年人對運動和休閒器材的需求顯然不同，行銷人員必須以此作爲市場區隔的標準。再如有些公司提供四種「人生階段」的維他命，分爲兒童配方、少年配方、男人配方和女人配方等，即爲市場區隔的實例。不過，年齡有時也是個令人捉摸不定的變數。例如，福特（Ford）汽車公司曾推出一種價格不高的跑車，本以年輕人爲對象市場，卻意外地也爲各種年齡層消費者所購買。因此，市場區隔除了應注意生理年齡之外，尚要注意心理年齡。

(二)性別

以性別來做市場區隔，是早已存在的。此乃爲男女在購買動機和行爲上往往有很大的差異。例如，服飾、整髮、化妝品和雜誌等，都是以性別來區隔市場的。其後，有許多別的產品和服務業，也都以性別作爲區隔的基礎。近年來，香煙、汽車業者都已分別實施性別市場區隔，藉以配合男女的喜好。惟隨著時代的變遷與社會習俗和風氣的改變，有些產品和服務也走向中性化（sex-neutralize）或兩性化（androgynous）。不過，即使是中性化或兩性化，也常保有男女兩性的個別特色。例如，有些男性常隨著習尚配戴耳環，但仍以男性象徵的圖騰爲主，此與女性象徵的圖樣大爲不同。

(三)婚姻

婚姻狀態有時也可作爲市場區隔的基礎。不同的婚姻狀態，如單身、離婚、單親家庭、雙薪家庭、小家庭、大家庭等，對消費者的心理與行動都有很大的差異。例如單身者可能購買簡單，但品質較高的產品；雙薪家庭因收入豐厚，可能購買較精緻或高級的產品；相反地，人口衆多、食指浩繁的傳統家庭，較傾向於一般性產品的購買。當然，這仍得依其他條件而定。然而，行銷人員確實可據以作爲行銷組合的依據。

(四)所得、職業、教育程度

個人或家庭所得水準的高低，也可作爲市場區隔的依據和基礎。此乃爲所得與購買力有關，且其常和其他人口統計變數結合，而更明確地界定出目標市場。例如，將高所得群體與年齡、職業等結合，可界定出年長富裕（elderly affluent）區隔群和雅痞（yuppie）區隔群等是。一般而言，教育、職業和所得間常存在著因果關係；亦即高職位者多伴隨著高收入，也具備較高的教育水準。至於教育程度較低者，較少能勝任高階的職務，其收入也較低。當然，這其中也有不同情況者。

三、心理變數

心理特徵是指個別消費者的內在特質，其可用來進行市場區隔者，常以動機、知覺、學習、人格和態度等作爲基礎。有關這些變數將於本書第三章至第七章中分別研討之。然而，個人內在特質等因素對消費者的決策與購買行爲的影響，是不容置疑的。例如，單以「獨立、衝動、男性化、應變力強、自信」等個性，就可以和「保守、節儉、重視名望、柔弱、平庸」等個性加以區隔。因此，心理變數中的所有因素，有時亦可提供市場區隔的參考。

四、社會文化變數

社會文化變數（sociocultural variables）是指社會學和文化人類學因素所構成的變數，這些變數包括社會階級、生活型態、文化、次文化、宗教、家庭生命週期等，都可用來作爲市場區隔的基礎。茲分述如下：

(一)社會階層

社會階層有時是許多人口統計變數的加權指標，蓋社會階層常與教育程度、所得和職業等息息相關，這些都可用來作市場區隔的基礎。不同社會階層的消費者，在價值觀、產品偏好、消費型態、消費習慣和購買行爲上都有差異。例如，不同的社會階級對汽車、衣著、家庭裝飾、休閒活動、閱讀習慣以及零售的偏好等，顯然有不同的喜好與消費習慣。因此，行銷人員可針對不同階層的消費者，設計更能吸引個別群體的產品及服務，以達成促銷的目的。

(二)生活型態

消費者對產品的興趣，常受生活型態的影響。所謂生活型態區隔，就是按照生活型態的不同，而劃分爲不同型態的區隔群體。例如藥品購買者的生活型態，可分爲踏實者、尋求權威者、懷疑論者、憂鬱型患者等四種。對一家藥商來說，產品行銷最能收效的，應以憂鬱型患者爲最顯著；而對於懷疑論者，行銷效能最低。又如對服飾業者而言，不同的市場區隔消費群，可分爲平實型、名士派、時尚型等，其中又以時尚型最能追求時髦，隨著流行風而運轉。

(三)文化與次文化

文化可作爲區隔本土或國際市場的基礎，因爲同一文化內的成員分享共同的價值觀、信仰和習俗。因此，行銷人員利用文化爲市場區隔時，可強調消費者所認同的文化特殊性，以及共享的文化價值性。此外，在較大的文化體系中，常存有一些獨特的次文化群體；這些次文化群體同樣具有本身的獨特經驗、價值和信仰，這些都可作爲市場區隔的基礎。次文化群體的形成，可能與人口統計特性，如種族、年齡、宗教等有關；也可能和生活型態特徵，如運動、休閒、旅遊等各項活動有關。因此，不同的文化區隔群體，都會有不同需求的產品，以致有了不同訴求的促銷重點。

(四)家庭生命週期

在社會文化區隔的領域中，家庭生命週期也可作爲市場區隔的基礎。此乃因家庭會歷經一些發展的歷程，包括形成、成長與解組等階段。在每個階段中，家庭會需要不同的產品和服務。例如，新婚夫妻常需要布置新房和添購各項家具、家電用品和器具等，及至中老年可能更換爲較雅致的家具和用品。不過，家庭生命週期是個複合性的變數，其中可能包含著婚姻狀態、人口數、相對年齡、收入、就學狀態、單親或雙親家庭等因素。因此，傳統家庭生命週期的各個階段，對行銷人員來講，都各自代表著不同的目標區隔。

五、使用行為變數

消費者對產品、服務或品牌的使用特性，如使用狀況、使用率、購買準備程度、對產品的態度、行銷敏感性、忠實性和追尋利益的程度等，都可作爲市場區隔的基礎。就使用情況和使用率來說，行銷人員可將重點放在初次使用、固定使用、經常使用和有使用潛力者身上，則其行銷成功的可能性較大。當然，對於從未使用過、以前用過和較少使用者，行銷人員亦可尋找機會以開發市場。

此外，購買準備程度是指消費者對產品的熟悉度、知曉程度、興趣、熱中程度，以及是否準備好要購買該產品，或是否需要提供產品的相關資訊等而言。行銷人員可透過廣告宣傳或提供產品資訊的方式，以增進消費者對產品的認識與興趣，且讓其習慣於使用該產品，以養成對該產品的正面態度，則消費者對該產品會產生忠實性。

再者，品牌忠實性（brand loyalty）也可單獨作爲市場區隔的基礎之一。所謂品牌忠實性，是指消費者對某項產品品牌一旦加以購買而形成印象時，即不易改變其對該品牌的消費習慣與態度而言。消費者一旦對某項產品產生了購買忠實性，對廠商而言無異是一項利多。因此，行銷人員必須嘗試各種發覺消費者忠實性的特徵，以進行直接的促銷活動。不過，行銷人員仍可鎖定尚未形成品牌忠實性的消費者，採用創新的方式，如給予優惠、提高服務品質、吸收爲會員等，用來吸引消費者，以開發一些具有消費潛力的消費群。

最後，利益區隔也可用來作爲市場區隔的基礎。行銷人員利用產品或服務的利益，有時亦能吸引消費者。此種利益區隔包括產品的品質、便利性、經濟性、持久性和價值性等，都會影響到消費者所重視的產品利益。例如，微波爐對雙薪家庭來說，正可提供便利性。又如食品業者或便利商店提供餐盒，也會讓繁忙的消費者感受到經濟和方便。

六、使用情境變數

消費者使用情境可作爲市場區隔的基礎者，包括使用時間、目的、地點和對象等。行銷人員在區隔消費者的購買時間上，可考慮平時或週末、白天或夜晚；在消費目的上，可考慮自用、送禮、娛樂或炫耀等；消費地點是在住家、工作地點、商店、大賣場或其他場所；消費對象是自己、家人、朋友、同事、上司或下屬等。凡此都可作爲市場區隔的參考。不過，有許多產品都以特殊使用情境爲訴求，如父親節、母親節、情人節、新年、畢業的賀卡、花卉、糖果、鑽戒、金銀飾物、手錶等，眞可謂錯綜複雜，不一而足，但都可提供作爲市場區隔的基礎。

總之，市場區隔的基礎甚多，有些變數可單獨提供作爲區隔的標準，有些則必須混合多重變數以作爲市場區隔的基礎。但在大多數情況下，行銷人員必須結合多種區隔變數來區隔市場，畢竟多數區隔變數都具有互補性，若能搭配使用，更能確保其成效。然而，市場區隔的基礎

亦非漫無標準，否則將失去其行銷效益。下節將繼續研析有效市場區隔的準則。

第三節　市場區隔的準則

行銷工作之所以要做市場區隔，乃爲總合的市場實在太大，將無以滿足所有消費者或消費群體的需求，且無法使行銷者獲致最大的經濟效益。因此，市場區隔在行銷管理上是必要的。然而，市場區隔除了要建立在某些基礎上之外，還必須遵守一些有效的準則，否則必是徒勞無功的。易言之，行銷人員除了必須選擇一個或多個區隔作爲目標市場之外，還必須注意有效地選定目標市場，而有效的目標區隔市場必須具備一些條件，這些條件乃爲：

一、可衡量性

所謂可衡量性（measurability），是指市場區隔的大小及其購買力可測度或衡量的程度。凡是所區隔市場的大小與購買力愈明確，則作市場區隔的有效性就愈高，否則就愈難以作區隔。例如，十多歲的青少年抽煙，主要是表示對長輩的一種反抗，此種市場區隔變數就很難加以測度。又人口統計變數如年齡、性別、職業、婚姻、教育程度、所得水準等，和地理變數如區域、人口密度、職業等，以及社會文化變數如宗教、種族等固較容易區隔；但其他變數如追尋利益、生活型態、心理變數等，則較難測度。因此，行銷人員要對難以測度的變數特性加以區隔時，就必須對這些變數詳加探討。

二、足量性

所謂足量性（substantiality），是指市場區隔的容量夠大，或獲利性夠高，值得去開發的程度。凡是所區隔的市場夠大、獲利力夠高，則作市場區隔的有效性愈高；反之，則愈低。易言之，一個區隔市場必須有足夠的購買人數，以便能設計出良好的行銷方案，否則就是不經濟。蓋市場區隔化本是一種頗爲耗費成本的行銷。例如，一家汽車公司只爲身高低於四呎的人特別設計車子，是一件很不划算的事，因爲此種身高的人實在不多。因此，足量性的市場區隔，不僅可使行銷人員發展出專屬性的產品和促銷方法，以獲取最大利潤；而且可爲足夠的消費群提供消費方便性，滿足其需求與興趣。

三、穩定性

所謂穩定性（fixability），是指所區隔的市場購買人數具有穩定或成長的特性，不致有太大的變動或流失的程度。一般而言，行銷人員宜多將目標市場鎖定在人口統計變數、心理需求變數等某些較穩定的區隔群，此乃因這些區隔群較具穩定和成長性。然而，行銷人員亦應避開難以預測其發展性的區隔。例如，青少年族群的人口數雖多，且容易確認，又具有購買力很強的和容易接觸等特性；但青少年具有盲從的特性，很容易隨著時尚趨勢而改變其消費行爲，以至於一旦熱潮減退，其消費行爲隨即發生變化。因此，有效的市場區隔必須注意區隔市場的穩定性，至少也應掌握住流行的前端。

四、可接觸性

所謂可接觸性（accessibility），是指行銷人員能有效接觸和服務到所區隔的市場之程度。凡是區隔市場愈可使行銷人員接觸和服務到消費者，則愈能有效地作市場區隔；反之，則愈爲無效。當然，可接觸性的目標市場必須使行銷人員能以較經濟的方式，去接觸消費者。行銷人員若無法去接觸或直接服務消費者，則空有市場區隔亦無法發揮行銷的效果。例如，香水製造公司知道過夜生活的單身女郎，是其產品的經常使用者，而這些女郎又沒有一定的購物地點，也沒有特別注意某些媒體，因此很難接觸到這些消費者。此時，行銷人員應不只在尋找有效益的媒體而已，他們必須設法接近消費者。現代由於電子業的發展，行銷人員可透過網際網路，定期發送電子郵件的訊息，以提供一些電腦使用者特別感到興趣的資訊。同時，如果各項條件與經濟情況允許的話，直接行銷是最能顯示可接觸性的程度。

五、可行動性

所謂可行動性（actionability），是指可以有效地擬定和執行行銷方案，以吸引並服務市場區隔的程度。就行銷方案來說，凡是愈爲具體可行的，就愈具效果；否則，其效果必低。例如，一家小型航空公司在找出若干市場區隔之後，因人手不足，而無法將每個區隔市場實施特別的行銷方案，則此種市場區隔必屬枉然。因此，市場區隔的要件必須是具體可行的，才能發揮它的效果。

總之，市場區隔必須是有效的，才有劃分的價值；否則空有市場區隔，其成本耗費必大。再者，市場區隔得太細或太粗略，都將失去意

義。當然，市場區隔必須考量各項變數，才能爲消費群體帶來便利性，並能有利於貨品的促銷。因此，廠商必須注意市場區隔的有效條件，從而善加運用。

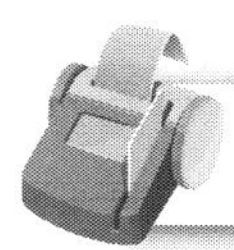

第四節　市場區隔的利益

傳統市場都採用大量行銷的方式，而不具備市場區隔的概念，以致對每個消費者都提供相同的產品和服務，然而此舉很難普遍滿足消費者的需求。今日行銷概念既以消費者的需求與滿足爲前提和要件，以致有了市場區隔的行銷策略與方案。蓋市場區隔不僅爲消費者提供一些利益，也爲生產者或行銷者帶來某些效益。本節將就行銷者與消費者兩方面，分析市場區隔的效益。

一、行銷者

市場區隔現已爲製造商、零售商，以及非營利事業機構採用爲一種市場行銷策略，其主要利益爲：

(一)發掘消費群體

對生產者或行銷者而言，市場區隔的最大利益就是發掘消費群體。生產者或行銷者可透過市場區隔的研究，瞭解整個目標市場中存在著多少目標群體，以及各個群體的特性、需求、消費習慣與動機等，然後依據這些特質，找出最佳的行銷方案，並訂定最佳的行銷策略。因此，市場區隔有助於行銷者發掘與瞭解消費群體，乃是無可否認的事實。

(二)刺激商品研發

市場區隔有助於行銷者用來發展新產品及提供更佳的服務。行銷者於瞭解市場區隔的趨勢之後，可針對市場區隔的需求開發其利基，而此種利基則須仰賴發展新產品或提高高品質的服務。當消費者知覺到新產品的便利性，或體認到周全的服務，將提高其購買意願，終而形成產品忠實性。當然，生產者或行銷者亦可藉此機會而建構新的區隔市場。由此可知，市場區隔將有助於研發新產品和服務。

(三)開發市場利基

由於對市場區隔的研究，行銷者或生產者將可開發市場的新利基。生產者或行銷者透過市場區隔，可將產品重新設計和定位，用以改善產品的品質，庶能吸引消費者，滿足其需求與願望。同時，企業可考量其行銷能力、經營規模，以及公司可用人力的多寡，來作市場區隔。凡此都有助於市場利基的開發。

(四)確認廣告媒體

市場區隔有助於行銷者找尋和確認最合宜的廣告媒體，如此方不致浪費公司的廣告成本，而造成不當的損失。今日由於工商業的發展，各種媒體（尤其是電子媒體）可謂五花八門，種類繁多，令人目不暇給。行銷人員若能依市場區隔的標準，而在眾多的廣告媒體間尋找最適當的媒介，當能發揮最佳的效益，且能依此而將產品訊息傳遞給最適合的消費群體。

(五)便於行銷組合

一般而言，最佳的行銷組合應包括良好品質的產品、合理的價格、順暢的通路和最佳的行銷場所。然而，這種行銷組合需透過市場區隔的

研究，才能做得更好。因此市場區隔實有助於行銷者作最佳的行銷組合。因此企業行銷人員必須透過市場區隔，去探討和瞭解最佳的行銷組合。

(六)增進營運利潤

市場區隔的最大目的，就是在發展公司的最佳利潤。當公司懂得運用市場區隔，去發掘消費群體，依此而研發新產品和服務，以開發市場利基時，公司才能獲致最大的營運利潤。因此，爲了增進公司營運的利潤，行銷人員必須正視市場區隔的研究，並善加運用。

總之，市場區隔對行銷者而言，可說具有甚多利益。它可協助行銷者對目標市場的瞭解，用以研發新產品和提供高水準的服務，以開發市場利益。同時，生產或行銷公司可視自己公司規模的大小，從事於最適合公司本身的區隔市場之行銷。此外，行銷者可依公司本身或產品的特質，找尋較適宜的媒體廣告，避免成本無謂的浪費；且在行銷價格和行銷通路上，作最佳的組合。最後，由於合宜的市場區隔，將會爲公司帶來最佳的營運利潤。

二、消費者

市場區隔不僅爲行銷者帶來甚多的利益，也爲消費者提供若干益處。由於今日是「消費者導向」（consumer oriented）的時代，吾人不能不正視之。至於市場區隔爲消費者所帶來的益處，至少有如下諸端：

(一)快速確認產品

市場區隔對消費者最大的益處，就是能快速地提供消費者確知產品的存在。一般而言，很多消費者都有一定的消費習慣，此正是市場區隔的基礎之一。消費者在已經區隔的市場中購物，將很快地獲知新產品的訊息，且從中購買到所需要的產品。因此，迅速確認產品，乃是市場區隔爲消費者帶來的直接利益。

(二)提供使用便利

市場區隔對消費者來說，不僅可提供迅速購物的方便，且可提供使用的便利性。此乃爲消費者在區隔的市場中較易取得他所需要的貨品之故。因此，提供使用便利性，乃爲市場區隔爲消費者所帶來的利益之一。行銷人員可依據消費者的屬性，在區隔的市場中供應消費者所想購買的物品。

(三)迎合消費態度

不同的消費者有不同的消費習慣與購物的態度，市場區隔的功能之一，乃在迎合此種不同的消費習性與態度。是故，市場區隔可迎合不同消費者的消費態度，乃是不可否認的事實。市場區隔既在依據各種基礎而作區隔，則其產品的重新設計與定位即在迎合消費者的消費態度。唯有如此，才能達成有效的行銷目標。

(四)滿足不同需求

市場區隔既爲區隔消費群所作的行銷手法，則不同的區隔市場可滿足不同消費者的需求。消費者可從不同的區隔市場找到他所需要的物品，從中得到消費的滿足感。因此，滿足不同消費者的需求，是市場區隔爲消費者所帶來的利益之一。

總之，市場區隔不僅有利於行銷者，且能方便消費者。它至少可協助消費者快速地確認產品，提供消費者消費的便利性，且能讓消費者有充分選擇產品的餘地，滿足消費者的不同需求。因此，行銷研究實有作

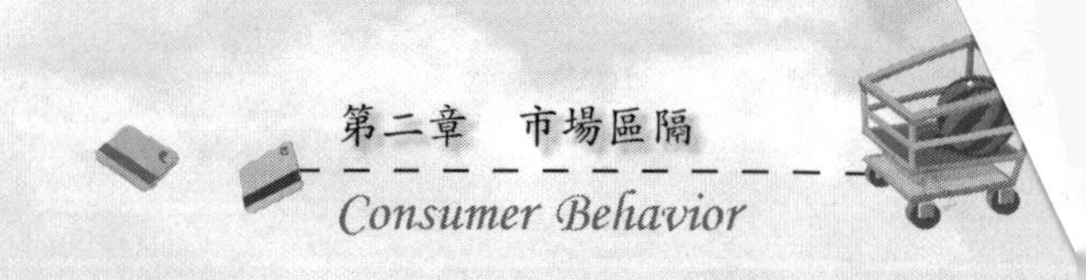

市場區隔的必要。下節即將分析因應不同市場區隔所運用的不同行銷策略。

第五節　市場區隔的行銷策略

誠如前述，今日社會已由過去的「一元化」走向「多元化」的途徑，而行銷觀念也由「生產者導向」走向「消費者導向」的趨勢。在行銷策略上，由「市場總合」策略導入「市場區隔」策略。在市場區隔化之後，行銷者必須考量本身和競爭者之間的各項條件，用以決定所要採取的目標市場策略，並選擇所要爭取和服務的特定目標市場。就市場區隔而言，行銷者可依區隔本身的程度採取不同的行銷策略，這些策略包括無差異行銷（undifferential marketing）、差異化行銷（differential marketing）、集中化行銷（concentrated marketing）和利基行銷（niche marketing）等，茲分述如下：

一、無差異行銷

所謂無差異行銷，就是將整個市場視為單一同質性的目標市場，提供同樣的產品或服務，忽視不同市場區隔的差異性之行銷方案。此種行銷策略事實上就是「市場總合」的策略，也是一種未經區隔的行銷策略。它強調消費者都具有共同性的需要，並無差異性的存在，是屬於未作市場區隔的行銷策略和方案。此時，行銷人員只設計一套行銷方案，依據大量的配銷通路和廣告，期能吸引最大數量的消費者。

無差異行銷的最大好處，乃在顧及成本的經濟性。就節省成本的立場言，無差異行銷只從事單一產品和服務的行銷，故能降低生產、存貨和運輸等成本；且推出單一的廣告方案，故可降低廣告成本；又不必作

市場區隔的行銷研究與規劃，故可降低研究和管理成本。由於成本的降低，可將之轉化為較低的價格，此有助於產品的大量促銷。

然而，由於不同消費者的需求往往有很大的差異，以致無差異行銷只能滿足一定消費者的需要。此種行銷策略會引發同一目標市場上同樣行銷者的強烈競爭，而喪失了市場區隔行銷的利基。因此，在無區隔市場內的強烈競爭之後，行銷者必須尋求區隔市場的行銷策略，才能開拓其市場，取得競爭的優勢。

二、差異化行銷

所謂差異化行銷，是指行銷者將整個目標市場劃分為數個區隔市場，針對不同的消費群體提供不同的產品或服務之行銷策略。此種行銷策略就是一種市場區隔的策略，亦即將整個具有異質性的消費者分隔成數個較具同質性的不同消費群體而言。此時，行銷者會分別在各個不同的區隔市場中，開發和提供不同的產品和服務，依此而設計不同的行銷方案。此種行銷方案使得每個區隔市場都有它的行銷組合，此有利於自我目標市場的發展。

由於在差異化行銷策略下，具有多樣的產品和服務，可透過多種行銷管道，故可創造出比無差異行銷策略更高的銷售額。然而，此種行銷策略在銷售成本上，如產品修改成本、生產成本、配銷成本、存貨成本、推廣成本、管理成本和區隔成本等，卻相對地提高。

三、集中化行銷

所謂集中化行銷，是指在做過市場區隔後，將整個行銷策略集中在某個區隔市場上之謂。亦即行銷者只選定單一的區隔市場，並只採取一種行銷組合的行銷策略。一般而言，差異化行銷特別適合財務健全的大

規模公司，而集中化行銷則較適宜資源較少的小型公司。唯有如此，才能分別取得競爭的優勢。

集中化行銷策略可使行銷者在區隔市場中取得強力的市場定位，對集中化的區隔市場有更清楚的認識與瞭解，更可依此而建立起自我的聲譽；且由於生產、配銷和推廣的專業化，行銷者可享有營運上的許多便利性與經濟性；只要目標市場選擇適當，就可獲得較高的投資報酬率。

然而，單一市場往往負擔著較高的風險。行銷者所選定的目標市場可能突然發生變化，或由於新的競爭對手突然加入而瓜分原有的市場，致使獲利大幅衰退。因此，大多數的行銷者寧願採取差異化行銷，同時在數個區隔市場中經營，以分散風險。

四、利基行銷

所謂利基行銷，就是行銷者因資源和財力的限制，專門針對某個能創造利基的區隔市場採取營運的行銷策略而言。利基市場是個比區隔市場更小的市場。區隔市場通常具有相當的規模，而利基市場只是區隔市場中的小區隔市場。例如，牙膏市場可分爲清潔、抗菌和清潔兼抗菌等三個區隔市場，而對抗牙齦炎、牙周病和其他牙床疾病的牙膏就可能成爲利基市場。

一般而言，利基市場是以專業化（specialization）爲其重要基礎，此種行銷策略又可分爲產品專業化（product specialization）和市場專業化（market specialization）兩種型態：

(一)產品專業化行銷

所謂產品專業化行銷，是指行銷者只專注於某項特定的產品與服務，並供應給若干不同的利基市場而言。例如，抗菌性牙膏只專注於醫院、診所和有牙病患者等不同區隔市場。此種行銷策略可在專業的產品

和服務領域建立起良好的聲譽；惟一旦競爭者推出更好的產品或服務，行銷者就很容易面臨市場萎縮的風險。

(二)市場專業化行銷

所謂市場專業化行銷，是指行銷者只選擇某個利基市場作爲目標市場，並供應不同的產品和服務以滿足目標市場的各種需要而言。例如，保全公司只專注於某地區學校的各種保全服務，如門禁、校園、各教室與實驗室等的安全與物品維護等是。此種行銷策略可以爲目標市場提供專業服務而建立其形象與聲譽，但如目標市場預算降低時，將有營收下降的風險。

綜合言之，由於公司本身的經營理念、產品種類與性質、各種行銷情境和消費者各種因素等的差異，行銷者所採取的行銷策略也有很大的不同。惟一旦公司必須重新思考對市場的區隔程度時，就必須重新區隔，改採修正的產品或促銷活動，從而取得最佳的行銷利基。

第二篇　消費者的個體基礎

Consumer Behavior

消費者行為始自於個體行為，而個體行為的產生係建立在個人的心理基礎上。因此，吾人若想要研究消費者行為，必須從個人的心理基礎作為研討的開端。然而，個人行為的面向實係建立在動機、知覺、學習、態度與人格上。職是之故，消費者行為的研究，必須以動機、知覺、學習、態度與人格當作基礎。本篇所要探討的主題，即為消費者的動機、消費者的知覺、消費者與學習、消費者的態度，以及消費者與人格等，作為本篇的主要架構。首先，消費者的動機是引發個人消費行動的原動力，然後透過知覺的選擇、過去經驗與向他人的學習，並形成自我的態度，且依自我的性格或個性，而決定是否購買或購買何種商品。依此，個人的整個心理歷程，實是構成消費者行為的基礎。

第三章　消費者的動機

Consumer Behavior

動機是產生行爲的原動力，也是決定人類行爲的最主要因素，人類若缺乏動機，將無以產生或採取行動。因此，任何行爲都是由動機所引發的，個人的消費行爲亦源自於購買的動機。此外，動機又來自於個人的需求與內、外在的刺激。由於個人有了需要滿足的慾望或受到刺激，而產生了動機，並引發了行爲。本章首先將介紹動機的本質及其分類，然後據以探討購買動機，從而研討動機研究與行銷的關係，最後尋求如何激發消費者的動機。

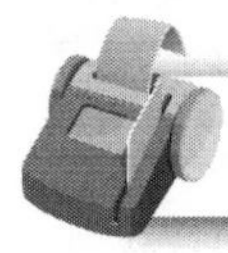

第一節　動機的本質

動機是一切行爲的原動力，凡是行爲都是由動機而引發的，消費行爲亦然。個人若缺乏動機，將無法產生行動。因此，「動機—行爲」乃是一種心理學上的因果律。動機是因，行爲是果。基本上，動機是人類的內在心理原因，此種原因一方面來自於需求，另一方面則可能源於刺激。人類因有了需求或刺激，而產生了動機，卒而形成行爲。例如，個人有了需求，而形成飢餓的動機，以致有追尋食物的行動。又如消費者因有了欣賞的慾望和需求，而有了欣賞電影的動機，終於採取看電影的行動。

若純就動機的本質而言，動機實包含三個過程，即動機的引發、維持與目標的達成，此三者即稱爲動機週期（motivational cycle）。所有的動機自引發到實現，都必然經歷此三個歷程。就消費動機而言，個人有了需求將引發消費的動機，再經過思考以決定是否購買或購買何種物品，終而採取購買的行動，則消費動機始算完成。

由此觀之，動機實是需求與目標的聯結。起初，人類因有了未滿足的需求和慾望，而引發了緊張的心理狀態；接著某種驅力藉著尋求滿足的意願，以降低此種緊張的狀態；然後個人會透過自我認知和向周遭的人、事、物之學習，以選擇其所期欲的特定目標；最後從中得到目標或滿足需求，並解除或降低了緊張。**圖3-1**即在顯示動機的歷程。

就需求而言，每個人都有需求，有些是先天的，有些是後天的。先天的需求（innate needs）是維持生命所需的，包括食、衣、住、行、水、空氣和性的需求，這些需求基本上是屬於生理性需求。因爲它們是維持生命所必需的，故又稱爲主要需求或原始需求（primary needs）。後天的需求（acquired needs）是習得的，包括情感、自尊、名譽、權力、成就和知識的需求，這些需求都是屬於心理性和社會性需求。由於它們係源自於個人主觀的心理狀態，並不是與生命有直接關係，故又稱爲次要需求或衍生需求（secondary needs）。

再就目標而言，目標是指行爲所欲達成的結果，所有的行爲都是具有目標導向的（goal-oriented）。不過，不同的需求就有不同的目標，目標的選擇常依個人經驗、需求、體力、能力、文化規範、價值觀，以及可達成的實體和社會環境的程度而定。此外，目標可能是正向的

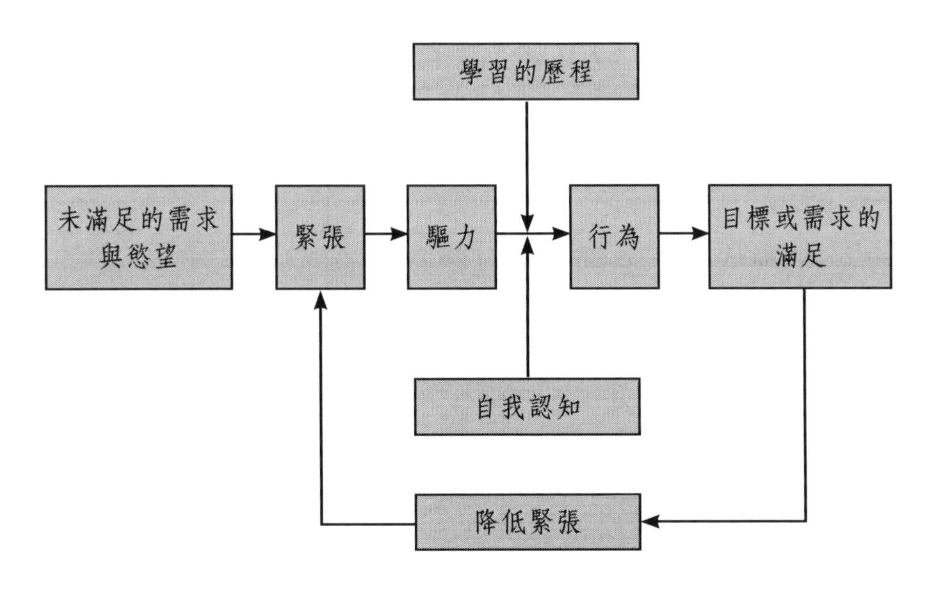

圖3-1　動機的歷程

（positive），也可能是負向的（negative）。正向目標是可欲的，爲個人所希望達成的，此即爲趨向（approach）的目標。負向目標是不可欲的，爲個人所想逃避的，是屬於避向（avoidance）的目標。例如，個人爲了身體健康，而參加健康俱樂部，是正向目標；另一個人爲了減肥，而避免食用含脂肪的食物，是負向目標。由此可知，需求與目標是相互關聯的。

總之，動機之所以產生，基本上是因爲有未滿足的需求和慾望存在之故。個人因有未滿足的需求與慾望，以致陷於緊張狀態之中，由此透過自我的認知與學習，再加上某種驅力，而走向所欲達成的目標，以降低或解除緊張，這就是整個動機的歷程。當然，由於人類的慾望無窮，舊的緊張解除之後，新的緊張又重新再起，以至於新的需求又不斷地引發新動機。人們之所以不斷消費和購買，即爲此種動機歷程不斷顯現的結果。

第二節　動機的分類

動機常包括許多不同的需求，而這些需求常形成不同的消費習慣與行爲。例如，生理性的需求多透過購買產品而得到滿足，而心理性的需求則常以獲得服務而得到滿足。又如飢餓即以購買食品爲滿足，成就則以得到獎狀或獎章爲滿足。凡此皆表示動機不僅具有多元化與差異性，而且其滿足的途徑也是相當複雜的。此即爲動機的種類甚多，其可得到滿足的方式也很多。吾人研究消費者行爲，就必須深入探討動機的類型。然而，學者對動機的分類甚爲分歧，本節僅列述下列三種分類法：

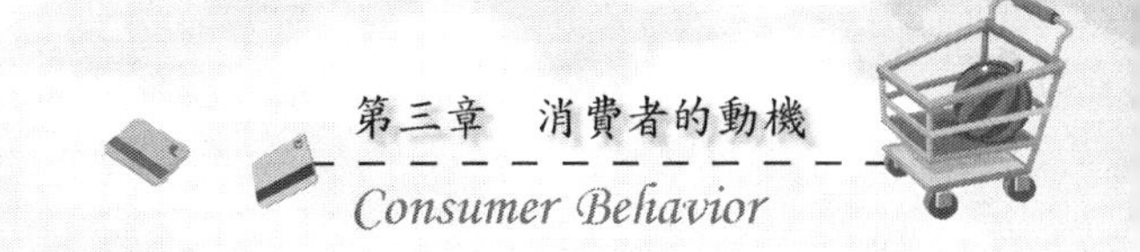

一、二分法

所謂二分法，就是把動機分爲兩大類別，但其名稱與內容卻多不相同。有些學者將動機區分爲生理性動機（physiological motives）與心理性動機（psychological motives）；有些分爲生理性動機與社會性動機（sociological motives）；也有區分爲生物性驅力（biological drives）與心理性動機者。另外，也有學者將之分爲原始性驅力（primary drives）與衍生性驅力（secondary drives）兩種。原始性驅力又分爲生理性驅力（physiological drives）與一般性驅力（general drives），前者包括飢餓、渴、瞌睡、性、母性、冷暖等動機；後者包括活動（activities）、好奇（curiosity）、恐懼（fear）、操弄（manipulation）、情愛（affection）等動機。至於衍生性動機，則包括習得性恐懼（acquired fear）與複雜性動機（complex motives），後者又包括親和（affiliation）、社會讚許（social approval）、安全（security）、成就（achievement）等動機。

就消費行爲而言，生理性動機常是促動購買行爲的原動力。蓋購買行爲大部分都是爲了滿足生理性動機而來。因此，生理性動機實是消費者行爲研究所要探討的重大課題。然而，隨著社會生活水準的提高、教育的普及、休閒活動日益增多，人們已由追求生理性動機的滿足提升到精神生活層次的滿足，以致心理性動機和社會性動機日益受到重視。消費者行爲研究者必須分別瞭解人類行爲的生理性動機與心理性動機，才能設計出合乎這些個別需求的產品，以提供消費者選購，並促進其購買慾望。

二、三分法

三分法是將動機分爲三大類別。希爾格（E. R. Hilgard）即將動機分爲三大類：

1.生存的動機（survival motives）：包括飢餓、渴、痛、活動、好奇、操弄等驅力。
2.社會性動機（social motives）：包括母性、性、依賴與親和（dependency and affiliation）、支配與順從（dominance and submission）、攻擊（aggression）等動機。
3.自我統整的動機（ego-integrative motives）：以成就動機爲主。

阿德佛（Clayton Alderfer）將人類動機分爲：

1.生存需求（existence needs）：是指人類生存所必需的各項需求，包括飢餓、口渴、蔽體等。
2.關係需求（relation needs）：是指個體與他人之間的關係，包括情感、關懷、安全、社會、自尊、賞識與責任等。
3.成長需求（grow needs）：是指個人得以成長和發展的需求，如創造、自我實現、成就、發展潛能等。

就消費行爲而言，個人對上述三種層次的動機與需求是不相同的。有些人可能滿足於基本的生存動機與需求，而另一些人則可能專注於較高層次的自我統整動機或成長需求，以至於表現不同的消費型態與行爲。因此，行銷人員可據以作爲市場區隔的基礎。另外，行銷人員亦可據以設計不同的產品和服務，以提供消費者作多種選擇的機會，從而達成促銷的目的。

三、五分法

著名的心理學家馬斯洛（A. H. Maslow）以個人心理需求層次的觀點，將動機分爲五大類：

1.生理需求（physiological needs）：是指人類的一般需求而言，如食、衣、住、行、性等方面的需要，其中又以飢、渴爲生理需求的基礎。

2.安全需求（safety needs）：包括身體的安全，免於危險、恐懼、剝削、匱乏的需求，以及生理上、心理上的安定感。

3.社會需求（social needs）：有歸屬感、認同感、友誼、情誼等。

4.自我需求（ego needs）：如自我尊重、獨立自主、別人的認識、欣賞、尊重與信仰等。

5.自我實現需求（self-actualization needs）：如自我發展、自我滿足、自我成就、表現創造潛能等是。

就消費行爲而言，許多心理學家認爲人類的基本需求是相同的，但這些需求的先後順序是不同的。無可否認的，最具有主宰性的需求層級，是指那些未獲滿足的最低層級需求，這些需求對消費行爲正是最具有影響力的。需求層級論對消費者動機來說，是一項很有用的工具，而且可應用於行銷策略中，以滿足各層級的需求，因而可作爲產品訴求。例如，人們購買食物和衣服，是爲了滿足生理需求；買保險和選擇金融服務，是爲了安全需求；購買個人護衛用品，如化妝品和香水，是爲了社會性需求；購買高科技產品和高級轎車，是爲了表現自我和自我實現的需求。因此，需求層級論正提供行銷上有用而完整的架構，一方面可促使行銷人員將廣告訴求集中在目標消費者所重視的需求上，另一方面則有助於產品的定位與重新定位。

總之，吾人探討動機的分類，其用意固在瞭解消費動機的內容，以便作爲市場區隔的基礎；更重要的乃在促使行銷人員能瞭解消費動機的複雜性，且能爲產品定位或重新定位。

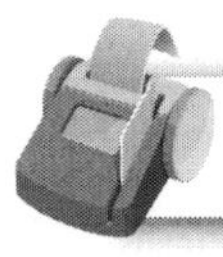

第三節　購買動機與情緒性購買

動機是促動個人需求滿足的一種驅力，而且購買動機係以產品來滿足個人的需求與慾望。因此，動機是購買行爲的原動力。由於人類動機甚爲複雜，其所表現的行爲亦然。在消費行爲上，購買動機與購買行爲的關係，亦呈現錯綜複雜的本質，以致研究購買動機甚爲不易。然則，購買動機是如何形成的？消費者何以要購買某種商品？又爲何選擇在某家商店購買？其衝動性購買又是如何形成的？這些都是本節所擬討論的範圍。首先，吾人將研討影響消費動機的因素，然後分析購買動機的類型與衝動性購買，以協助廠商瞭解廣大消費者的購買動機，提升市場上的競銷能力。

一、影響消費動機的因素

消費動機的產生，正如一般動機的形成一樣，一爲來自於刺激，一爲來自於個人需求。因此，影響消費行爲的主要因素，不外乎消費者個人特性、產品的特性、情境的特性等。

(一)消費者的特性

消費者的個人特性，如個人的知覺、需求、態度、過去經驗與人格特質，以及年齡、性別、教育程度、生活水準等，都會影響其購買動機。這些特性對購買行爲的影響，將分散在各章中討論，此處僅以消費

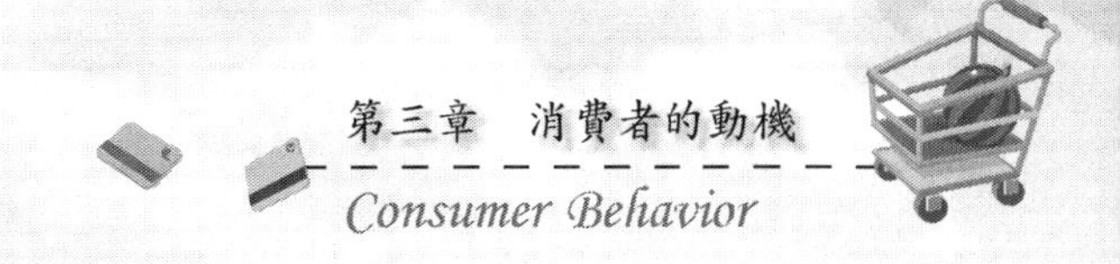

者的購買型態，分述如下：

1.習慣型消費者：此類消費者往往只忠於某種或數種品牌的產品，購買時多習慣於購買已熟知的品牌或產品，而少有改變。
2.理智型消費者：此類消費者在實際購買前，心中多已有腹案，對自己所想購買的商品，事先均經過周詳的考慮、研究與比較。
3.經濟型消費者：此類消費者多注意價格，著重簡單實用、經濟實惠，只有廉價物品才能滿足他的需求。
4.衝動型消費者：此類消費者購物時，多屬臨時起意，常為產品外觀奇特或廠牌名稱所影響；只要售貨員稍加鼓勵、介紹，即行購買。
5.情感型消費者：此類消費者的購物行為，多屬於情感性的反應，產品象徵性的意義常影響其購買行為。
6.年輕型消費者：此類消費者係屬於新的消費者，其購買行為在心理尺度上，常游移不定，尚未穩定。

當然，上述消費者型態，每個人都或多或少具有一、兩種以上，這些型態都會影響消費者個人的購買決策與過程。

(二)產品的特性

基於心理因素影響購買動機的產品特性，亦影響消費者的購買行為；依此可將產品分類為：

1.威望類產品：購買此類產品不僅是威望的象徵，並且具有威望的實際證明。例如：某人購買一部高級汽車，不僅是事業成功的象徵，同時也證明他擁有偌大的財富。
2.地位類產品：有些產品可以顯示消費者的地位，或將消費者歸屬於某個社會階層。如美國高所得家庭多購買林肯牌（Lincoln）

與凱迪拉克牌（Cadillac）汽車；中所得家庭多購買別克（Buick）與克萊斯勒（Chrysler）；而低所得家庭多購買雪佛蘭（Cherrolet）與福特（Ford）汽車。前述威望類產品表示崇高或領導地位，而地位類產品則表示社會階層的歸屬。

3.成人類產品：由於社會風俗習慣或健康方面的原因，此類產品不適用於年輕人；而要等到消費者成長到某個階段，才能使用或飲用。此類產品如香煙、化妝品、咖啡、酒等。

4.渴望類產品：此類產品爲保護自我（ego-defense）的產品，如肥皂、牙膏、香水、刮鬍刀等。有些學者將前述三類產品歸爲提高自我（ego-enhancement）的產品，與此類產品加以區別。

5.快樂類產品：此類產品能時常地或立即地引起衝動性購買，包括各種零食如花生米、瓜子、爆米花等，或顏色美觀、式樣新穎的成衣與玩具等均屬之。

6.功能類產品：此類產品具有文化與社會的意義，能實現某些功能；大多數的食物如蔬菜、水果或建築材料等均屬之。

總之，在一個充滿競爭的市場上，產品分類常能決定一家公司的政策；而公司的決策必須配合消費者類型的研究，才能激發購買動機，引起購買行爲。

(三)情境的特性

情境的特性相當複雜，包括購買時的情境，以及消費者所處的情境，如社會階層、家庭背景、文化因素、宗教信仰、經濟狀況、市場價格等。再者，消費者在購買時，對情境的知覺與過去經驗，也會影響消費者的購買動機。此外，消費者的社會階層配合所得的多寡，同樣會左右其購買動機。顯然地，上等階層、中等階層和下等階層的購買者，其心理差異是很大的，從而其購買動機與行爲也會有很大的差異。

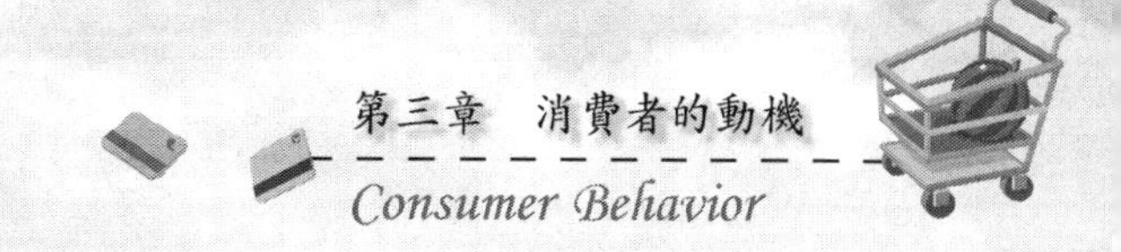

簡言之，影響消費者購買動機的因素很多，其有來自於消費者本身的特性者，有源於產品的特性者，亦可能發生於購買情境者。消費動機的產生，正是這些特性因素的綜合結果。

二、購買動機的類別

購買動機的產生是相當複雜的。不過，惟有認識與瞭解消費者購買動機的影響因素，才能把握產品生產的方向，從而達成促銷的目的。此外，購買動機的不同，亦影響不同的購買行爲。因此，吾人亦應加以瞭解。惟一般購買動機可分爲兩大類別：

(一)產品動機

所謂產品動機（product motives），是指購買某些產品的動機而言，亦即指消費者何以要購買某項產品。它又可分爲情感動機（emotional motives）與理性動機（rational motives）兩種。情感動機包括飢渴、友誼、驕傲、野心、爭勝、舒適、創新、娛樂、一致、安全、地位、威望、好奇、神秘、生命延續、種族繁衍、感官滿足、特別嗜好等。例如：購買汽水解渴，爲友誼而贈送好友生日禮物，爲驕傲而購買名牌汽車，爲好奇而購買噴霧式鞋油，爲美麗而購買高級化妝品等，都含有情感因素。這些都是用來滿足內在需求，或吸引他人注意，或享受人生樂趣，或延續生命並確保安全。

至於理性動機，是指購買產品的動機係經過理性的思考與選擇而言，如價格低廉、使用容易、服務良好、增進效率、耐久性、可靠性、便利性、經濟性等。例如，購買小汽車強調最符合經濟原則，購買電器用品要求保證長期服務，購買電腦注意經久耐用，都是出自於理性動機。

產品動機雖可分爲情感動機與理性動機，但兩者並不相互衝突；消

費者購買產品時，可能同時具有該兩種動機。例如，某人因友人家中有錄放影機，而出於情感動機中的渴望一致之動機，乃在決定購買前尋找一家保證長期服務的廠商購買。此時的購買行爲就兼具情感動機與理性動機。

(二)惠顧動機

所謂惠顧動機（patronage motives），是指消費者對特定商家之偏好而言，亦即消費者何以要選擇某家商店購買之意。惠顧動機的研究，對製造商與零售商特別重要。例如，一種引起權威與地位動機的商品，絕不應在廉價商場出售。

惠顧動機正如產品動機一樣，可謂錯綜複雜，有時甚而相互衝突。消費者的惠顧動機，包括有時間地點的便利性、服務迅速周到、貨品種類繁多、品質優良、商譽信用良好、提供信用和勞務、場地寬敞舒適，而且要求放置極有秩序、價格低廉、佈置美觀、能炫耀特別身分、售貨員禮貌態度良好等。以上各種惠顧動機能使消費者對某些商店產生獨特印象，從而認爲該商店有良好的信譽與特色。

簡而言之，購買動機是購買行爲的原動力，一家商店要使消費者願意去商店購買，甚而願意重複去購買，就必須設法給予消費者獨特的印象。當然，消費者的購買動機是相當複雜的，商店必須妥爲規劃、設計與安排，才能吸引消費者的惠顧動機，甚而引發其衝動性購買。

三、情緒性購買

動機是引發個體行爲的原動力，此種力量是有原因、有方向和有目標的活動。惟個體活動並不完全是有組織、有規律的，有時是受到不規律、無組織的情緒所左右。此即爲前述的理性動機和情感動機之分。個人行爲如此，消費行爲與購買行動亦復如此。蓋消費者在採取購買行動時，有時固係有計畫的購買，有時卻是出自於情緒化的購買。因此，廠商必須瞭解消費者的心理，探討其情緒對購買行爲的影響。

一般而言，情緒與購買行爲最直接關係的，不外乎是衝動性購買。根據研究顯示：有些人在情緒低潮時，常會表現衝動性購買，以補償其焦慮與不安的心理。加以近年來社會的急遽變遷，消費者衝動性購買的比例愈來愈增加。大多數消費者在購買貨品時，已不再事先計畫，或雖然預先有了計畫，但並不完全按照所定計畫去購買；而是在進入商店之後，才下定購買決策。此即爲衝動性購買。不過，衝動性購買具有下列四種型態：

1.純衝動性購買（pure impulse buying）：這是因一時衝動而購買了產品；此種購買型態打破了正常購買程序，而與正常購買型態不同。
2.回憶性衝動購買（reminder impulse buying）：是指購買者看到產品項目，或看到廣告曾出現過這種產品，或個人早就想購買此種產品，而記起家中存貨已不多，或已用完，於是產生購買行動。
3.提示性衝動購買（suggestion impulse buying）：是指購買者以前沒有使用過某產品，或未具有該產品的知識，而在第一次看到，就覺得需要它，於是就有了購買行動。此種購買方式和回憶性衝動購買的主要差別，在於前者缺乏產品的知識，也沒有購買經驗；而後者則有。
4.計畫性衝動購買（planned impulse buying）：是指購買者進入商店購買是有目的的，而非抱著閒逛的心情。如果價錢降低，或有贈品券，或有抽獎活動，或其他優惠時，就會引發額外的購買，此即爲計畫性衝動購買。

總之，衝動性購買是存在的。有些消費者原爲無目的地走進商店或市場，由於看到琳琅滿目的貨品陳列，就開始聯想到自己需要採購物品；或由於包裝精美的設計吸引其目光，而隨手購買。此乃爲現代忙碌生活中的必然現象。此外，國民可支配所得的增加，以及商店推行顧客可自行取貨的經營方式，或舉辦各種贈品、抽獎等優惠和回饋活動等，都會影響到消費者衝動性購買的形成。因此，廠商如果想引發消費者衝動性購買行爲，就必須運用陳列或其他方法吸引顧客到自己的商店，並配以良好的包裝、動人的現場廣告、有利的陳列位置、生動的贈獎活動，來捕捉消費者的眼光，以促進銷售。

第四節　動機研究與行銷

動機固是個人行爲的原動力，然而動機應如何確認？如何衡量？研究者如何確知各項動機與行爲之間的關聯性？這些問題都難以得到確切的答案。因爲動機是一種看不見、摸不到的概念，很難經過觀察得知，以致直到今日仍無一套可信的衡量方法，研究者必須結合各種研究技術與方法，以測知動機是否存在以及其所存在的強度。

然而，動機研究仍然是必要的。所謂動機研究（motivational research），是指以探討人類動機爲主要目標的研究。此種研究乃在瞭解消費者的購買意識，以及發掘影響消費活動的潛意識或潛藏性動機。動機研究所隱含的前提，是假設消費者並不完全知道自己的購買行動之主因。因此，動機研究試圖找出消費者對產品、服務或品牌的感覺、態度與情緒，從而訂定有效的行銷策略。

動機研究不僅要瞭解消費者購買了什麼，更要探討消費者購買物品的原因。此種研究方法，除了可運用消費者行爲研究的一般方法，如觀察法、調查法、測驗法、統計法、實驗法等外，尚可運用投射測驗技術、深入晤談法等，以發掘消費者潛在的消費動機。這些研究方法是建

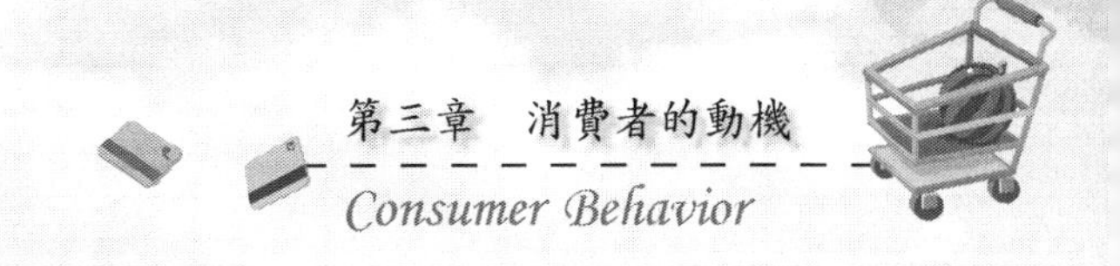

立在潛意識需求或驅力的前提上，特別是生理性的驅力與需求，這是人類動機和人格的核心。

動機研究有別於一般傳統的行銷研究，透過動機研究至少在行銷上有下列作用：

1.動機研究可發覺消費者對產品或品牌的使用動機，因而被用來發展新的促銷計畫、構想新點子，以激發消費者的購買動機。
2.動機研究可運用暗喻分析、投射分析等，以協助行銷人員發掘消費者潛藏的動機，並幫助消費者行為研究者獲得有關消費行為的寶貴知識。
3.動機研究可提供行銷人員訂定新產品的方向，而且能儘早瞭解消費者對廣告文案和新構想的反應，以避免後續行銷成本的浪費。
4.動機研究可幫助研究者獲得重要的消費者知識，藉以設計結構化、定量性的行銷研究，以執行於更大、更具代表性的樣本上。
5.動機研究可發掘消費者因時代變遷所引發的消費習性與動機之轉變，藉以推出因應消費習慣所設計的新產品或準備提供新的服務。
6.動機研究的成本通常比大規模的消費者調查來得節省，其資料處理的成本也較低。
7.動機研究所得到的結果，可運用在廣告媒體的傳播設計上，用以吸引消費者的注意力，引發其消費動機。
8.動機研究從事於多樣動機的探討，可引導行銷人員從事於多重動機的行銷策略，以求能涵蓋目標市場上所有的重要購買動機。

總之，動機研究不僅有助於行銷與消費者的研究，而且可協助行銷人員瞭解消費者的動機，以求運用其周全的行銷策略。更重要的是，動機研究不只針對現有動機之研究，且需發掘未來的潛藏性動機，這是動機研究對行銷工作的重大貢獻。

第五節　消費動機的激發

一、激發消費動機的基礎

消費動機固始自於消費者的需求，但也可透過某些過程而加以激發。亦即行銷人員可透過對消費者動機的研究，而尋求激發消費者動機的途徑。一般而言，消費者動機之所以能夠激發，係建立在某些條件或基礎之下，這些基礎乃包括：

(一)需求是永遠無法滿足的

人類的慾望是永無止境的，大多數人的需求是永遠不會滿足的。由於這種特性，人們會不斷地購買，以致表現消費的行爲。例如，每個人每隔一段時間就會感到飢餓，以致有求食的活動；多數人會不斷地尋求他人的友誼與認同，以致有交朋友的意願，以滿足其社會需求；又個人因有表現成就慾的需求，以致不斷地創作，或爭取升遷的機會。凡此都是需求不能滿足而造就了某些行爲，包括購買行爲與消費行爲。因此，行銷人員正可捕捉此種機會，以開創行銷的契機，並達成促銷活動的目的。

(二)新需求會取代舊有需求

人類需求是源源不斷的，即使是舊需求已獲得了滿足，新的需求亦會取而代之。馬斯洛即主張人類需求是有層次性的，當較低階層的需求已獲得滿足，較高階層的新需求隨即產生，以致人類的需求永遠存在。例如，在人們有了充裕的生活條件後，他們會轉而建立起自己的聲譽，表現自我的成就。因此，行銷人員必須順應需求的改變，在舊產品已不獲得顧客青睞之後，必須設法推出新奇而有用的產品，藉以吸引消費者的目光，引發其消費興趣。即使同樣產品亦必須強調不同需求的滿足層面，如安全舒適、多功能、全家共享、操作方便等，以作爲產品的訴求。

(三)成敗經驗會影響目標設定

個人完成動機的成敗經驗，將決定日後目標的設定。且每個人都有他的抱負水準（levels of aspiration）。當個人在達成某種目標後，會再設定更高層的新目標，亦即提高其抱負水準；此乃因個人在完成某個目標後，他的能力與信心就更爲堅定之故。相反地，若個人無法完成某個目標，則會降低他的抱負水準，轉而尋求較低層次的替代性目標。例如，個人想購買較高級汽車，但在考量自己的財力和經濟能力之不足後，乃改而購買價格較低廉的汽車。此可提供給行銷人員一些啓示，亦即目標設定必須考量合理性，廣告內容不應太過誇大。消費者在評估產品和服務時，常受到期望和客觀功能表現之間差距的大小與方向之影響。因此，即使再好的產品，如果不符合消費者的期望，將激不起其購買慾望。同樣地，如果一項產品的效能超過了消費者原先的預期，將會爲消費者帶來很大的滿足感。

二、激發消費動機的作法

根據前述，行銷人員爲了推展其行銷工作，必須針對人性需求與消費者的消費動機，除了加強商品包裝與宣傳廣告之外，亦應設計適切的消費誘因，以激發並滿足消費者的消費動機。其作法如下：

(一)訂定合理的價格

引發消費者購買動機的首要因素，就是產品的合理價格，或促銷時的超低廉價格。通常消費者購買物品或服務時，首先考慮的就是價格合理或適用與否。一旦消費者感覺到商品太貴，他就會絕塵而去。消費者在購買時，除了會考慮價格的合理性，也會比較同類產品或品牌的價格；但在一般情況下，也會思考價格過於低廉是否爲劣質品。因此，只有合宜的價格才會引發消費者的興趣。

(二)注意產品的品質

產品品質的良窳常是決定消費者購買該產品的主要因素。沒有任何消費者會忍受不良品質的產品，因此要吸引消費者前來購買，就必須注意產品的品質。廠商一旦發現有瑕疵的產品，必須當機立斷採取回收的手段，切不可延誤時機，嚇跑了消費者，打擊其消費動機。

(三)建立良好的商譽

一家具有良好商譽和信用甚佳的商店，往往會吸引消費者前往消費。因此，商店必須做到貨眞價實、公平交易、童叟無欺，遵守商業倫理，則必口碑相傳，近悅遠來，銷售暢旺。是故，建立良好商譽可激發消費者的惠顧動機。

(四)提供多樣化產品

廠商激發消費者購買動機的途徑之一，乃爲提供多樣化產品，以便消費者有更多選擇的機會，比較能引發消費者的惠顧動機。若產品的種類和式樣較多時，消費者常會依個人偏好，從中選擇合適的產品，以求能滿足其慾望，則消費者較有意願前來購買。

(五)提供替代性產品

誠如前述，個人若無法滿足其慾望時，可能轉而追尋替代性的產品。因此，廠商除了可提供多樣化的產品之外，尙可提供替代性產品。當消費者在找尋不到所需要的產品時，可能購買具有同樣功能的產品，此種替代性產品同樣能滿足消費者類似的動機。因此，廠商提供替代性產品，同樣可滿足消費者的購買動機。

(六)提供周全的服務

激發消費者購買動機的另一種方式，就是提供周全的服務。所謂「顧客至上，消費第一」，乃爲廠商所必須奉爲圭臬的。當廠商的服務人員能禮貌周到、誠心誠意服務時，消費者自然會感受到親切熱誠，而一再惠顧，以滿足其消費慾望。

(七)塑造良好品牌形象

產品品牌形象的好壞，會影響消費者的購買意願。一項具有良好品牌形象的產品，會爲消費者所接受，並樂於使用。相反地，一種不具良好品牌形象的產品，必使消費者棄之如敝屣，更甭論會重複購買。因此，塑造良好品牌形象，是激發消費者購買的不二法門。

(八)行銷地點適中便捷

一個銷售地點適中、交通便捷的市場，往往是消費者的聚集地，因爲它是最能提供消費者便利性的地方，也是最足以引發消費者購買動機的場所。因此，行銷人員要擴展行銷工作，吸引消費者的購買慾望，必須選擇具備這些條件的地點。

總之，消費者的動機是要經過激發的，尤其是他所潛藏的動機與需求，更是行銷工作所必須瞄準的目標。消費者行爲研究之所以要探討消費動機，其目的在此。因此，廠商必須針對上述各項因素加以探討，以求做好行銷工作，並達到促銷的目的。

第四章　消費者的知覺

Consumer Behavior

知覺是影響或決定消費者行為的因素之一。固然，動機是購買行為的原動力，但知覺可能助長或削弱個人的消費動機。當個人有了購買動機，且對該項產品或服務感覺不錯，將加強他購買的決心；相反地，若知覺不佳，則可能改變原有購買的構想。因此，吾人不能忽視知覺對消費者行為的影響。本章首先將研討知覺的意涵與形成因素，知覺對產品價格或服務價值的影響，知覺與產品或服務品質的關係，廣告設計如何影響消費者知覺，以及知覺與其他行銷活動的關係，然後據以探討在行銷上應如何善用消費者的知覺。

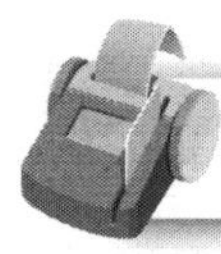

第一節　知覺的含義與形成

個人在大環境中，無時無刻不運用自己的觀感，來賦予環境中所有人、事、物以一定的意義，此種賦予意義、形成看法的過程，即為心理學家所稱的知覺（perception）。惟就事實而論，知覺的形成是透過人類的感覺器官，包括視覺、聽覺、嗅覺、味覺、觸覺與平衡覺等而形成的，其中又以視覺、聽覺運用最多，且最為重要。因此，知覺是以感覺為基礎，是一種意識性的活動，此種意識性是相當主觀的；亦即人們會以自己的需求、期望、價值和經驗，去詮釋他所看見的或所聽到的，以致知覺可能是事實，也可能不是事實，但絕對是主觀的，而不是客觀的。

在知覺歷程中，個人透過感覺器官所得到的直接經驗，乃為構成個人對事物瞭解的主要依據。惟個人對環境中事物的瞭解常超越了感官所得的事實，故知覺乃為一種經過選擇而有組織的心理歷程。個人的知覺常與其以往的經驗，以及當時的注意力、心向、動機等心理因素相結合。是故，知覺乃為個人對環境事物的認知過程。換言之，知覺是個人對外在環境的刺激加以選擇、組織與詮釋，以賦予意義的過程。

然而，影響知覺的因素爲何？構成知覺的因素不僅來自於知覺的環境與對象，而且常取決於知覺者個人的主觀因素。就知覺對象而言，凡是被知覺的對象具有與衆不同的特性時，較容易被知覺到。例如：強度大、發生頻率多、數量較多，較容易被知覺到；相反地，較稀鬆、較少發生、數量不多，較不容易被知覺到。再者，動態的、變化多端的或對比分明的，會比靜態的、不變的或混濁不清的，容易被察覺到。這些都是知覺對象引發知覺閾（perception threshold）的不同之結果。

此外，知覺環境同樣是形成知覺的因素。例如，一件商品之所以受人注意，除了本身的特性之外，其所陳列的周遭環境亦爲關鍵因素之一。易言之，一件商品之所以被知覺到，乃是它在環境中凸顯之故。此乃因環境可以襯托出商品的特色，亦即環境形成一種特殊景象，以致影響到人們知覺到了該商品。

最後，在相同的環境與知覺對象下，不同的個人也會有不同的知覺。人類的動機、期望、價値與個別差異，是造成個人主觀知覺的主因。通常個人有一種普遍傾向，即知覺到自己所預期或希望知覺到的事物。在知覺上，個人並不是被動的，他會依照過去的知覺增強歷史，及目前的動機狀態，主動地去選擇並解釋刺激，此種傾向即爲知覺傾向。當個人承受多種廣告的刺激時，會依據過去的經驗和目前動機去注意某些廣告。例如，個人渴求某種產品，且過去有了良好的印象與經驗，則他會去注意該項產品的廣告，以蒐集有關的訊息，從而決定購買與否。

總之，影響個人知覺的因素，不外乎是個人過去的經驗、注意力、當時的動機與心向、當時的生理與心理狀態，以及當時的物理和社會環境；透過這些因素的相互影響，乃形成個人的知覺系統。因此，行銷人員必須瞭解知覺的全貌及其相關概念，並探討人類知覺的生理與心理基礎，才能找出影響消費者購買行爲的主要因素。蓋知覺乃是消費者如何辨認、選擇、組織和解釋商品的過程。

第二節　知覺與商品價格

消費者對商品價格高低與公平性的知覺，會影響他購買商品的意願，從而左右其對商品的滿意度。以價格公平性來說，消費者會注意其他人購買該項商品的價格；當他發現自己購買同樣品質的商品，遠低於他人所購價格時，則其再次購買的可能性與滿意度較高；相反地，當他發現所購商品比其他人所購買的爲貴時，則其再次購買的意願與滿意度必然降低。因此，行銷人員在運用差異化定價策略時，常招致某些消費者視爲不公平的措施。此不僅發生在商品價格上，且可能影響消費者的惠顧動機。

一般而言，消費者依據知覺而影響其購買與否的標準，可稱之爲參考價格（reference price）。所謂參考價格，是指消費者用來作爲判斷是否購買某項商品的標準，此種標準可以是由外在刺激所形成的，也可以是內在心理歷程所產生的。外在參考價格包括不同商品的銷售價格、消費者之間的購買價格以及廣告價格等。內在參考價格包括消費者本身過去的購買經驗價格、消費者自己對產品品質的認定價格等。不管商品價格是出自於消費者的內在參考價格或外在參考價格，他都會依此而決定是否購買，並影響其購買意願。

此外，當消費者在購買過某項商品後，感受到該項商品價格的實際經濟效益與否時，將會增強或削弱其再次購買該項商品的意願，此稱之爲獲得效用（acquisition utility）。此乃爲消費者知覺到購買該項商品的價格，而引發出對該項商品的價值效用之故。

再者，交易效用（transaction utility）亦影響消費者愉快或不愉快的感受，從而影響其再次購買的意願。所謂交易效用，是指消費者於某次購買行動中內在參考價格與實際購買價格之間的差異程度而言。當消費

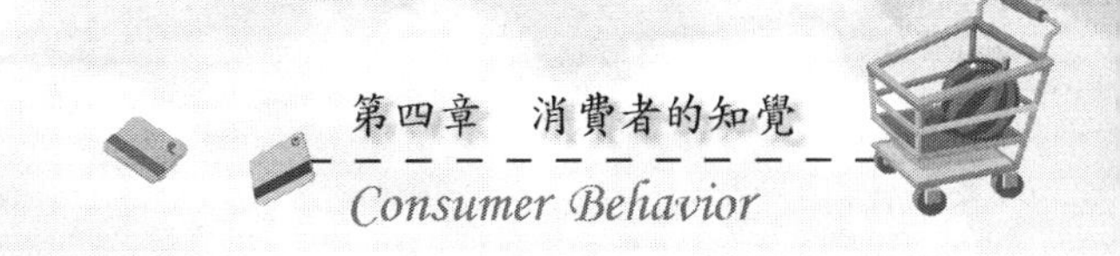

者在購買某項商品時，其內在參考價格與實際參考價格並無多大差異，則無任何交易效用可言。相反地，若他的內在參考價格遠低於實際參考價格時，則產生負向的交易效用，進而減低他在此次購買經驗中的整體效用；但他的內在參考價格遠高於實際參考價格時，則形成正向的交易效用，進而增進其在此次購買經驗中的整體效用。

在今日行銷上，另一種表現知覺與商品價格關係的，是心理性價格。所謂心理性價格（psychological price），就是以消費者的心理導向爲基礎而訂定的價格策略。此即依據消費者的心理知覺，訂定差價不多，但在知覺上有差異的價格。例如，產品的價格是400元，可以399元代替，在消費者心目中399元比400元便宜；且399元在3的範圍內，在知覺上比4的範圍內便宜。此乃爲心理知覺差異所形成的結果。

在數字知覺上，有些心理學家認爲：每一個數字都有其象徵性和視覺性的質感。因此，在訂定價格過程中，要考慮質感的因素。例如，8是對稱性的，有一種圓潤的效果；7是尖銳性的，會產生不調和的感覺。在某些文化中，數字大的字如8、9等象徵著豐、厚的含義，數字小的字如1、2等則代表寡、薄的含義；甚至於數字的排列，都會影響消費者購買某項產品的意願。

不過，產品價格有時可能會透露某些訊息，有些消費者往往認爲價格是品質的指標，故價格高乃是品質優良的保證。在每位消費者的心目中，都有一種產品價格的上限與下限。如果產品價格超過上限，則個人會以爲太貴；如果價格低於下限，又會以爲產品的品質值得懷疑。有關知覺和產品品質的關係，將在下節繼續討論。

總之，消費者對產品價格的知覺，將影響其購買行爲與對產品的滿意度，行銷人員必須探討價格組合對消費者知覺的影響，提供消費者價格的優惠，如推出折扣優惠價格，明定折扣範圍，以增進消費者的價值知覺，產生更正面的影響。

第三節　知覺與商品品質

行銷人員為了推展行銷工作，除了要注意消費者對商品價格的知覺之外，尚需探討其對商品品質的知覺。誠如前節所述，消費者可能運用產品價格去探索商品品質。當然，消費者仍可能運用其他線索，來判斷產品或服務的品質。這些線索有些是來自於產品或服務本身，有些則出自於產品或服務以外的；然而，經由這些線索的單獨或混合運用，將可提供吾人對消費者知覺與產品品質關係的探討。本節將產品品質的知覺與服務品質的知覺分別討論之。

一、產品品質

消費者對產品品質的知覺，大部分乃來自於產品本身的特性，如產品大小、顏色、味道、形式和風格等。消費者慣常運用這些物理特性，來評估產品品質，惟這是不正確的。因為這些特性事實上是與品質無關的，只是消費者喜歡運用這些產品的內在特性作為判斷品質的線索而已。就事實而論，許多外在線索如價格、包裝、廣告，甚至於同儕壓力、品牌形象、廠商形象、零售商形象以及對來源國的印象等，常會影響消費者對產品品質的知覺。例如，食品包裝常讓消費者感受到高品質，而深具誘惑力。又如來自工業極發達的國家，如高科技的產品，常給人高品質的印象。因此，廠商在實際生產高品質的產品之餘，尚需注意上述各項因素對消費知覺的影響。

二、服務品質

評估服務品質比評估產品品質更形困難，其原因乃爲服務具有更多不確定的特質，如缺乏一定規則、易變、無形化、無法儲存、生產和消費同時進行與完成等。由於服務無法如產品一樣可作具體的對照，以致消費者常選擇某些線索來評估服務品質。例如，評估律師的服務品質，常注意辦公室的質地、檢視室內家具的擺設、牆上證書的數量與來源、接待人員的態度，以及律師的專業化程度等，這些都會影響消費者對服務品質的知覺。

由於服務品質是不確定的，以致不同時間、不同服務人員以及不同顧客等的變異，使得消費者感受到的服務品質並不相同。例如，不同的侍者所提供的服務，常因其服裝、面部表情等，使人有不同的感受；甚至一位教授的授課，對不同的學生也有不同的感受。因此，行銷人員常致力於服務標準化，以求能提供一致的服務品質。不過，過分強調標準化，也可能無法順應不同消費者，而喪失消費價值感。

另外，服務是產銷一致進行的，其與產品的先生產、後行銷不同。產品在生產後、行銷前，一旦發現有劣質品或瑕疵品，可立即收回。但服務產品卻呈現在消費時刻即已發生，只有事後才能獲得補救或改善的機會，惟如此已是形象受損。因此，爲了提升服務品質必須在事前多加以訓練或防範。

通常服務品質之所以降低，往往發生在尖峰需求時刻。此時，消費者或顧客最多，在壓力或繁忙的狀態下，服務人員最常疏忽或考慮不周全，以致在服務上出現疏略之處。因此，服務人員必須設法確保服務的一致性，或設法改變需求狀態，或機動調整服務時段，或增減服務人手，以避免等待時間和減低負面評價。

依據研究顯示，消費者對服務品質的評估，係取決於其對服務的期

望和實際服務之間知覺差異的大小及其方向。當消費者期望的服務與實際服務之間的知覺愈一致，甚或實際服務超越自己的期望，則必認爲服務品質良好；相反地，若實際服務遠低於自己的期望，則必認爲服務品質低落。

然而，有些研究認爲服務品質也可具體化，如有形的實體設備、花園景觀、室內陳設和資料提供等，亦能影響消費者的感官，形成刺激，而評估其服務品質。一般影響消費者決定服務品質的要素，有實體化、可信度、回應性、保證性和同理心等，這些都是以消費者對服務表現的知覺爲基礎的。因此，行銷人員必須在現有設備等實體物質的基礎下，多注意改善服務的歷程，以求能超越消費者的期望，開創「以客爲主」的競爭優勢。

事實上，所有的行銷工作幾乎都是產品與服務並行的，因此行銷人員必須有整合產品品質和服務品質的觀念，以完成整體的交易滿意度。因爲所有的產品除了包括有形的實體之外，尚含著某種程度的服務。例如，消費者對商店的滿意度，可能包括產品價格、品質，銷售人員的服務態度與效率，以及對周遭環境的舒適感到愉快程度等。許多研究即顯示，決定消費者整體交易滿意度的主要因素，爲產品品質、服務品質和價格等。當消費者對這些因素的評價極高時，則他可能成爲忠實的顧客，否則將改變其消費方向和行爲。下節將繼續進行這方面的討論。

第四節　知覺與惠顧動機

在行銷上，與消費者知覺有關的事項，除了產品價格、產品品質與服務品質之外，消費者的知覺和惠顧動機的關係亦甚爲密切。當消費者對銷售產品或提供服務的商店有了良好的印象，則其再次購買或成爲忠實性消費者的可能性就會大大地提高；否則，消費者購買的可能性必大

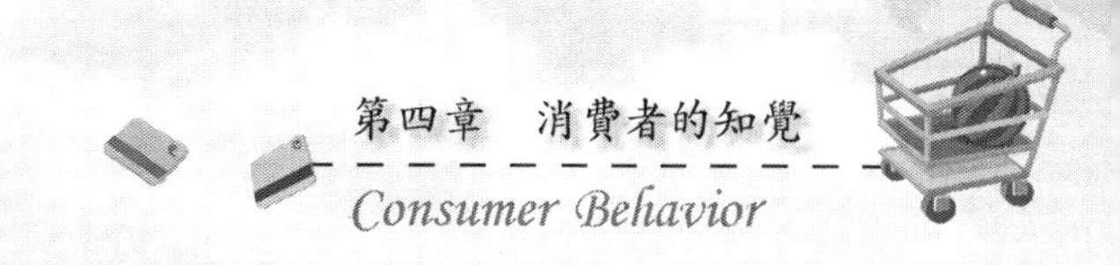

大降低。因此，對於商店尤其是零售商來說，建立與維護自我良好的獨特形象，實居於極爲重要的地位。

一般而言，零售商之影響消費者知覺、引發其惠顧動機的主要因素，乃爲其所陳列商品的知覺品質。一般而言，一家商店所陳列商品的價格，若能實施優惠價格策略，將會引發消費者的注意，並作爲促銷的手段。然而，過度折扣的價格或長期的優惠措施，反而讓消費者認爲其陳列的可能都是劣質品，以致產生負面影響，造成消費者卻步。因此，優惠措施只宜於特定節日或其他某個時段偶然爲之，切不可長期舉辦。

另外，商店所販售產品的組合宜多樣化，以讓消費者有充分選購多種同樣類型產品的機會，並增進其經常光顧的意願。蓋消費者想購買產品的類型，常影響他對零售商店的選擇。若零售商陳列多樣化商品，則顧客自然多選擇到該商店購買。

再者，品牌和商店形象的組合，也會影響消費者的知覺與惠顧動機。若高價格品牌形象的產品，在低價位商店中銷售，則該產品在消費者心目中的位階將會降低；但低價位商店在消費者心目中的印象則會提升。相反地，若低價格品牌形象的產品，在高價商店中販售，則該產品在消費者心目中的位階將會提升；但高價位商店的形象在消費者心中會自然降低。凡此都會影響消費者的形象知覺，以及其對商店的惠顧動機。

再就製造商而言，消費者對製造商本身形象的好壞，也會影響他購買其所製造商品的意願。凡是擁有良好形象的製造商，其所製造出來的產品較爲消費者所接受，尤其是有新產品推出時更是如此。此乃因有良好形象的製造商，給予消費者較好的知覺之故。不過，根據許多研究顯示，消費者對先鋒品牌的產品有較佳的知覺，甚至於在跟隨品牌出現後依然如此，此則爲消費者充滿新奇刺激的心理所造成。亦即爲消費者對先鋒品牌產品的正面知覺，往往會增強其購買的意願。因此，銷售商欲增強消費者的惠顧動機，亦必須不斷地推陳出新展售先鋒產品。

最後，要刺激消費者的惠顧動機，銷售商也要不斷創新新環境與推出新產品，且強調產品的特性是爲了具高度創造力的個人所設計，以爭取消費者的認同感。銷售商必須不斷地利用廣告、展覽會，與贊助社區事務等活動，來提升自我形象，且將產品或服務與商店形象整合，此則有助於消費者產生良好知覺，從而增進其惠顧動機。

第五節　知覺與廣告設計

廣告設計對消費者知覺有重大的影響。一幅吸引人或符合消費者期望的廣告，能引起消費者的注意；相反地，一幅不起眼或設計不當的廣告，則可能不受消費者所注意或招致反感。因此，爲了促銷商品，建立起良好的品牌形象，必須力使廣告設計能引發消費者的注意，並建立良好的知覺。

商品的廣告設計必須從多方面去思考，這些因素包括：

一、廣告的大小

廣告愈大，愈能引起消費者的注意；但在衆多大型廣告中，小型廣告也可能引起消費者注意。依據韋伯定律（Weber's law）指出：如其他因素相等時，欲使注意力加倍，則廣告的大小必須增加四倍；亦即刺激以幾何級數增加，而知覺僅以算術級數增加；此即爲注意力增加與方根大小的關係，稱之爲方根定律（square root law）。同時，也有研究顯示：廣告加倍，反而分散了注意力，以致其增加的注意值僅爲百分之五十，而非百分之百。此乃爲廣告增大的結果，反而使注意力遲滯。

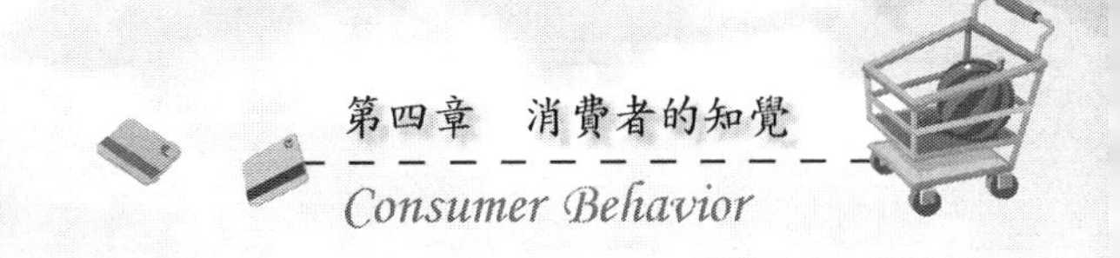

二、廣告的强度

廣告的強弱會影響人們的知覺。凡是亮度高的廣告比昏沈晦暗的廣告，容易被人看到；聲音宏亮的廣告比音量平和的，容易受人注意；但過分刺眼或刺耳的廣告，容易招致反感。又亮度與聲音加倍的廣告，就如同廣告加大一倍的情形一樣，僅能增加指數的注意值，而不能得到加倍的注意值。因此，廣告的強度以適宜於平衡知覺爲當。

三、廣告的次數

由於發生頻率較多，較易被知覺到；且由於時間或空間上的接近，較能引起人們的注意。因此，廣告出現的次數多，較能引起消費者的注意，且能增強其記憶。不過，有時廣告出現的頻率過多，反而使人感覺麻木。因此，廣告即使頻頻出現，也必須採取間歇性的方式爲宜。

四、廣告的數量

廣告的數量愈多，愈容易引起人們的注意；而廣告的數量太少，不易爲人所知。此外，廣告能同時大量出現，最容易得到宣傳的效果。不過，如果過量的廣告已造成人們生活上的困擾，則必爲人所唾棄。

五、廣告的移動

動態的廣告比靜態的廣告容易被察覺到，且受人注意。例如，畫面活動的廣告比靜態的畫面引人注意，又閃動的霓虹燈是有效的廣告。在貨品及原料的採購點暨其他促銷商品的陳列中，構成一幅運動圖案，都

能吸引人注意。此外，在不增加大小或空間的情況下，垂直設計與鋸齒線的廣告設計，比光滑的水平設計更能產生動感，增加廣告的效果。

六、廣告的變化

變化多端的廣告比固定不變的廣告，更能引人注意。蓋變化的事物較易為人所察覺，且能引發人們的好奇。至於固定不變的廣告，猶如一池死水，很難引起人們的注意。

七、廣告的顏色

一般而言，有色彩的廣告比黑白的，更能引起注意力；但在雜誌中有色彩的廣告，當其廣告費用增加時，其所產生的注意力不一定能與增加的廣告費用相稱；而必須根據全盤的情況，如編排方式、彩色與黑白廣告所占比例等，仔細分析後，才能確定。

八、廣告的對比

廣告的對比愈大，愈能引起注意。亦即對比分明的比混濁不清的廣告，愈能被消費者知覺到。例如大聲與小聲的交替、柔和的噪音、對比強烈的顏色等，都比單一而無對比時，更能產生較多的注意。所謂「萬綠叢中一點紅」、「鶴立雞群」，都各是一種對比。

九、廣告的位置

在其他條件相同下，印刷品上半頁的廣告比下半頁，更能引人注意。西方國家文字由左而右，故其左半頁比右半頁更能增加人們的印

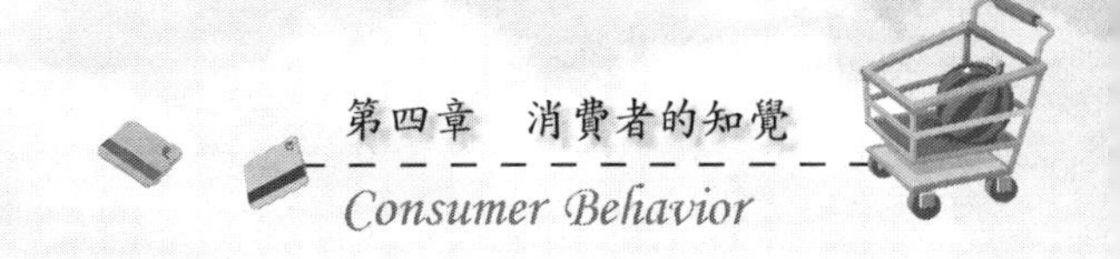

象。東方人的閱讀習慣由右而左，故右頁比左頁能引起更多的注意。不過，有些學者認爲右頁廣告與左頁廣告，引起注意的程度並無區別。此外，在衆多條件相同的廣告中，最前面與最後面的廣告比位居中間的更能加深人們的印象與記憶。

十、廣告的隔離

一個小物體在大空間的中央，最能引起更多的注意。一個螺絲釘、紅色小球，或其他小東西，在整幅廣告的中心，基於隔離作用，亦能引起閱讀者的注意。在佈滿成衣店的街道上，偶爾攙雜一、兩家家具店，亦可產生隔離作用。同樣地，在許多同性質的廣告中，出現一、兩幅不同性質的廣告，則後者更能引人注意，此即爲隔離作用的結果。

總之，消費者能否對廣告產生知覺，部分係受廣告本身設計的影響。惟廣告的刺激，應是許多條件的組合，很難是單一情況的出現。此外，吾人探討廣告刺激對消費者知覺與注意力的影響時，必須考慮適應標準的概念。如在許多大的形象中，一種小形象比其他大形象更易引起注意。因此，廣告設計必須作週期性的變化，以便能適應消費者求新求變的心理。

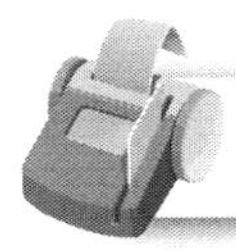

第六節　知覺與其他行銷活動

消費者知覺既是消費行爲的基礎之一，則行銷活動不僅需考量商品價格、產品與服務品質、廣告設計，以吸引消費者的惠顧動機之外，行銷人員尚需注意商品命名、商品設計、商標設計、包裝設計、櫥窗設計、商品陳列等，用以提升消費者的知覺，引發其注意與興趣，從而願意採取購買行動。茲再分述如下：

一、商品命名

一項商品的品牌名稱往往會促動消費者的知覺，影響其購買意願與行動。商品名稱若能表露產品本身的意義，甚至描述其優點，當可促使消費者易於即刻辨認，並明顯地從競爭產品中區分出來。因此，商品名稱必須經過審慎的命名，它絕不是一個偶然想起來的名稱。

當然，一個良好的商品名稱必須能迎合消費者的消費興趣與習慣，其應具有下列特性：

1.從產品名稱上可顯示出該產品的優點和品質。
2.要易於發音、辨認和記憶。
3.宜具有獨特性與趣味性。
4.易轉換成外國語言。
5.可接受登記，受法律的保障。

準此，商品名稱的命名，宜從下列原則著手：

1.簡短明瞭，以喚起消費者的注意與記憶。
2.通俗易懂，並能引發消費者的好奇心。
3.能顯現商品的獨立特性，易於與其他同類商品區分。
4.必須富有趣味，生動有力，才能引發好感，產生深刻印象。
5.必須與商品本身相適應，並能啓發聯想，強調獨自性質與用途。

總之，商品命名必須能注意消費者的知覺，從而引發其興趣，以刺激其消費意願。因此，商品命名必須簡短明瞭，通俗易懂，趣味生動，並能顯現產品的特性與創作性，以引發消費者的注意，增進其記憶，激發其購買意願。

二、商品設計

在現代市場經濟活動中，商品是市場營銷活動的物質基礎，也是在消費活動中引發消費者直接反應的主體。蓋商品不僅具有有形的物質屬性，能爲消費者提供物質效用，而且也包括許多無形的特性，爲消費者帶來了各種心理效用。因此，企業機構和產銷人員除了應重視商品名稱之外，也應注重商品設計。此乃因商品設計的良窳，不只關係到使用的便利性，更影響到消費者對該商品的知覺，從而左右日後是否再購買的意願。

一項完整商品設計的首要條件，必須講求實用。易言之，商品的重要屬性之一，就是它的實用價值。當一件商品具有實用性，甚至於能發揮多樣性的功能時，較能爲消費者所喜愛；相對地，一件商品的實用性不高，必爲消費者所唾棄。因此，商品設計必須能實現實用的功能，最好是多功能的，如此才能吸引消費者樂意購買和消費。

其次，商品設計必須具有自身的特點，尤其是能發揮其優點，以求不同於其他產品，而能吸引消費者的注意和興趣。一件具有本身特色的商品，必須依靠不斷的創新和研究發展；也唯有不斷創新與研發，才能滿足消費者不斷提高的新需求。當然，商品的不斷創新和研發，也包括對現有產品的改進與革新。這些不僅在裝置和外形的設計上有了改進，而且在產品性能上發展了新功能。

此外，商品設計也必須講求時尚性。一件能順應時代趨勢而擁有新式樣的商品，必能吸引消費者的注意力，從而能產生興趣，終至採取購買行動。蓋求新求變、求美求異是消費者的一般心理特性。雖然追求時尚的商品，可能是短暫的、變動的，但它可能帶動風潮，形成一種流行的新趨勢，且可能引發新產品的推陳出新，與不斷地研究發展。起初，具有時尚性的商品推出時，可能只有少數擁有新鮮感的消費者會去購買，隨後則能帶動大多數消費者的跟進。因此，具有時尙性設計的商品擴散速度快，擴散範圍廣。當然，商品擴散速度和範圍也常隨著商品的種類而有所差異。

最後，商品設計也必須因應不同消費者的需求。雖然多功能的商品設計，一般來講較受消費者所喜愛；但這也隨著消費者的年齡、個性等，而有所差異。例如，今日手機強調多功能，很受年輕族群歡迎，但對一些老年人來說，他可能只求具有傳訊功能即可。因此，如果公司規模夠大、財力雄厚，似可對不同年齡階層設計不同功能的商品，此乃因不同年齡階層的人有不同的發展階段和成熟度，其心理特性必也不同，對商品的消費動機自然有了差異。

總之，商品的設計有些強調普遍性與大衆化，有些則注重個性化和自尊與威望，廠商在設計商品時，必須考量商品本身的特質與消費市場上的差異和共同性，如此才能順應不同或相同的消費者，滿足他們的心理需求。

三、商標設計

廠商爲了引發消費者的知覺，除了必須重視商品品質、功能、性能之外，也必須注意商標設計。蓋商標是最能加強消費者的記憶，形成一定的消費習慣，終而產生品牌忠實性的要素。同時，商標和商品名稱一樣，它與商品品質和性能是最有直接關係的，最可能引發消費者的聯想。因此，吾人不能忽略商標設計的重要性。

一般而言，商標是工商企業用以標明自己所生產的商品，使有別於他人所生產商品的一種特定標誌。此種標誌通常是用文字、圖形、符號等來標示的。商標一旦經過註冊登記，就具有專利權而受到法律的保護。對消費者而言，他可能依據商標而選擇或排斥某種商品。是故，商標不但與消費者的日常生活有緊密的關聯性，也和工商企業的名聲息

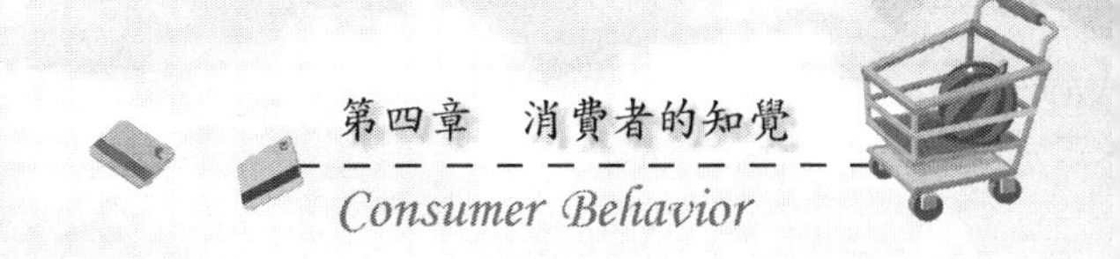

相關。

此外，一幅設計良好的商標通常能夠使消費者很快地認出他所想購買的某項產品，使有別於別家商品，這就是所謂的「認牌選購」。準此，廠商必須設計出一幅出色的商標，透過鮮明的圖文、色彩和商品本身的特色相互搭配，才能把它所要代表的商品廣泛地傳播給消費者。蓋商標所代表的良好商品特性、技術水準或服務精神，以及其本身的獨特標記，正是增強消費者信任感和購買慾的知覺基礎。

綜上所言，商標設計必須講求下列原則：

1.以簡潔易懂而生動有力的圖文，呈現給消費者，使他能準確而快速地區辨和確認所要購買的商品。
2.爲了樹立商品的信譽，提高消費者對其產品的偏愛程度，必須努力創造出新穎巧妙的商標設計，用以捕捉消費者對商品的知覺，終至體驗出商標所代表的商品意義。
3.必須根據時代風尙和消費情境等因素，設計出象徵光明事物、良辰美景的圖文，以誘發出消費者的幸福感，與愉悅健康的種種聯想。
4.必須別出心裁，努力創造具有自身商品獨立特性的風格，如此才能表達自我企業性格與商品的獨立特質。

總之，商標是自我商品的代表，商標設計正足以顯現出企業性格、商品的技術水準和服務精神。因此，商標設計必須和商品本身的獨立特性相互結合，如此才能名實相副，使消費者分清自我商品和其他商品的差異。此外，商標設計也必須和企業的經營特色相互結合，由此而建構企業的自我形象。唯有如此，才能符合消費者的消費需求，使消費者透過商標而得到啓示和心理上的滿足，促進其再度消費的意願與行動。

四、包裝設計

商品包裝是保護商品在流通過程中能維持完好品質和完整數量的重要措施。一項包裝良好的商品，不僅能吸引顧客、擴大銷路，更可增進售價。因此，廠商有時必須注意商品的包裝設計，用以增強或改變消費者知覺，以增進其購買意願。不過，一般包裝必須與商品的類型和品質相對應，才不致使消費者有上當的感覺。通常，商品的包裝是使商品適於運輸與誘使消費者產生動機的一種準備。包裝是一種設計與製造產品之容器及包裝材料的活動。

在傳統上，包裝被認爲是一種附帶的行銷觀念。惟隨著時代的變遷，今日消費者愈來愈重視包裝，加以公司和品牌形象建立的需要，商品包裝代表公司的創新性，使得包裝變成一項重要的行銷工具。包裝必須能吸引消費者注意，描述產品的功能特色，給予消費者信心，才能使產品在消費者心中留下良好的印象。蓋外形良好的包裝，如鶴立雞群，在許多陳列的產品中，可立即被消費者知覺到。

準此，廠商在作商品包裝設計時，必須考慮消費者的不同心理、喜好，針對其需求。設計時，應注意消費者不同的性別、年齡、所得水準；由於這些差異，可能對包裝設計會有不同的喜好。因此，廠商必須將市場與消費者的特質加以區分，研究各種不同型態的目標市場，以及消費者可能購買的情形，分析其喜好，然後做好各項包裝工作，以達成商品銷售的目的。

至於包裝的原則，至少要考慮下列要項：

1.形狀必須精美別致，大小符合各種需要。

2.包裝材質必須配合產品，避免有欺瞞的感覺。

3.色彩必須鮮明悅目，能凸顯出產品的特色。

4.能注意全盤的美感，使商標圖案、品牌、標語以及色彩等有調和

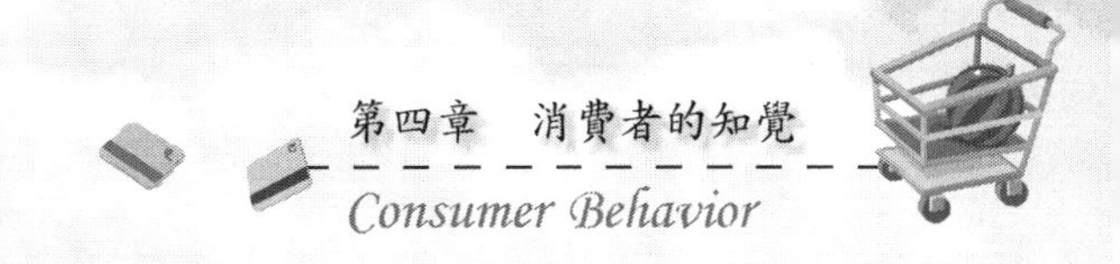

感。

總之，商品的包裝設計必須顧及消費者的感官知覺，才能引起消費興趣，導向購買行動。當然，包裝設計常隨著社會進步的演變，和各地風土民情的差異而有所變異，廠商不可一成不變，而必須隨時考慮包裝對消費者知覺感官的影響。

五、櫥窗設計

商品的行銷活動會影響到消費知覺的因素，除了來自於商品本身的特性之外，也和商場的設計與佈置息息相關，其中尤與櫥窗設計的關聯性爲最。因此，廠商若想吸引消費者的消費知覺，就必須重視櫥窗設計。蓋櫥窗乃是擺設商品、吸引消費者目光的場所。良好的櫥窗設計，當有助於商品的推銷和消費者的消費意願；相反地，不合宜的櫥窗設計，可能阻礙了商品的銷售，阻卻了消費者的消費意願。

然而，櫥窗究應如何設計，才能吸引消費者的注意呢？一般而言，商店櫥窗是以銷售商品爲主體的，它必須透過布景道具和裝飾畫面來襯托出商品的特色；同時，櫥窗也必須採用藝術手法，配合燈光、色彩和文字的說明，來介紹和宣傳所要銷售的商品。一面吸引人的櫥窗必然是構思新穎、主題鮮明、風格獨特、裝飾美觀、色調和諧，並能呈現出商品的特性。

相對地，商品陳列在商店櫥窗內的最主要作用，乃是帶給消費者一種訊息，就是該項商品係貨眞價實、價格公道的，如此才能增強消費者對該項商品的信心，激發其興趣，提高消費慾望。此外，櫥窗設計必須把熱門商品或新推出的商品擺在最顯眼的位置，用以縮短消費者對該商品的認知時間與距離，提高其積極購買的意願。

當然，櫥窗設計的方法很多，眞是不可勝數。但是，無論採用何種方法，都必須能適應消費者心理，吸引其注意與知覺，如此才能增進消費者的購買行動。因此要做好櫥窗設計，必須深入研究商品特性、市場消費動態、消費習慣，以及審美趨勢，積極地運用心理學的原理，來進行櫥窗設計的構想和布置。在實際布置上，首先要能凸顯所要展示的商品；其次，要能塑造優美的整體形象；最後，則要利用景物佈置，以滿足消費者的消費情感需求。

總之，櫥窗設計和商品行銷以及消費知覺是息息相關的。廠商只有重視櫥窗設計，才能幫助商品的行銷。因爲只有良好的櫥窗設計，才能吸引消費者的注意，從而產生消費興趣，終而促使其採取消費行動。其原則就是整潔美觀，慎選新貨品，適應時宜，陳列要有重點，所陳列貨品要和廣告相互呼應，利用色彩、活動圖片或商品增加吸引力等。

六、商品陳列

就商品的擺設而言，商品陳列也會影響消費知覺與消費意願。顯然地，具有代表性的商品往往陳列在最顯眼的位置，而不起眼的商品會被陳列在不明顯的位置。如此將造成消費者不同的購買意願。因此，商品的陳列正足以顯示商品的不同價值。

然而，就整體商品的擺設而言，商品陳列必須遵守下列原則：

(一)商品陳列的角度必須易於觀察

當消費者一進入商店，通常都會無意識地瞄視各項商品，依據商品類型而找尋自己所想要購買的商品。因此，商品的陳列必須儘量提高其能見度，在高度方面依照不同的視角、視線和距離，選定合適的位置，使消費者能一覽無遺，易於確認所想購買的商品。

(二)商品陳列必須順應消費習慣

由於商品的種類繁多，商店必須按照消費者的消費習慣來進行分

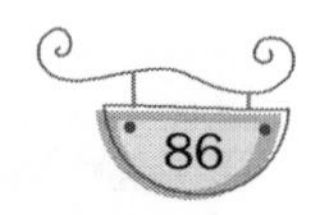

組陳列，避免太多的變換位置，且能固定在一定的地點，以方便消費者尋找。當然，商品可依據消費者經常使用與否的程度而分別陳列，這些商品可分爲日用商品、選購商品、特殊商品和即興商品。大多數的消費者購置日用商品，都希望能快速成交，不願花費太多時間，故此類商品可陳列在最明顯、最易速購的位置。選購商品通常價格較爲昂貴，且波動幅度大，消費者會花費更多時間加以研究比較，故而該類商品可陳列在商店較寬敞或走道寬度較大的地方。特殊商品是具有獨特功能的名貴商品，價格也較爲高昂，宜陳列在離櫃台較遠、環境比較清幽的地點，且最好能設置專門出售點，以顯示專用價值，滿足消費者的某些心理需求。至於，即興商品爲消費者臨時決定購買的商品，其可陳列在較醒目的位置。

(三)商品陳列必須能凸顯商品特色

在商品陳列中，有意凸顯商品的實用價值和優良特點，乃是刺激消費慾望的途徑之一。因此，商品陳列必須能顯現商品的特色。一般而言，所有的商品都有各自的特色，有的性能獨特，用途多種；有的式樣新穎，造型美觀；有的包裝精美，外型醒目；有的氣味芳香，充滿美感。氣味芳香的商品，擺設在櫃台附近，最能刺激消費者的嗅覺。式樣新穎的商品，擺放在顯眼處，較易引發消費者意願。至於，創新商品、名牌商品和流行商品，陳列在最顯要的位置上，則可增進商品及商店的吸引力。

(四)商品陳列必須靈活便於採購

商品陳列的特點必須要靈活，以方便消費者採購。陳列的方式有展示式、櫃內式、貨架式、懸掛式。陳列的方法則有疊放、排列等。不管什麼方式和方法，最重要的必須以消費者容易接觸到和購買到爲原則。其次，商品陳列也可運用對稱式或不對稱式來擺設，對稱式的陳列可使

消費者產生和諧一致感，不對稱式則給予消費者產生某項商品暢銷搶手的知覺。這些陳列方式必須依商品種類和商店規模大小而定。

總之，商品陳列和消費者的知覺是息息相關的。感覺良好的商品陳列，有助於消費者的好感，從而產生願意購買的意願與行動；而會產生不良知覺的商品陳列，容易讓人產生惡感，必然阻卻了消費行動。

第五章　消費者與學習

Consumer Behavior

第一節　學習的意涵

第二節　增強學習與消費行為

第三節　認知學習與消費行為

第四節　消費者學習的測度

第五節　品牌忠實性與行銷

消費者學習是消費行爲學家所關心的課題。消費者是可透過學習的歷程，而瞭解產品的屬性與利益、選擇所要購買的商店與產品，以及處理有關產品與服務的資訊。行銷人員正可利用這些歷程，養成消費者的偏好，使其與競爭者所提供的產品和服務相區隔。本章首先將探討學習的意義及基本理論，然後研討增強學習、認知學習與消費行爲的關係，據以作爲測度對商品與服務的記憶和學習效果。最後，則研析消費者的品牌忠實性，它是可透過學習而形成的。

第一節　學習的意涵

消費者的學習乃爲個人取得購買與消費知識和經驗的歷程，此種歷程會影響或決定日後的有關行爲。當然，學習歷程仍可能因新知識的取得或實際的經驗，而不斷地發展與改變。因此，大部分的學習是一種意識性的活動；但有些學習是意外的，或未經刻意去努力的。例如，有些廣告會誘導消費者去學習品牌名稱；但有些廣告會受消費者主動的關注，據以作爲釐定購買決策的參考。由此可知，「學習」一詞所涵蓋的範圍極廣，從最簡單的事物到抽象概念與複雜問題的解決，都屬於學習的範疇。

人類不管在日常生活或工作中，都會不斷地運用過去經驗以改變當前行爲，此種因經驗的累積而導致行爲改變的歷程，即爲學習。人類常透過感覺器官，由外界吸取刺激，再透過大腦的聯合作用與認知的過程，再由反應器官作反應，而達成學習的歷程。因此，學習固爲一種刺激與反應的結果，也是透過認知的選擇而來。易言之，學習是知識和經驗累積的整個結果。

就科學心理學的立場而言，學習是一種經由練習，而使個體在行爲上產生較持久性改變的歷程。首先，學習必然是一種改變行爲的歷程，

表5-1　增強論與認知論的主要差異

理論	產生來源	過程	適用的學習對象
增強論	外在環境	對環境刺激的反應	較陌生或困難事物的學習
認知論	個體本身	對外界事物的認知與領悟	較熟悉或容易事物的學習

而不僅是指學習後所表現的結果。心理學家認爲：學習不僅包括所學到的具體事物，更重要的是這些事物是怎麼學到的。例如，消費者購物固然包括他所購得的產品，但他是如何去購得的往往是消費學習的重心。依此，解釋學習行爲，大致可區分爲增強學習與認知學習兩大類型。其間的基本差異如**表5-1**所示。

一、增強論

增強論（reinforcement theory），又稱爲刺激反應論（stimulus-response theory），主張學習時行爲的改變，是刺激與反應聯結的歷程。學習是依刺激與反應的關係，由習慣所形成的。亦即經由練習，使某種刺激與個體的反應間，建立起一種前所未有的關係。此種刺激與反應聯結的歷程，就是學習。持此觀點的心理學家，以巴夫洛夫（Ivan Pavlov）的古典制約學習、桑代克（E. L. Thorndike）的嘗試錯誤學習，以及斯肯納（B. F. Skinner）的工具制約學習爲代表。該理論主張增強作用是形成學習的主因。

增強作用通常可分爲正性增強與負性增強。凡因增強物出現而強化刺激與反應的聯結，即爲正性增強；若因增強物出現而避免某種反應，或改變原有刺激與反應間關係的現象，則稱之爲負性增強。在消費行爲中，消費者爲了滿足需求或虛榮而不斷購買物品，即爲正性增強；若爲了避免痛苦而買藥或看醫生，是爲負性增強。消費學習就是在此種情況下完成的。在增強過程中，若一旦增強停止，則學習行爲必逐漸減弱，甚或消失，此即爲削弱作用（extinction）。若刺激與反應間發生聯結後，類似的刺激也將引發同樣的反應，此即爲類化作用（generalization）。類化是有限制的，若刺激的差異過大，則個體將無法產生同樣反應，此即爲區辨作用（discrimination）。

二、認知論

認知論（cognitive theory）認爲：學習時的行爲改變，是個人認知的結果。此種看法是將個體對環境中事物的認識與瞭解，視爲學習的必要條件。亦即學習是個體在環境中，對事物關係間認知的歷程，此種歷程爲領悟的結果。換言之，學習不必透過不斷練習的歷程，而只憑知覺經驗即可形成，且是經過主觀選擇的。因此，該理論認爲學習是一種認知結構（cognitive structure）的改變，增強作用不是產生學習的必要條件。持此看法的心理學家，最主要以庫勒（W. Köhler）的領悟學習、皮亞傑（J. Piaget）的認知學習，以及布魯納（J. S. Bruner）的表徵系統論爲代表。

該理論認爲個人面對學習情境時，常能運用過去已熟知的經驗，去認知與瞭解事物間的關係，故而產生學習行爲。學習並非零碎經驗的增加，而是以舊經驗爲基礎，在學習情境中吸收新經驗，並將兩種經驗結合，重組爲經驗的整體。準此，認知論者不重視被動的注入，而強調主動的吸收。由此觀之，認知學習就是個體運用已有經驗，去思考解決問題的歷程。

以上兩種立論，似乎是對立的。事實上，人類學習行爲是相當複雜的，它也可能是一種模仿學習。以消費行爲的觀點來說，某些消費者看到別人購買某項物品，他也會不明就裏地去購買，既未經認知過程主動去選擇，也未透過增強作用去購置。因此，有些消費行爲並不是透過一些學習理論得以瞭解的。不過，對於絕大部分消費者的大多數購買行爲，還是建立在上述兩大理論基礎上的。以下兩節即將分述之。

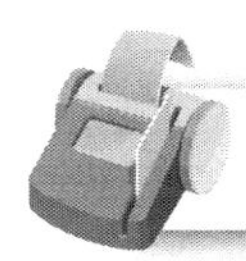

第二節　增強學習與消費行爲

增強理論基本上主張：學習是依據外在刺激而產生可觀察得到的反應而來。因此，人類行爲的反應是可透過增強作用而使之改變的，此即爲一種學習。不過，增強理論並不全然關心學習的歷程，最重要的是學習過程中投入與結果的關係。就消費行爲而言，投入是指消費者從環境中選擇的刺激，而結果是可觀察到的購買行爲。依此，吾人可將之分爲古典制約學習（classical conditioning learning）與工具性制約學習（instrumental conditioning learning）兩方面，來探討其與消費行爲的關係。

一、古典制約學習

古典制約學習認爲：人是可透過一再的重複而學習某些行爲的。所謂制約，就是在某種情境下，因不斷地重複接觸，以致產生自發性的行爲反應。依據俄國生理學家巴夫洛夫的理論觀點，制約學習之所以發生，乃是因爲某個刺激與另一個會引發已知反應的刺激，一再同時重複出現，以致該刺激單獨出現，亦會導致原有相同的反應。此種原有的已知刺激稱爲非制約刺激，而與原有已知刺激同時出現的刺激稱爲制約刺激，已知的反應原爲非制約反應而變爲制約反應。其如**圖5-1**所示。當非制約刺激與制約刺激一再同時出現，然後只出現制約刺激，將引發原有的反應。在消費行爲上，非制約刺激可能是知名的廠牌符號，而制約刺激可能是沿用已久的知名廠牌的新產品。若能將兩者結合，則可能產生

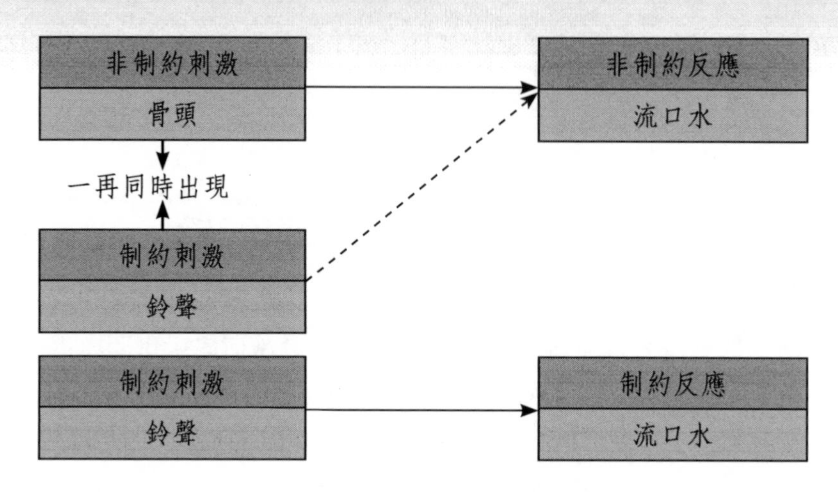

圖5-1　古典制約模型

原有持續的購買行爲。在此僅以一再重複、刺激類化、刺激區辨三個概念，來說明其與消費者行爲的關係。

(一)一再重複

一再重複將會強化制約刺激與非制約刺激之間的關係，且減緩遺忘的速度。就以廣告來說，廣告的一再出現無非在告訴消費者在市場上有某種產品出現，並不斷強調該產品的利益、用處與特色等，以加強消費者的印象，此即爲過度學習（over-learning）的作用。然而，有些研究也顯示，過度一再地重複出現也可能減退人們的注意力，而引起感覺疲乏的現象。此時，就必須不斷地改變廣告訊息的內容，以確保消費者眞正地接收產品的資訊。當然，一再重複的效果也常因消費者接觸競爭性廣告的數量而定。凡是競爭性廣告的水準愈高或愈多，對自我廣告的干擾性就愈大。

(二)刺激類化

在古典制約的增強理論中，有所謂的類化作用，其乃指類似的刺

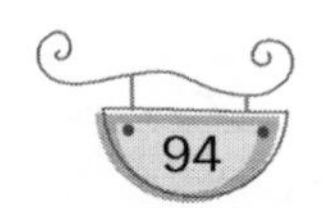

激將引發相同的反應。在消費行爲上，刺激類化即爲市場上仿冒品一再銷售成功的原因。消費者常將仿冒品與原產品混淆在一起，分不清原有廠牌與仿冒品廠牌。不過，類化刺激原則常可運用在產品線、型式與類別產品的延伸上。在進行產品線延伸時，可以就原有品牌推出相關性產品。當新產品與一個已知且受信賴的產品具有相關性時，其被接受的可能性較高。因爲要發展一個全新的品牌，要花費很大的成本，且不一定會成功。

行銷人員不僅可運用類化原則來延伸產品線，且可提供產品型式與類別延伸。當原有品牌的產品已塑造出穩固的正面品質形象時，消費者對新延伸的產品型式或類別較會產生正面的聯想。消費者評估個別延伸產品時，比較傾向於判斷其與原有產品的關聯性。當然，將多種不同的產品與一個知名品牌的產品加以類化，也有可能改變原有知名度產品的意義性。

準此，當一個知名產品品牌旗下包含許多不同的產品時，只要能進行各項產品品牌延伸，就可維持一致的正面品質形象，強化該產品的品牌。相反地，若無法做到各種延伸，就長期而言，將使消費者對該品牌的所有產品產生負面評價。

(三)刺激區辨

刺激區辨正好和刺激類化相反，刺激類化是用來延伸與原有知名產品相關產品的正面形象；刺激區辨則用來區分原有產品與相關產品的特性和屬性等，其目的即希望消費者能辨別與原產品相似的產品。在行銷上可採用產品定位與產品差異化策略。首先，採用產品定位，就是在強調產品滿足消費者需求的獨特方式，以塑造消費者對產品或服務所知覺到的形象，以區辨本身產品和其他產品的類似刺激，藉著有效定位與刺激區辨，形塑消費者的偏好態度，以影響未來的購買行爲。

其次，產品差異化也在形塑與競爭產品的區別。所謂產品差異化，可就產品的形狀、特色、性能、一致性、耐用性、可靠性、修護性、款式和設計等變數，用以區隔競爭性產品，使消費者產生對自我產品有意義、有價值的知覺，而願意加以購買。在行銷上，一旦產生了刺激區辨效果，則可動搖其他競爭產品的地位。

總之，古典制約學習的原則可運用在行銷策略上。一再重複、刺激類化，以及刺激區辨等概念，都有助於解釋市場中的消費者行爲。然而，古典制約學習並無法完整地解釋消費者的所有行爲。有時，消費者行爲常是對產品作詳細評估的結果，此則有賴於工具性制約學習的解釋。

二、工具性制約學習

工具性制約學習基本上也強調刺激與反應間的聯結，但它更重視的是刺激與可能引發酬賞效果的反應間之關係。根據工具性制約理論來說，學習是一種嘗試錯誤的過程。習慣的形成，是因所表現的行爲反應得到酬賞的結果。例如，消費者購買某項產品而得到許多好處的知覺，則他可能再次購買該項產品，甚而產生了購買忠實性。因此，工具性制約學習可用於解釋較複雜、具目標導向的行爲，不像古典制約學習只可解釋簡單的行爲。

工具性制約學習論者認爲：大部分的學習都是發生在受控制的環境中，依此個人會表現適當的行爲，以尋求酬賞。就消費者行爲而言，消費者會藉著嘗試錯誤的歷程，去瞭解如何選購產品，才能得到良好的結果，此即爲工具性制約學習。例如，消費者可能試穿各種款式或品牌的衣服，以找出最合適的衣飾。工具性制約理論用來解釋消費者行爲的最主要概念，包括如下：

(一)正性增強

所謂正性增強（positive reinforcement），就是在行爲後所獲得愉快或正面結果，能增強特定行爲反應的發生。在行銷上，確保消費者對產品、服務，以及整體購買經驗的滿意度，正是正性增強的應用。此種例子極多，如提供最佳品質的產品、優惠價格、舒適的環境、便利性、服務周到、免費飲料、抽獎、贈獎等，都是提高消費者滿意度的途徑，透過正性增強的作用可使消費者產生忠實性。此外，行銷人員與消費者建立良好的互動關係，也是一種正性增強。例如，當商店在舉辦折扣期間，可電告消費者前來消費，即可增強消費者的滿意度。

(二)負性增強

負性增強（negative reinforcement），是爲了避免不愉快或負面的效果，而增強了某些特定行爲的反應。例如，在廣告中佈滿皺紋的臉龐，即在激發消費者購買保養的乳液，就是一種負性增強的例子。某些商家使用「如果不送禮，女朋友就會跑掉」，來督促男士購買禮物；保險公司在廣告中傳達恐怖的訊息，以鼓勵消費者保險；藥商強調身體上的病痛，以激發消費者購藥等，都是告訴消費者購買產品，以避免痛苦或負面的效果。

(三)削弱作用

在行銷上，削弱作用（extinction）也與消費行爲有關。所謂削弱作用，是指消費者的購買行爲與意願，一旦不再受到增強，則購買行爲將慢慢減弱，終至消失。此即代表消費刺激與期望酬賞之間的聯結，已完全消失。假如一家零售商不能提供消費者滿意的產品和服務，則消費者再次購買的行爲必然消失。因此，行銷人員必須設法提高消費者的滿意度，才不致有削弱作用的發生。

總之，增強學習對消費者行爲會產生莫大的影響，其亦可用來解釋消費者的購買行爲。行銷人員必須不斷地運用各種增強方式，一再地展示商品和廣告，運用刺激類化的原則延伸各種產品特性，以刺激區辨凸顯自我產品的特色，以求能在競爭市場中爭得一席之地。

第三節　認知學習與消費行爲

誠如前述，人類的學習行爲有些是重複嘗試的結果，有些則來自於思維與尋求問題解決的結果。因此，認知學習將提供吾人在蒐集資訊後，仔細評估所學習到的事物，以作出最佳的決策。在消費行爲上，消費者會以心智活動來選購他們所需要的產品，這就是一種認知學習（cognitive learning）。認知學習理論認爲：學習是個人主動選擇與領悟的結果。固然，學習可能是一種投入中得到酬賞的結果，然若缺乏主動選擇的意願，其學習成效必大打折扣。因此，學習仍然要依賴個人主動去選擇，其乃包括複雜地處理資訊之歷程，而不僅是一再重複、不斷地增強就可得到特定的行爲反應。是故，認知學習強調動機的角色，以及產生期望反應的心智歷程。認知學習可運用來解說消費者行爲的，主要包括資訊處理論與涉入理論，茲分述如下：

一、資訊處理論

所謂資訊處理（information processing），是指人類自環境中如何知覺、組織、記憶和處理大量的資訊而言。個人會將資訊組織和儲存在大腦中，且對新資訊加以編碼，然後建構資訊系統，用以評鑑、瞭解、解釋、學習新經驗。因此，資訊處理能力和個人的認知能力，以及有待處理資訊的複雜性有關。在消費行爲上，個人常運用其認知來處理產品屬性、品牌印象、品牌間的比較，或其他更複雜的資訊。具有較高認知能力的消費者，比較低認知能力者，容易獲得更多的產品資訊，且具有更高的整合能力與選擇能力。

此外，消費者對一項產品種類的經驗愈多，則其對產品資訊的運用能力也愈強。當消費者在尋求購買決策時，對產品種類愈熟悉，即表示其認知學習能力愈強，此尤以具技術性的產品為然。有些消費者會運用類推原理，將熟悉產品的資訊轉移至新的或不熟悉的產品上。不過，當消費者運用過多的心力去處理某項資訊時，可能會受冗長繁瑣的處理程序之影響，而引發負面的情緒反應。因此消費者往往會選擇較不費力的方式，去評估某項產品。然而，若透過較多認知心力而可顯現較明確的優越性時，即使會造成情緒困擾，消費者仍會選擇複雜的認知心力與歷程去評估產品的資訊。

就心理學的觀點而言，個人對資訊處理的過程，最重要的是記憶。記憶乃涉及資訊的儲存、保留，以及擷取等層面。同時，在資訊儲存、保留和擷取過程中，亦可能發生干擾或遺忘。在此，將逐項分析如下：

(一)資訊儲存

就資訊儲存來說，資訊處理是有階段性的，這些階段包括感官儲存（sensory store）、短期記憶（short-term store），以及長期記憶（long-term store）。

◆感官儲存

所有的資訊都是透過感官而接收的；但是感官無法完整地吸收資料，只能將片斷的資訊傳送到大腦暫存，且只能持續一、二秒。假如沒有立即處理，將即刻消失。因此，行銷人員要將資訊打入消費者印象中是很容易的，但要形成持久性的印象卻是困難的。此時，只有傳輸更多的資訊，使其產生持久的印象。

◆**短期記憶**

在資訊儲存過程中，短期記憶是眞實的記憶階段，此時的資訊會被處理，只不過保留的時間並不長。例如，個人都有在電話簿中找尋電話號碼的經驗，往往都在打過電話後，就忘記了，此即爲短期記憶的短暫性。因此，若要使短期記憶中的資訊轉化爲長期記憶，就必須不斷地在心理上複誦。假如資訊未經轉換和複誦，就會逐漸淡忘。

◆**長期記憶**

長期記憶就是資訊經過處理後，能保留相當長的時間，可能是幾天、幾週、幾個月，甚至於好幾年。一種產品若要消費者長期記憶，就必須經過複誦的過程；一個沒有經過重複或複誦的資訊，將會逐漸遺忘。一般而言，複誦乃爲將資訊保留在短期記憶中，再經過編碼而將之化爲長期記憶。行銷人員可利用品牌符號幫助消費者將品牌編碼，以形成專屬於產品的屬性。

根據研究顯示，人們對圖像的瞭解與記憶，比文字所傳遞的資訊，所花時間爲少。因此，在行銷上使用產品圖片的平面廣告，比文字語言資訊容易被編碼與儲存；而圖片配合文字解說的廣告，又比沒有語言資訊者，更可能被編碼與儲存。當廣告圖片與文字解說強調不同的產品屬性時，圖片對消費者推論的影響較大。

不過，當資訊負荷過重（information overload）時，使消費者接觸過多的資訊，則在資訊編碼和儲存上會產生困難。根據研究顯示，在大量的廣告種類中，要消費者記憶新品牌產品的資訊，是相當困難的。此外，在有限的時間裏，如果給消費者許多資訊，同樣有負荷超載的情況發生。一旦相關資訊出現負荷超載，則消費者將無法分辨相關產品的特性，以致會發生錯誤的購買決策。

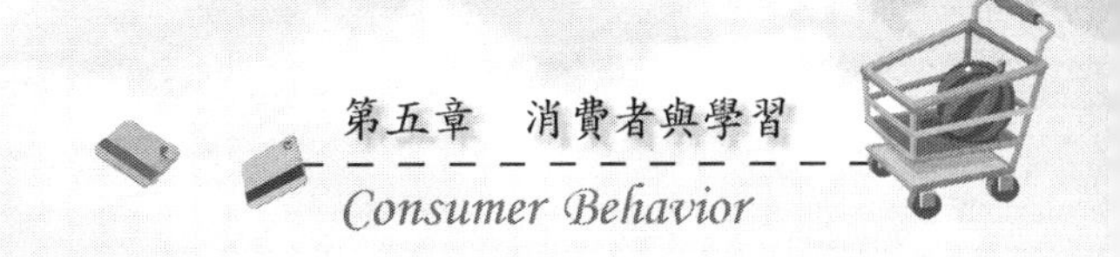

(二)資訊保留

資訊儲存固爲消費者記憶產品資訊的一部分，惟許多資訊並不只是在長期記憶中被儲存，有時消費者會將之重新組合或重新整理，以致產生新的資訊聯結。事實上，長期記憶是許多資訊概念所聯結而形成的網絡。個人常依據這些概念間的關係網絡，來搜尋更多的資訊，且將新、舊資訊加以聯結，以使這些資訊更具意義。易言之，消費者會依據舊有的產品資訊，來詮釋新產品的資訊。

此外，消費者在搜尋產品資訊時，常依據記憶中資訊的相似性與差異性來評估新產品。當產品資訊出現相當差異時，消費者會針對少數相關屬性進行檢視，而非在更廣的屬性範圍中尋找新資訊。不過，消費者對已熟悉品牌的新產品有較佳的回憶，亦即已建立品牌的產品在廣告中較占優勢，以致新產品沿用知名品牌，較有利於消費者對新資訊的回憶，且比較不會受其他競爭品牌廣告的影響。

再者，資訊保留會使消費者重新編碼，以納入更多的新資訊。對行銷人員來說，找出消費者可以處理的資訊群的種類與數量，是相當重要的。當廣告提供的資訊群與消費者的參考架構愈相符合，則消費者回憶的可能性就愈高；相反地，若不符合則可能受到阻礙。因此，行銷人員必須作市場分析，以找出消費者的共同價值與生活態度，以及對產品資訊的認知，從而訂出合宜的廣告。

通常，資訊是以兩種方式保留在長期記憶中的，一是具有先後順序的，一是語義的顯著性。凡是最先發生的事件，就是最早儲存進大腦之中的。學習程度常依個人接收資訊的順序而定。在消費行爲中，凡是最先爲消費者所採用的品牌，往往是新奇而引人注目的；而對於後續所採用的品牌，似乎是多餘而無趣的。因此，在市場上先鋒品牌的產品，常保有最大的市場占有率。

至於，在語義的顯著性方面，也影響到人們的學習與記憶。凡是

語義顯著的產品，往往留給人們深刻的印象和記憶；而語義不顯著的產品，使人很快就遺忘。此乃因顯著性的語義會幫助人們記憶，且組合成一些有用的架構，以便新資訊與先前經驗整合在一起。例如，爲使新電腦品牌與型式的資訊進入記憶中，就必須將它與先前電腦的相關經驗，如呈現速度、顯像清晰度、列印品質，以及記憶等產生聯結。

(三)資訊擷取

所謂擷取，是指人們從長期記憶中取得資訊的歷程。此種資訊的擷取，和個人的記憶、需求有關。凡是記憶深刻或需求強烈的資訊，比較容易擷取；而記憶或印象不深或需求微弱的資訊，則很容易遺忘。此乃因個人對與其需求有關的資訊，較會花費時間去詮釋和推敲，以致與長期記憶中的知識相聯結之故。就消費行爲而言，消費者很容易記憶產品的用處，較少記憶其屬性。因此，廣告訊息若能將產品屬性與用途進行聯結，則其廣告效果會更好。

根據研究顯示，在廣告中不調和的因素若與廣告訊息有關時，常會誘發消費者的知覺，改善其對廣告的記憶；惟若這些不調和的因素與廣告訊息無關時，固會誘發消費者的知覺，但卻無法提升其對產品的記憶程度。例如，廣告中呈現美女使用化妝品，由於美女與化妝品有關，其不僅會引發消費者的注意，且會將其與化妝品品牌聯結；但若美女出現在家具廣告上，固會引起消費者對美女的注意，但對家具及其品牌的記憶幫助不大，因爲美女與家具訊息無關。

(四)資訊干擾

資訊處理在記憶的儲存、保留和擷取中，並不總是順利的，有時會受到其他因素的干擾，此稱之爲資訊干擾。在行銷上，一個產品的競爭性廣告太多時，消費者對該產品訊息的接收將會受到干擾。此乃因太多其他相關產品的競爭廣告，會造成資訊的混淆，以致形成資訊擷取的失

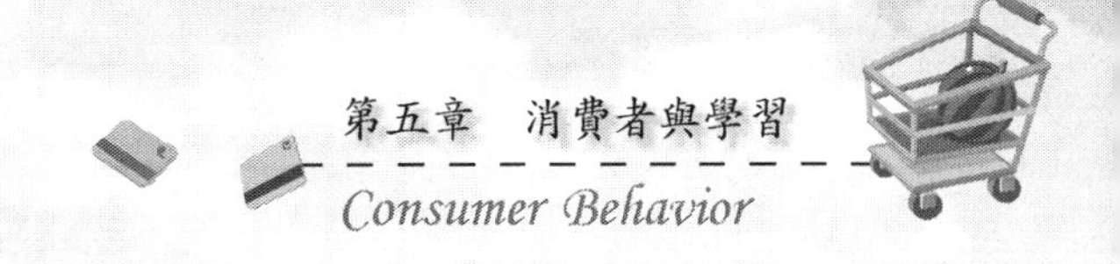

敗之故。

資訊干擾有兩種情況：一爲倒攝抑制（retroactive inhibition），即新的資訊可能干擾先前儲存的資訊；另一爲順攝抑制（proactive inhibition），即舊有的資訊可能干擾新近吸收的資訊。造成此兩種資訊干擾的原因，乃爲該兩種資訊太相近或太相似之故。因此，在行銷上，若能創造突出品牌形象的特殊廣告，將有助於訊息內容的保留與擷取。

當然，資訊干擾的程度，必須依據消費者動機的強度、先前經驗、用心程度、注意力、對品牌資訊的先前知識，以及決策當時可得的資訊量而定。若消費者對某品牌產品有強烈的動機、用心力較多、先前有過愉悅經驗、具有豐富的資訊知識，以及用以評估該產品的資訊量足夠時，則其對該產品資訊的記憶與擷取所受干擾就愈小；反之，則干擾愈大。此則牽涉到高涉入及低涉入的問題。

二、涉入理論

所謂涉入（involvement），是指個人對事物參與的程度而言。消費者對購買產品的涉入程度，包括對該產品所具有的知識、產品本身的相關資訊、對該產品的興趣，以及其他投入該產品有關的購買活動等。就消費行爲而言，除非消費者具有強烈的動機與需求，否則將很難主動去搜尋某項產品的相關資訊。當消費者會主動尋求資訊，就是一種高涉入（high-involvement）；相反地，若只是被動地被灌輸資訊，則爲一種低涉入（low-involvement）。在行銷上，不斷地重複廣告，可使消費者由被動吸收產品資訊，逐漸改變其對產品的態度，終至採取購買行動。此即爲由低涉入轉變爲高涉入的過程。

在涉入理論的基礎下，具有高度視覺作用的電視廣告、包裝，以及商店內的擺設，都會增強品牌的熟悉度，且誘發其購買行爲。當然，消費者對不同產品和購買任務的涉入程度也有所不同。例如，消費者對購買汽車的涉入程度可能較高，因為汽車具有較高的財務風險。因此，消費者的涉入程度常取決於該產品對個人的重要性而定。凡是所購買產品對消費者愈重要的，則消費者涉入程度就愈深，否則其所涉入的程度就愈淺。不過，對高度涉入的消費者來說，其可接受的產品品牌較為有限；而對低涉入的消費者而言，可供其作選擇的產品品牌與資訊反而更多。

此外，當購買任務與消費者有高度關聯性時，他們較可能會仔細評估產品的優點和缺點，以致其涉入程度也較深。相反地，當購買任務與消費者的相關性較低時，他們將只從事有限的資訊搜尋與評估，以致其所涉入的程度就較淺。在此種情況下，涉入較深的消費者運用認知能力的動機較高，在學習上會透過主動過程去搜尋資訊；而涉入程度較低的消費者，其運用認知能力的動機較低，在學習上只採重複的、被動的歷程去搜尋資訊。因此，在行銷上，對高涉入的消費者應強調強烈、具體、高品質的產品屬性；對低涉入的消費者則宜強調整體性知覺、高度視覺與象徵性廣告。

總之，涉入理論可針對媒體、消費者、產品與購買任務分析不同的涉入程度，用以衡量自我涉入、風險知覺，以及對購買產品的重要性，從而瞭解消費者的消費態度，據以訂定不同的行銷策略。

第四節　消費者學習的測度

學習是影響消費者行為的重要因素之一。通常消費行為起於需求的引發，再經過認知的選擇，而對消費目標物加以利用。如果目標物能滿足消費者需求，即可增強行為的反應，反之則減弱其反應，此即為學習的增強作用。換言之，消費者購買某種產品或服務的習慣，即從學習而來。學習的增強次數愈多，個人的認知活動就逐漸減少，個人毋需思考

即可自動採取某種購買行動，因而形成習慣。

在消費學習因素中，除了習慣會影響購買行爲外，以再認測驗（recognition tests）和回憶測驗（recall tests）也可以瞭解消費學習。所謂再認測驗，是指在提供線索的情況下，測驗消費者的回憶程度；而回憶測驗則在未提供任何線索的情況下，測驗消費者的回憶程度。基本上，再認法與回憶法是用來瞭解消費者是否記得曾經看過廣告、廣告內容、記憶的程度、對產品或品牌的態度，以及購買意願等。

不過，由於再認法與回憶法的差異，其測驗內涵也不一樣。在消費研究上，再認法是用來測量廣告所呈現的內容、報章雜誌裏的材料，及其他有關材料等，是否在過去看過或精讀過。相對地，回憶法則要求人們重新組合所閱讀的文章、所看過的廣告及對材料內容的印象，要他們寫出或說出記憶的內容。

根據路卡士（D. B. Lucas）和柏里特（S. H. Britt）對廣告消息保留程度的研究，發現再認法與回憶法間有顯著的差別。在經過一段時期後，個人的回憶保留程度降低很多；然而再認量在幾週內仍維持頗高的程度。**圖5-2**爲回憶量和再認量的比較，圖上所示時間爲一週。

有關廣告的回憶方面，布取農（D. I. Buchanan）曾做了興趣大小和回憶量之間關係的研究。他用郵寄方式測量受試者對八種產品感興趣的程度。十天後將這些產品以廣告的方式，呈現給反應者看，其中有四種產品廣告登在《沈默》（*Humor*）雜誌，其他四種產品廣告則以電視播出。第二天，他出其不意地以電話訪問受試者，看他是否能夠記得上述各項廣告。結果發現，雜誌廣告的回憶量和個人對產品感興趣的程度有顯著的關係；但電視廣告則無此現象。

此外，葛令保（A. Greenberg）和葛菲卡（N. Garfinkle）曾調查讀者對《生活》（*Life*）、《展望》（*Look*）、《週末郵報》（*Saturday Evening Post*），及《麥考》（McCall's）四種雜誌的六十幅廣告，依據其內容所占篇幅的大小，發現篇幅愈大的廣告，可喚起消費者極高比率

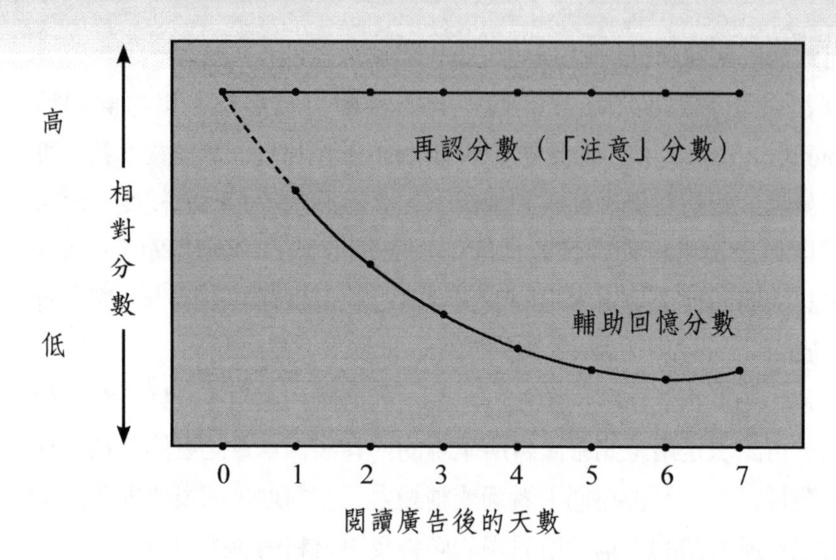

圖5-2　九十六個廣告（受試者有六百人）在採用再認法及輔助回憶法時，記憶量改變的情形

的回憶與正確答案。由此可知，欲求廣告的有效性，巨大篇幅及引人入勝的圖片是很重要的因素。

另外一種測度消費者學習的作法，就是測定消費者能正確理解廣告訊息的程度。消費者理解廣告訊息的程度，需視訊息的特徵、消費者處理資訊的機會與能力，以及消費者動機和涉入程度而定。當目標市場能被清楚界定之後，行銷人員才能發展更適當的廣告訊息，並將訴求重點放在目標消費者的需求上。

爲了確保廣告訊息能爲消費者所完全瞭解，行銷人員必須在廣告發表前或發表後，分別執行文案測試。在發表前，應決定如何修改那些廣告訊息，以避免花費太多媒體費用。在發表後，仍應指出哪些廣告要素應予以改變，用以評估廣告效果，並改善未來廣告的影響力與被消費者記憶的程度。

總之，消費者學習的測度重點，基本上仍爲態度與行爲的衡量，據此可瞭解消費者對產品與品牌的整體感覺，以及他們的購買意願；然

而，這仍要瞭解消費者的學習與記憶程度。此種學習也是一種消費習慣，這就牽涉到品牌忠實性的問題，下節即進行這方面的討論。

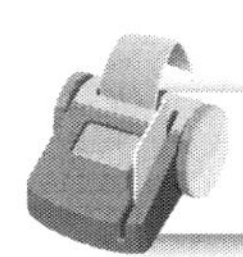

第五節　品牌忠實性與行銷

根據本章第一節所述，購買行爲是可以透過增強作用，再經由個人認知的主動選擇而形成。因此，行銷人員必須依據學習原理而誘發消費者的購買行爲。對消費者而言，個人常有一種固定的消費習慣。此種習慣一旦養成，常不易改變；除非有某些因素引起其好奇，或阻礙其習慣。因此，廠商必須建立起良好的產品品質、信譽、印象，以使消費者肯繼續購買、使用其產品，此即爲消費者的品牌忠實性問題。

一、品牌忠實性的意義

所謂品牌忠實性（brand loyalty），是指消費者對某項產品品牌一旦形成消費習慣而產生印象時，即不易改變其對該品牌產品的消費習慣與態度而言。消費者在開始選購某項產品時，通常是依據學習而來，不是出自於個人的經驗，就是由別人提供訊息而得。依此，消費者可提高其購物效率，並降低其在購買決策上的模糊狀態。一旦消費者持續不斷地購買該項產品，則品牌忠實性自然形成。

一般而言，消費者的品牌忠實性依其程度可分爲：

1. 連續忠實性（undivided loyalty），是指消費者連續不斷地購買某項品牌的產品，而不受任何因素的影響。
2. 不連續忠實性（divided loyalty），是指消費者交互購買兩種或兩種以上品牌的產品。
3. 不穩定忠實性（unstable loyalty），是指消費者購買某種品牌的產

品，有轉移購買另一種品牌產品的意味。

4.非忠實性（no loyalty），是指消費者隨機購買各種品牌的產品。

根據研究顯示，大部分消費者除非受到其他因素的干擾，否則都具有高度品牌忠實性。有一項研究顯示，有50％以上的婦女都會表現高度的品牌忠實性，此正可提供給廠商一種很明顯的利基。不過，表現忠實性消費者的百分比，常隨著產品類別而有所差異。例如，有54％的人，對購買麥片具有高度的品牌忠實性；而購買咖啡的人，則有95％。

再者，消費者對某項產品具有高度的品牌忠實性，是否對另一項品牌的產品也會表現高度忠實性呢？答案是否定的。因此，許多消費行爲學家認爲：只有探討某一品類產品的品牌忠實性，或者探討某一品牌各類產品的品牌忠實性，才有意義；且由此來做行銷決策，才不會產生太大的偏差。也有些行銷學家以消費者長期性的品牌偏好爲準，來探討品牌忠實性，結果發現品牌忠實性確實存在。

總之，品牌忠實性具有許多不同程度的意義。每個定義都與在不同時間下購買的品牌有關。因此，廠商必須探討各種可能情況下的品牌忠實性，才能得到正確的結果。

二、影響品牌忠實性的因素

品牌忠實性常隨著產品類型與屬性的不同，以及消費者個別差異，而有所不同。至於影響品牌忠實性究竟有哪些因素，這可從消費者的特性、群體影響和市場結構等三個層面來探討，如圖5-3所示。

(一)消費者特性

消費者特性方面，大致可從態度、人格特質、經濟和人口統計因素三方面著手。有一個研究顯示，消費者的態度和品牌忠實性關係不

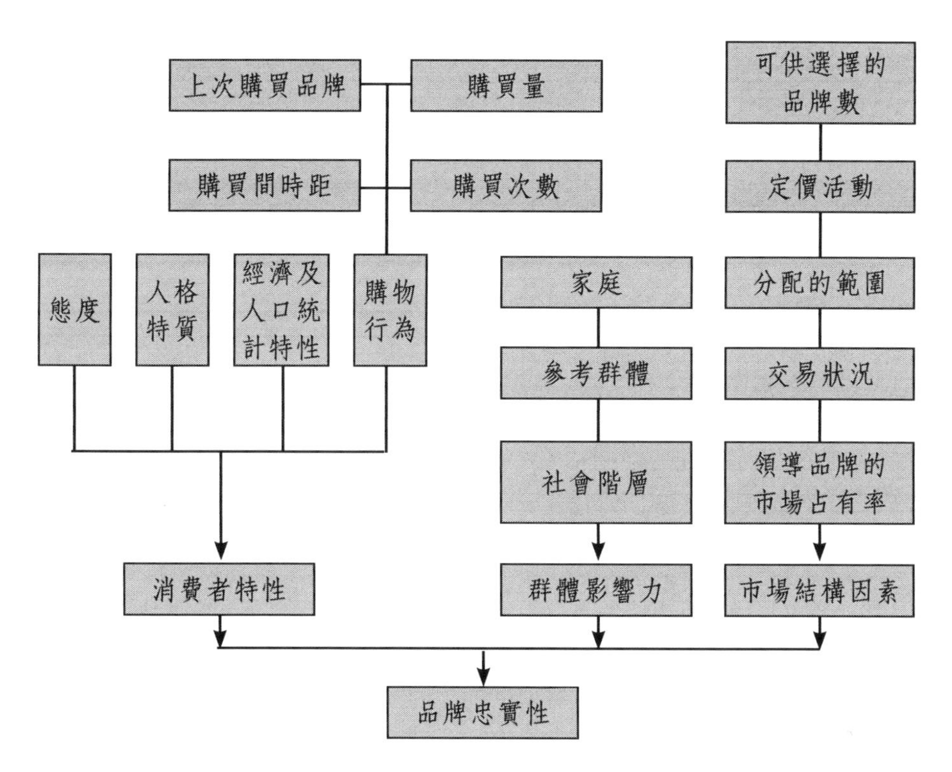

圖5-3　影響品牌忠實性的因素

大；亦即個人對品牌的良好態度，並不保證個人的忠實性必高。至於人格特質和品牌忠實性的關係，多少是存在的；但主要爲受到產品類別的限制。對某類產品來說，人格特質會影響品牌忠實性；可是對另一類產品，則可能無此現象。又經濟和人口統計因素對品牌忠實性的影響不大，亦即性別、智慧、結婚與否和品牌偏好的一致性無太大關係。但社經地位高的群體，品牌偏好的一致性較大，亦即階層較高的群體，其品牌忠實性較高；還有，年紀大的人較喜歡購買同一品牌的產品，但年輕人則無此現象。

當然，消費者特性常與其他因素交互作用，譬如消費者購買間時距拉長，其連續購買同一品牌產品的可能性就會降低。易言之，第一次購買某品牌產品的時間，與第二次購買此產品的時間間隔愈大，則品牌忠實性會降低。此乃因時間沖淡了個人上次購買的記憶，使得上次購買對下次購買的影響降低。又如上次購買的品牌也會影響個人的品牌忠實性。當上次購買某品牌產品使用滿意時，則下次再購買該品牌的可能性大；反之，若使用不滿意，則再購買的可能性會降低。當然，這也受到個人人格特質的影響。

(二)群體影響力

通常，個人購買物品常受到他人所傳達訊息的影響，如群體內某人購買某品牌的產品，常會影響其他人的購買慾。根據研究，社會階層、參考群體與家庭等因素，都與品牌忠實性有相當關聯。就社會階層而言，階層較高群體的成員，品牌忠實性較高。不過，時常購買某品牌產品的人，會有繼續購買該品牌的傾向，是普遍存在於各階層的。就家庭影響力而言，家庭其他分子的品牌偏好，對購買者連續購買某品牌產品，不具任何決定性的影響，但有可能作爲參考。

在參考群體方面，群體凝聚力和成員的品牌忠實性沒有顯著的關係。亦即群體的凝聚力高，並不意味著成員具有高度的品牌忠實性。但如果把群體凝聚力與領袖行爲結合起來，則對品牌忠實性的影響力很大。易言之，當群體的凝聚力強，群體分子喜歡表現出與領袖類似的行爲。當領袖選擇某品牌的產品，則群體分子選擇該品牌的可能性高；同樣地，領袖的品牌忠實性高，則群體分子也可能有較高的品牌忠實性。

(三)市場結構

影響品牌忠實性的市場結構因素，包括特殊交易和定價活動，可供選擇的品牌數，以及其他因素。一般而言，特殊交易活動和定價活動是否會影響品牌忠實性，仍是一個未知數。每位學者的研究結果，並不一致。有些人發現特殊交易會使消費者產生不信任感，以致降低了品牌忠實性；但有些行銷學家則持相反的看法，認爲其可滿足消費者討價還價的心理，足可提高忠實性。不過，大部分的研究顯示，定價活動與特殊交易對品牌忠實性的影響不大。顯然地，在一個生產類別裡，若其他市場結構因素均保持不變，則定價活動不會影響品牌忠實性。

有些研究顯示，可供選擇的品牌數增加，則品牌忠實性會相對降低。但有些研究結果，發現並非如此。蓋可供選擇的品牌數增加，消費者集中選擇某品牌的次數也隨著提高。亦即可供選擇的品牌數愈多，個人愈會集中選擇某一品牌，於是品牌忠實性高。另外，消費者所要選擇的品牌缺貨時，品牌忠實性高的消費者會選擇和舊品牌類似的品牌，但忠實性低的消費者則會任意選擇。

此外，其他市場變數在下列情況下，消費者的品牌忠實性降低：(1)每個購買者的購買次數多，而且購買費用高時；(2)消費者想同時採用許多產品品牌時。易言之，消費者的變異性大，則品牌忠實性低。相反地，在下列情況下，消費者的品牌忠實性提高：(1)某品牌遍佈各地；(2)某品牌爲領導品牌，市場占有率很高。

綜合上述，影響品牌忠實性因素的結論如下：

1.隨著年齡的增加，品牌忠實性會提高。
2.常使用產品的人，品牌忠實性較高；然而這常受到產品本身及生命週期的影響。
3.當購買間時距加大時，品牌忠實性降低。
4.非正式群體領袖的購買行爲，會影響群體成員的購買行爲，以致其品牌忠實性，亦影響群體分子的品牌忠實性。
5.產品分配範圍的大小及領導品牌的市場占有率等市場結構因素，對品牌忠實性有很大的影響。
6.特殊交易與定價活動等是否影響品牌忠實性，端視其他市場因素而定。

三、品牌忠實性的形成

根據前述影響消費者品牌忠實性因素的分析，則品牌忠實性是如何形成的？一般而言，消費者形成品牌忠實性的理由有三：(1)品牌忠實性是慣性作用的結果；(2)品牌忠實性是一種心理統合感；(3)品牌忠實性是行銷策略所造成的結果。

(一)品牌忠實性是慣性作用的結果

消費者在購買商品或接受服務時，往往會遭遇到某些風險，包括產品是否能滿足個人需求，財產上、時間上、能量上、心理上的成本是否太高等。消費者爲了降低這些風險，如產品能滿足個人最大需求，所花成本最低，都會促使消費者繼續購買該項品牌的產品，於是就形成了品牌忠實性。因此，品牌忠實性是一種慣性作用的結果。

(二)品牌忠實性是心理的統合感

當消費者對某品牌的商品產生心理統合感，就會形成品牌忠實性。心理統合感的產生，導源於下列因素：

1.消費者把自己深深地投入產品中，由產品中使自己肯定了自己。
2.消費者容易受到參考群體或家庭分子的影響，認爲別人如此，自己也會如此。
3.某項產品具有其他產品所不及的長處，使得自己願意繼續購買。
4.產品可爲消費者帶來最大的滿足感。

基於上述，使消費者產生了品牌忠實性。此外，當個人在購買情境中，面對大多的產品，容易產生認知失調的現象。此時，消費者爲了避免認知失調所產生的焦慮感，就會去尋找對自己有利的消息；久而久之，自

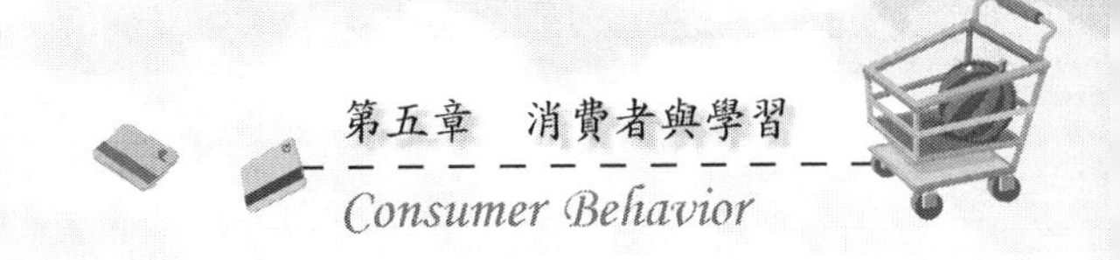

然就形成了品牌忠實性。

(三)品牌忠實性是行銷策略所造成的結果

許多研究證據指出，行銷策略對品牌忠實性有很大的影響力。可選擇的品牌總數、分配過程、廣告與售貨地點的選擇等，都會影響消費者的品牌忠實性。同樣地，廠商透過契約的訂定，以及信用卡的採用等，都可建立消費者的品牌忠實性。是故，品牌忠實性是行銷策略所造成的結果。

總而言之，品牌忠實性是消費者依據過去的消費經驗，和當時的社會環境交互作用的結果。品牌忠實性的建立，是一種學習的歷程。廠商必須安排一種合宜的刺激環境，以提供消費者培養出良好的品牌意象，以建立其忠實性。不過，消費者有時也會表現出衝動性購買（impulse buying），尤其是近年來此種衝動性購買的人數百分比，有逐漸增多的趨勢；且隨著新產品的競爭，以致消費者品牌忠實性日益降低。此外，消費者對所使用過的產品感到厭倦、消費者追求產品多樣化、新產品不斷出現，以及消費者要求物美價廉等，都可能降低了品牌忠實性。這些都是廠商所應注意的問題。

第六章　消費者的態度

Consumer Behavior

第一節　態度的意義與特性

第二節　態度的構成要素

第三節　態度的功能與一致性

第四節　消費者態度的形成

第五節　改變態度的行銷策略

態度也是決定消費者行為的要素之一。消費者的個別態度常對產品、服務、廣告、營銷方式等產生影響。因此，凡是從事消費者行為研究者，都必須充分瞭解消費者的態度。在消費行為上，消費者的購買動機與行為，亦常因新的學習經驗而導致態度的改變，以致產生新的購買習慣。本章將討論態度的意義及其特性，然後分析態度的構成要素、態度對消費行為的功能與一致性，以及消費態度的形成；最後據以研討改變態度的行銷策略。

第一節　態度的意義與特性

態度研究（attitude research）可幫助吾人瞭解消費者對產品概念的接受程度，一方面據以設計能滿足消費者需求的產品，另一方面則藉由廣告修正消費者目前的態度，以求刺激產品銷售，並達成行銷的目的。當然，站在行銷人員的立場而言，吾人不應僅止於瞭解與預測消費者當前的態度，而且要設法開發與改變消費者的態度，透過學習與教育而形成新的態度。

一、態度的意義

消費者的態度為影響其購買與否的主要要素之一。然而，何謂態度？所謂態度，是指個人對某種目標物表現出喜歡或不喜歡的反應傾向而言。此種傾向是相當持久而一致的。即使如此，態度基本上是學習而來的，故亦是一種學得的行為傾向。就消費行為而言，態度常表現在忠實性購買、向他人推薦、對品牌的優先順位、信念、評估，以及購買意願上。當個人傾向於正面的態度，就會表現高度的購買忠實性，且願意向他人推薦，對某項品牌產品產生良好的信念，並考慮最先購買該項產

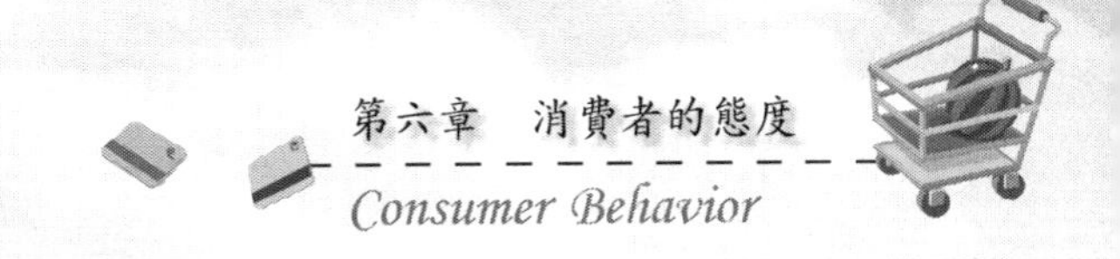

品。相反地，個人對某品牌產品抱持負向的態度時，就不會表現高度忠實性，且作負面的評價，更不可能向他人推薦。

二、態度的特性

就態度本身的意義而言，態度是一種心理狀態，爲個人對一切事物的主觀觀點。個人的態度一旦形成，常具有一致性，較難改變。不過，態度也非永遠不變，若遇到環境的變遷或壓迫，也可能發生變化。另外，態度固會影響行爲，而行爲的結果同樣會影響態度。因此，態度實具有下列特性：

(一)態度必有目標物

凡是態度必有「目標物」或對象（object）。此種目標物或對象，也許是一個人、一件事、一項物品，或是一種理念、想法、信仰、認知等。在消費行爲上，凡涉及消費有關的任何實體或概念，都是消費態度的目標物，如產品、名稱、類別、性質、品牌、服務、使用、廣告、通路、網路、銷售站、媒體、價格、產品形象等均屬之。假如我們要研究消費者的態度，就必須以態度的目標物或對象作爲研討的基礎，才能瞭解消費者的眞正態度。

(二)態度是學習而來

態度並不是自然生成的，而是依個人所處環境的經驗以及自我認知的選擇而形成的。在消費行爲上，消費者對目標物的評價與偏好，常受到親自使用經驗、他人的介紹、大衆傳播媒體廣告、網際網路，或各種行銷技術等的影響，而形成一定的態度。因此，個人的一般態度是學習得來的，而消費態度亦然。

(三)態度具有一致性

一個人的態度一旦形成，不僅前後的態度是一致的，而且構成態度的各個元素也是協同一致、不易改變的，甚而態度與行爲之間也頗爲一致。當然，態度並不是一成不變的，只是它具有相當持久的一致性。在消費行爲上，個人對某項產品有正面的態度，較會採取購買的行動；相反地，個人對該項產品持負面的態度，則購買的可能性就大大降低。然而，態度與行爲之間並非永遠一致的。例如，個人對某項產品持正面態度，但可能因經濟因素、環境的變化，或迫於壓力，而改變原有的態度。

(四)態度具主觀成分

態度既是個人對特定事物的好惡，則在基本上是一種主觀的觀點與看法。因爲態度是建立在情感的成分上，以致對客觀事物常以情感加以評定，甚或脫離事實。在消費行爲上，消費者若對某項產品產生好感，必評定爲好的產品，相形之下就有好的態度。相反地，若對該項產品產生惡感，將很難形成良好的態度。惟消費者好壞的評定與態度，常基於主觀因素而形成的。

(五)態度受情境影響

態度雖然具有主觀成分，且常有一致性，但其可能受情境的影響而發生變化。所謂情境，是指足以影響消費者態度與行爲之間關係或態度改變的任何事件或環境狀態。當消費者受到特殊情境的影響時，可能表現出與態度不同的行爲。例如，消費者對某項產品本抱持著喜好的態度而想購買，但因身上所帶的錢不夠，就打消購買的念頭。此即說明消費者可能因情境的不同，而採取不同的態度。因此，瞭解消費者在不同情境下態度的改變，是相當重要的。吾人在衡量消費者的態度時，必須考

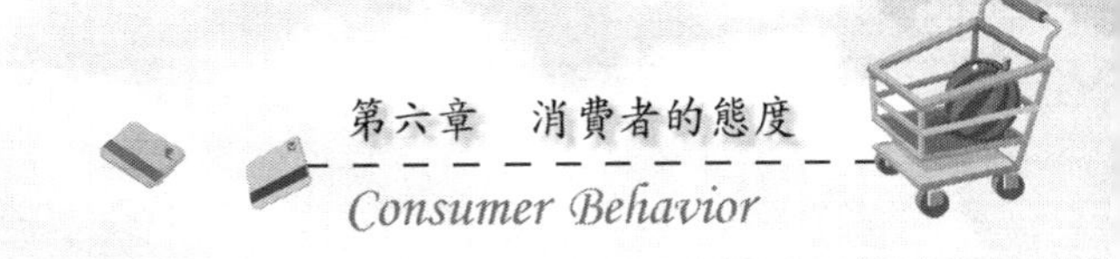

慮行爲發生的情境，以免誤解態度與行爲之間的關係。

總之，態度是一種主觀的心理狀態，態度的發生必有目標物，其一旦形成常具有一致性；但它並非一成不變的，有時會受到情境的影響而改變原有的態度。然而，態度本身具有協同一致性，是吾人所不能忽略的事實。

第二節　態度的構成要素

態度既是個人對事物的主觀觀點，也是一種對某事物的持續特殊感受或行爲傾向，其主要源自於學習與經驗。不過，態度的獲得，不外乎：(1)對事物的直接經驗。(2)對事物的聯想。(3)學自於他人。一般而言，態度的獲得來自親身經驗者，比得自聯想或他人者更不易改變。當個人態度一旦形成，自易形成個人習慣，以致常影響其對任何事物的決策。一般行爲學家都認爲態度具有三種傾向，即認知的、情感的以及行爲意圖的成分。

一、認知成分

所謂認知成分（cognitive component），是指個人對事物或情境的知識、信念、價值觀、知覺、意象或訊息；這些乃是經由個人的直接經驗，或由各種管道所獲得，再經過整合而形成的。無論個人對事物的信念、價值觀與知覺是否正確，其所構成的認知是態度的第一個元素。就消費行爲而言，消費者對商品的認知，乃代表消費者相信該商品擁有某些特殊屬性特徵，且可從該商品獲得某些特殊益處。例如，商品具有容易使用、易於學習、美觀大方等屬性，能使消費者產生良好的認知，終於形成願意購買的態度。因此，認知實是構成態度的首要成分。

二、情感成分

所謂情感成分（affective component），是指個人對某種事物情緒上的感受，包括喜歡或不喜歡該事物。情感所表達出的態度強弱有別，這可從個人語文的陳述中顯示出來，如喜歡或不喜歡、愉快或不愉快等均屬之。在消費行為上，消費者對一項產品或品牌的情緒或情感反應，即為態度中的情感成分。此種情感成分本質上是屬於評價性的（evaluative）。易言之，情感成分乃代表著消費者對態度目標物（即產品或服務）的直接或總體性評價，如好的或不好的。

當消費者一旦對產品或服務形成某種情感或情緒時，常會增強或誇大其對產品的正向或負向經驗，並作出正面或負面評價，此將影響個人對該產品或服務日後的行為反應。例如，個人對某家購物中心的感覺良好，且因有滿意的服務而產生愉快的情緒，以致對該購物中心形成良好的印象與態度，則個人不僅會再次購買，且可能推介親朋好友去該家購物中心購買。因此，行銷人員可透過消費者的情感或情緒反應，來瞭解消費者對產品、服務或廣告等目標物的整體態度。

三、行為意圖成分

所謂行為意圖成分（conative component），是指個人對某種事物產生的特定行為之可能性與傾向，其乃包括行為本身。行為意圖成分可由個人直接面臨情境或事物時，所採取的反應推測之，亦可由個人語文陳述或談話中得知。

在消費行為中，行為意圖成分意指消費者的購買意願，此可用購買意願表來衡量消費者購買某項商品的可能性。當消費者表現正面的傾

向時，眞正購買的可能性就會大大提高；相反地，若表現負面的反應傾向，其眞正購買的可能性就大爲降低。同樣地，具有正向購買意願的消費者，會形成正面的品牌承諾，且常採取實際購買行動。

當然，以上三種態度成分，只有行爲意圖成分比較容易直接觀察。至於消費者的認知與情感成分，除非在語文陳述中作直接的表達，否則只能從面部表情、進退舉止，或談話與問卷中去推測。不過，嚴格來講，消費者的認知與情感成分，是可由行爲表現來推測的。因爲，這三種成分間具有一致性，尤其是在認知與情感之間更是如此。通常，消費者對產品具有良好的情感，就可能確信該產品會爲自己帶來好處；同樣地，消費者確信某項產品會爲自己帶來好處，他必定也對該產品抱持好感。

此外，當消費者態度中的三種成分頗爲一致時，則消費者態度較爲穩定而不易改變。甚而，態度與其他態度或價值觀相聯結時，其間更會發生聯結的現象。例如，個人對某商品的不良態度，可能聯想到該公司的不良信譽、生產品質不良、不喜歡該公司的其他產品，或產生對該產品廣告的厭惡，甚或對其他品牌的相同產品也有了不信任感。此種態度無形中變成相互關聯系統中的一部分，而且非常穩固，難以改變。

再者，態度與態度之間雖是獨立的，但構成態度的每個成分間卻是相互關聯的。例如，個人對樂器的認知，都與個人對娛樂或放鬆心情的認知有關，所以在個人整個音樂態度的系統裡，這些態度之間自然形成了一個音樂態度群。依據態度結構論的說法，認爲：

1.態度成分的各個單元之間是相互調和的，而不是相互衝突的。
2.各個態度成分間，如認知、情感和行爲意圖，是相互調和的。
3.同一個態度群內的各個態度之間，是相互協調一致的。

準此，依態度結構論的說法，態度成分的各個單元之間，基本上是

和諧一致的。然而，態度並不是一成不變的。例如，消費者因對舊產品有一致良好的認知、情感和購買行動，以致對舊產品保持高度的品牌忠實性；但也可能因喜新厭舊的心理，而對新產品產生喜好，從而改買新產品。這正是行銷人員據以推展新產品行銷的原動力。

一般而言，消費者態度改變的原因甚多，大致上爲：

1.人性是反覆無常的，基於求新求變和好奇的心理，以致前後的態度並不一致。
2.人類的心思有限，常以偏狹或殘缺不全的資訊做出片面的決策，而導致不一致的購買行爲。
3.人類有時受情緒的影響，而難免表現相互矛盾的態度。
4.消費者在不同情境下所表現的態度之強度並不相同，以致造成不一致的態度。

因此，行銷人員不僅要瞭解態度的構成元素，且要注意消費者態度的改變，才能掌握機先，做好行銷工作。

第三節　態度的功能與一致性

一、態度的功能

態度是消費者行爲的重要因素，在消費行爲中態度往往決定了個人是否願意購買。此乃因態度在消費行爲中具有某些功能所致。這些功能包括知識性的、工具性的、價值顯示性的，以及自我防衛性的。今分述如下：

(一)知識性功能

態度可以幫助個人將其知識、經驗和信念組織起來，用以提供一種確切穩定的參考架構和標準，使個人將雜亂無章的見聞，變得確切而穩當。在消費行爲上，消費者對產品的衆多品牌及其個別屬性常有不知所措之感，此時透過個人態度的整合，而尋求對產品的瞭解，以便能選擇適合自己看法的產品，從而加以購買。此即爲態度的知識性功能。

然而，個人若發現原來具有知識功能的態度，並不能說明其所接觸到的現象，或無法賦予該現象以一定的意義時，則態度將發生改變。例如，消費者在選購某項產品後，發現不如當初所顯現的知識功能，則他必定會改變對該產品的態度，從而加以重新選購其他產品。當然，一旦環境改變或新資訊出現，也可能使個人無法運用現有知識，此時個人的態度亦可能發生改變。此表現在消費行爲上，可能促使個人不願意接觸新產品的訊息，以免發生內在的心理衝突。

(二)工具性功能

個人態度的形成，可能是因爲態度本身，或是態度所針對的事物，可以幫助個人得到獎賞或逃避懲罰，此即爲態度的工具性功能。在消費行爲上，消費者對某些品牌所形成的態度，即受到該品牌效用的影響，這就是一種工具性功能。此乃因該產品確實有效，以致消費者會產生好感。在行銷上，爲了改變消費者的態度，就不能忽視工具性功能的存在。例如，行銷人員可特別指出以前消費者所忽略或根本不知道的產品優點，以促成消費者的正面態度。

通常工具性態度的改變，係由於它無法滿足個人的需求，或其他態度能滿足個人的需求，或由於個人的抱負水準改變了。例如，當目前的品牌無法完全滿足消費者的需求時，他將改用其他品牌的產品。因此，新的品牌可以強調「完全滿足消費者的需求」，以便增加產品的銷路，來開拓市場。當然，有時消費者也會主動去尋找不同品牌的產品，來滿足自己的需求，並發生態度的改變。

(三)價值顯示性功能

態度會直接顯示個人的中心價值和自我意象。在消費行爲上，態度會表達或反映消費者的一般價值、生活型態，以及某些觀點和看法。例如，消費者很重視環保價值觀念，就比較不會去購買可能污染環境的產品，此即爲基本價值觀念的表現。由於每種產品都具有某些象徵性的價值，消費者即常依循此種價值而產生良好態度，並採取選購行動。因此，行銷人員如果能瞭解目標消費者的態度，就可預期消費者所擁有的價值觀、生活型態，及其觀點。

當然，具有價值顯示性功能的態度也是會發生變化的。一般而言，產品的消費或品牌的選擇，可說是自我表現的重要部分。因此，廣告代理商必須把產品態度，直接和價值顯示功能配合起來，廣告才會發揮最大效果。蓋當個人對自己的自我概念不滿意或想追求更佳的自我概念時，則這種價值顯示的態度就會發生改變。是故，產品必須能夠滿足消費者的自我概念，且符合個人的自我看法，個人才會對產品的態度變佳。例如，有一種品牌的香煙強調「抽此香煙使女人更女性化」，效果奇佳。易言之，強調抽此香煙是女性的代表，以致女性消費者大增。此外，「早安！養樂多」也具功能顯示性，而使早起的人對養樂多有良好的印象。

(四)自我防衛性功能

態度可以保護個人的自我，以免受到不愉快或威脅性的刺激所傷害。當個人在接收到威脅性的訊息時，會產生壓迫感和焦慮感；此時會培養可以曲解或避免接收這種訊息的態度，以抑制焦慮感的發生。在行銷上，化妝品和個人護衛用品，如汽車安全帶和安全氣囊等的廣告，即

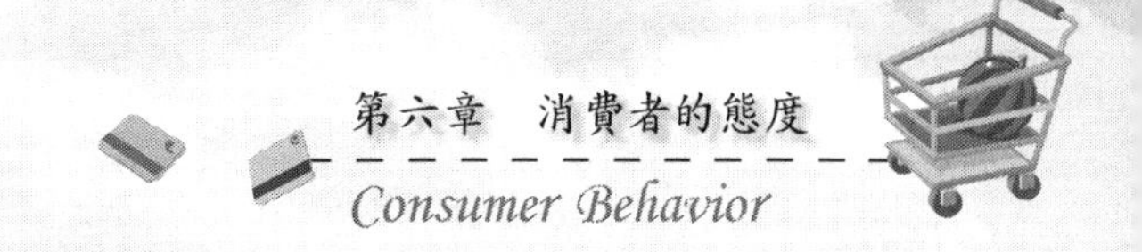

在利用這種消費者的心態。

一般而言，具有自我防衛性功能的態度，比較不易改變。此種功能態度的改變，一般須由臨床心理學家來進行，廣告企劃部門或行銷部門幾乎沒有能力參與。蓋此種態度是自我防衛作用的結果。對廠商來說，自我防衛態度的重要性，並不在於態度的改變，而是應避免利用廣告或其他手法去引發這種防衛功能，以免使廣告喪失效力；甚而只能利用廣告引發消費者初始的自我防衛態度。如此才能誘發消費者的購買動機與行動。

總之，態度是具有多重功能的，且每位消費者對同一產品或服務所抱持的態度並不一致，並以上述各種不同功能來顯現其態度。有人顯現知識性功能的態度，有人呈現工具性功能的態度，有人表現價值顯示性功能的態度，更有人表現自我防衛性功能的態度。因此，行銷人員必須瞭解各種功能的態度，才能探知消費者的動機，進而達成促銷商品的目的。

二、態度與行為的一致性

態度雖然具有許多不同的功能，但其本身則具有相當程度的一致性。此即為「認知一致性的原則」（principle of cognitive consistency）。例如，一個人不可能說：「這件衣服我很喜歡，因為它的材質實在是太差。」由此可知，個人的知覺、想法、態度和行為是一致的。一旦這些要素不能一致時，個人會設法使其一致，以免引發不愉快的感覺，而能保持心理上的平衡。一般學者用以說明態度與行為一致性的理論，至少包括：

(一)認知失調論

所謂認知失調論（cognitive dissonance theory），是指個人對某項特定事物產生相互衝突的認知，以致有了不舒服的感覺，此時個人會設法使其一致。在消費行爲上，消費者有了兩種不一致的認知時，他會感覺到不安，此時他會放棄或改變某一種認知，使其態度與行爲能一致。例如，「我想吸煙」和「吸煙會致癌」是兩個不一致的認知，但個人爲求認知的一致，可能選擇戒煙或不理會「吸煙會致癌」的警告。

(二)購後失調論

購後失調論（postpurchase dissonance），是指消費者在購買一項產品之後，會產生認知失調的現象。此乃因消費者在購買產品時採取一種妥協的態度，但在購買後發現與自己的認知不一致，以致產生不舒服的感覺。此時消費者會改變態度，使其與行爲一致，以消除不舒服的感覺。通常廠商對這類消費者可多提供售後服務，或寄送很多相關資料，或加強廣告，以提升消費者的信心，且提高消費者的滿意度。

(三)自我知覺論

自我知覺論（self-perception theory），是指消費者在購買產品時，將此種購買行爲歸於自己明智的決定，而強化了自己態度與行爲的一致性。例如，消費者在購買某種品牌的電腦後，自認爲買對了，且認爲自己比較喜歡此種品牌的電腦。因此，行銷人員常基於自我知覺論，而提供消費者試用的機會，以提高成功交易的機會。此外，廠商亦可儘量使產品符合人性化原則，用以提高消費者的自我知覺，進而達成促銷的目的。

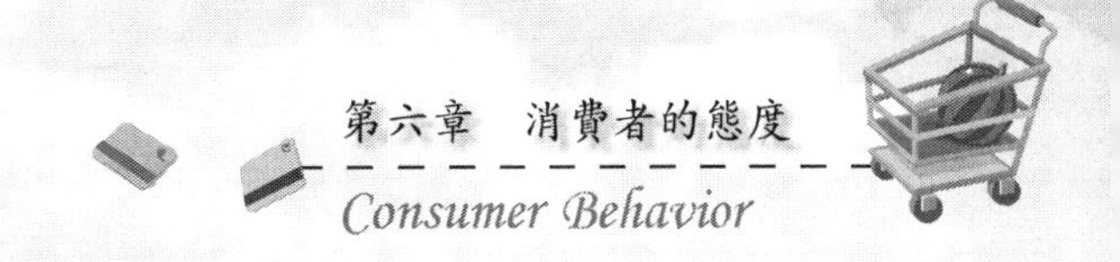

(四)社會判斷論

社會判斷論（social judgment theory），是指消費者會依據其原有的產品知識，以判斷產品的好壞。此種原有的產品知識，就是一種參考架構，其乃源自於個人的態度，而此種態度是做社會比較（social comparison）的結果。例如，消費者會依據過去的經驗而判斷想購買產品品質的好壞，此對於高度涉入的消費者尤然。

(五)均衡理論

所謂均衡理論（balance theory），是指個人態度中認知、情感與行爲意圖三種成分的均衡，能維持消費者一致性的態度而言。決定個人態度一致性的三項要素乃爲：(1)個人的知覺；(2)態度的主體；(3)其他人或事。倘若這些要素都是一致的，則可維持態度的均衡，否則將造成不均衡的狀態。在某種產品的廣告中，若消費者對廣告明星有正面的態度，將增強對該產品的正向態度，否則很容易產生負向態度。因此，廠商在選取廣告明星時，必須選擇與其產品形象相近或更好的，以免影響消費者對該產品的印象；相對地，著名的廣告明星亦須選擇品牌形象良好的產品爲對象，以避免折損自身的形象。

總之，態度是由認知、情感與行爲意圖等三大要素所構成，態度的一致性除了受到此三項要素的影響外，也受到態度與態度之間、態度與行爲之間關係的左右。行銷人員要徹底瞭解消費者的態度，就必須對這些關係有深入的探討，才能採取適宜的行銷策略，做好行銷工作。

第四節　消費者態度的形成

個人的態度並非天生的，而是學習得來的；此種學習可能來自於親身的經驗，也可能是來自於他人的影響。就消費行為來說，消費者的消費態度亦然。不過，有些態度很容易改變，有些態度則較為持久，這些都受到形成過程的影響。本節將分別討論態度形成的過程，及影響態度形成的情境。

一、態度形成的過程

所謂態度形成（attitude formation），是指個人對事物由未持有到擁有某種態度的過程。此種過程基本上是由於學習而來的。就態度的形成而言，其發展至少包括下列三個階段，即順從、認同與內化。

(一)順從

所謂順從（compliance），是指個人在社會影響下，表現出與他人一致行為的現象。亦即個人因社會或團體的壓力，而在外表上表現和他人一致的態度與行為。例如，個人在看到他人購買某項產品時，就不由自主地跟隨購買，這就是在環境中制約學習的結果。此即為個人對他人產生順從態度與行為的現象，在社會生活領域中這是屢見不鮮的。

(二)認同

所謂認同（identification），是指個人因對他人或團體中領導人物

的尊敬和喜愛，而採取模仿的態度而言。此乃基於態度中的情感成分，而為人際知覺與人際吸引下的產物。通常個人不僅在團體壓力下表現順從的態度與行為，更會主動地選取仰慕的對象而採取與其一致的態度。例如，有些年輕人因仰慕職業籃球明星，而選購由明星所作廣告的球鞋，即為其例。

(三)內化

所謂內化（internalization），是指個人經過認同作用，而和自己已有的態度、價值觀等協同整合的過程。亦即個人在對外界事物加以認同之後，更強化自我的認知，因而更堅定自我的態度。在消費行為上，若消費者對某項產品頗為偏好，將內化為個人價值系統的一部分，此時所形成的態度就不容易改變。例如，個人原本就喜歡某項產品，而在使用過後深覺合乎自我形象，且受到他人讚賞與肯定，此時將更堅定地購買該項產品，並形成品牌忠實性。

固然，消費者態度的形成係依據上述三個階段而更為堅定，然而有時要評量態度究係受到他人的壓力，或是認同偶像，或出自自我眞正需求，卻不是一件容易判斷的事。畢竟，態度本是一種內在的心理傾向，行銷人員惟有作更進一步的消費者研究，才能確定其消費態度。此外，消費者所處的情境亦會影響其態度，尤其是周遭人員的影響，更具有決定性的作用。

二、影響態度形成的情境

消費者消費態度的形成，隨時都會受到所處情境的影響。這些情境包括社會文化規範、大衆傳播媒體、親朋好友、同事同儕、家人、行銷人員，以及個人的親身經驗等。今分述如下：

(一)行銷人員

行銷人員對消費者態度的形成，影響最大。通常行銷人員的推銷手法與信用度，最能決定消費者的態度。倘若行銷手法高明且具誠信，常能給予消費者形成正面的態度；相反地，行銷手法拙劣或不具誠信，將給消費者帶來惡劣的印象，且不易形成良好的態度。

(二)親身經驗

消費者親自購買與使用產品或服務的經驗，亦為決定消費態度的一大因素。因此，行銷人員正可利用折扣或免費試用產品，以刺激消費者嘗試，一旦消費者留下良好的印象，就極有可能產生購買行為。易言之，消費者直接試用或評估產品與服務的經驗，是形成消費態度的最基本方法。

(三)家人或密友

個人的態度絕大部分是來自於家人、親朋好友、同事、同儕等關係較密切的人。這些人的態度不僅會形成個人的消費態度，也會改變其原有的態度。即以家庭來說，它不僅塑造個人的基本價值觀，也灌輸個人許多消費信念，如適宜購買某些東西，不宜購買某些東西即是。至於親朋好友等亦能提供許多不同的消費資訊，從而決定或改變個人的消費態度。

(四)明星偶像

有些消費者的消費態度常受明星偶像或參照人物的影響。當消費者仰慕或尊敬某些人物時，自會模仿他所購買的產品。例如，某位明星穿著某種服裝或留著某種髮型或穿戴某種裝飾品時，有些消費者也會跟隨購買或穿戴這些服飾即是。

(五)大眾傳播媒體

大衆傳播媒體包括電視、廣播、網路等，對消費者消費態度的影響，可說是無遠弗屆的。尤其是新產品或新服務出現時，更是如此。此乃因人類都有追求新穎好奇事物的特性所使然。當個人在接觸或見過新事物之後，往往會形成新的態度；而一旦此種態度持續下去，自然就產生固有的習慣。

(六)社會文化規範

個人態度的形成，有時會受到社會文化，尤其是風俗習慣的規範與制約。例如，個人的穿著被認爲是傷風敗俗而招來異樣的眼光時，則個人就不敢再穿著，即爲受到社會文化規制而影響其態度的結果。相反地，若某些產品被認爲是一種新潮流或新時尚，且爲大家所接受時，則個人將改變過去的態度而形成新的態度，也就跟隨著新潮流而去購買。

(七)人格特質

個人態度除了會受親身經驗的影響外，也會受到自我人格的左右。例如，對一位高認知需求的個人來說，其有渴望新資訊或享受思考樂趣的需求，以致對廣告上所揭示的產品資訊愈豐富，愈可能形成正面的態度反應。相反地，一位低認知需求的人則不喜歡太多的資訊，以致常受廣告本身的吸引力，或廣告代言人的知名度所影響。因此，行銷人員欲眞正瞭解消費者的態度，也必須考慮個人的人格因素。

(八)過去經驗

誠如前述，態度是學習而來的。過去購買某項產品的愉快或不愉快經驗，往往決定日後再度購買的意願。此即爲過去的購買經驗決定了今日的購買態度。例如，消費者曾在某商店購買某項產品，而有了很愉快的經驗，他必對該商店產生良好印象，終而形成再度惠顧的態度；否則，他必排斥再度去該商店購買產品。

總之，影響個人消費態度的因素甚多，行銷人員必須慎選目標市場，提供高度個別化的產品和訊息，並多利用直接行銷的方式，才能建立起利基市場，提供專屬產品和服務，以符合消費者的興趣和生活型態，據以建立穩固的消費態度。

第五節　改變態度的行銷策略

個人態度雖然是較爲持久的，但也非一成不變的，行銷人員若想要改變消費者的態度，就必須善加利用行銷策略。蓋態度既是可學習的，尤其是在態度易變性和變化速度方面，深深地受到個人經驗、產品資訊來源、購買情境，以及個人人格因素的影響，此正可提供行銷人員推展行銷策略與技巧的最佳機會。本節將研討有關改變消費者態度的行銷策略，蓋消費者係可透過學習與訓練而改變其消費態度的。

一、改變消費者的基本動機

消費者行爲係出自於其購買動機，只要基本動機改變，則其態度與行爲必也跟隨變化。例如，某項產品基本上可能只在滿足人們食用的動機，但如果能強化使用該產品是一種知識、尊榮、可維持自我高尚的形象，則可能使消費者更樂意從事於該產品的消費。此種改變動機的方式很多，如有效性、使用方便、顯示價值、有遠見和眼光、更具魅力、自信等，都足以令消費者心動，而轉換其消費動機，促發其購買行動。

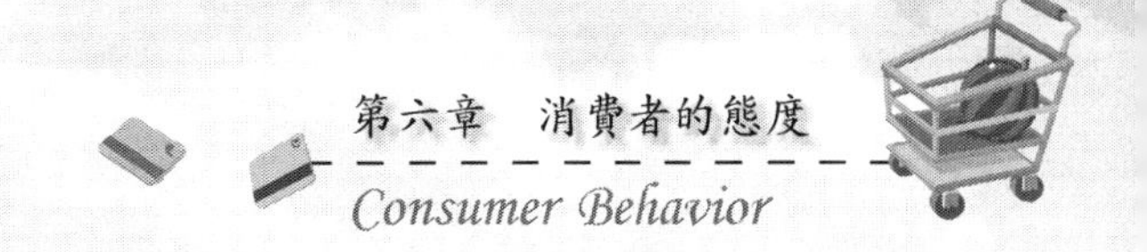

二、改變自我品牌屬性的信念

改變消費者態度的另一種策略，乃爲改變自我產品品牌的屬性和利益。廣告主可時常提醒消費者有關自我產品具有許多重要的屬性，且這些屬性是其他品牌的產品所沒有的；甚或對自我產品每於重新生產時，可不斷開創新屬性，或加以改良，以直接改變消費者對自我品牌產品的整體評價和信念。

三、將產品與特殊事件聯結

消費者的態度有時可能與某些特殊群體、事件或原因有關，此時可透過增強作用而改變其態度。例如，銀行可提供客戶子女獎學金，此不僅可鼓勵人們到該銀行存款，且可增強自我形象，建立客戶對該家銀行存款的信心。此即將產品或服務與獎助措施相互聯結的結果，從而用以改變消費者的態度。

四、解決原已存在衝突的態度

個人的態度有時常因認知失調（cognitive dissonance）或情境差異，而發生相互衝突的現象。此時，行銷人員可藉由解決兩種衝突的態度，來達成改變消費者態度的目的，尤其是在消費者感受到對一項產品或服務的負面態度時，正可利用另一個正面態度來改變或增強對原有產品或服務的評價。

五、改變消費者對產品的知覺

個人的知覺常會影響其態度，故改變個人的知覺將導致其態度的轉變。在行銷上，改變消費者知覺的方法甚多，諸如建立品牌形象、提高產品品質、免費贈送樣品、折價券與折扣、降價、設置展示點、舉辦公益活動等，都是建立消費者良好知覺的方式。當消費者建立起對產品品牌的正面知覺後，自然會產生其對產品的良好態度。

六、合宜播放產品相關的廣告

有效的行銷策略就是在改變消費者的知覺，用以建立產品在市場上的定位；而合宜地做產品廣告，乃是增強消費者知覺的最佳方式之一。所謂合宜的廣告就是能配合產品的屬性，作合乎時機的廣告而言。蓋過多過濫或太少與虛僞的廣告，並不能引起消費者的注意，反而會產生惡感，如此自不易使消費者產生良好的印象，從而無法產生良好的態度。

總之，要改變消費者的態度是可經由學習與宣傳的歷程而達成的。例如，我們可以改變整個社會的價值觀，用以改變消費者的需求、態度和行爲。當行銷人員在引進新產品，或進行產品線的延伸時，就可以創新性的行動，告知消費大衆，使其產生新的期望，進而建立新的消費態度。

第七章　消費者與人格

Consumer Behavior

第一節　人格的意義與特性

第二節　人格結構的要素

第三節　人格理論的運用

第四節　人格特質與消費行為

第五節　自我概念與消費行為

第六節　產品人格與品牌人格

人格是形成個人行為的基礎之一，也是行銷上用作市場區隔的標準之一。因此，人格不僅會影響個人行為，也是瞭解消費者行為很重要的課題。行銷人員可以消費者的人格特質為訴求，為產品和廣告來進行行銷的工作，藉以吸引消費者的注意力，並影響其態度與行為。本章首先將探討人格的定義及其特性、人格結構，從而討論人格理論如何引發行銷者對消費者人格的興趣，再說明以人格為中心的自我概念如何影響消費者的態度與行為，最後闡明消費者的產品與品牌人格。

第一節　人格的意義與特性

人格（personality）或稱為性格，是個人所特有的特性。不同的人都有不同的人格，據以表現不同的行為特質。這些特質可能影響個人對產品的選擇，消費者對促銷活動的反應，以及購買特定產品或服務的時間、地點和方式。因此，行銷人員必須瞭解何謂人格、它具有哪些特性。

人格是個人在遺傳、環境、生理成長、學習經驗等因素的交互影響下所形成的。遺傳決定了一個人人格發展的閾限；環境則賦予人格發展的空間，並決定性格的型態與人格特性。同時，隨著個人生理的成熟，個人在環境中不斷地學習，以累積為自我的概念，進而形成自我的人格。因此，所謂人格，是指個人在對人、對己、對事、對物作適應時，在行為上所表現的獨特個性；此種獨特個性係由個人在遺傳、環境、生理成熟與學習等因素交織下所造成的。

依此，人格實包含個人的內在特質，如動機、情緒、思維、興趣、氣質、價值觀等，以及外在特質，如社會態度、生理特徵、行為、品格等。每一項特質都是個人整體人格的一部分，此種整體人格具有下列特性：

一、獨特性

就個體而言，個人的人格是獨特的，是專屬於某個人的。世界上絕對沒有兩個人的性格，是完全相同的。史泰納（R. Stagner）即認爲：人格是個人在環境中對自我的信心與期望，所表現出來的特有型態。就消費行爲而言，有些具高度冒險性性格的人，敢於嘗試購買新奇的產品；而有些具低度冒險性的人，則不敢購買新上市的產品。這就是顯現不同獨特性的人格，行銷人員正可根據這些獨特性性格作爲市場區隔的依據。

二、複雜性

個人人格即係由許許多多的內在特質與外在特質所構成，則人格本身即具有相當的複雜性。人格猶如一個多面的立體，各個層面共同構成人格的各個部分，但並不相互獨立。心理學家即稱這些特質爲人格特質（personality traits）。就消費行爲而言，行銷人員可設計產品的多樣化，以提供消費者多種選擇，並滿足其多變而複雜的人格特性。

三、持久性

個人的人格一旦形成，即使在不同的時地，也會表現一貫而持久的特性。張三無論何時何地都會表現他是張三，今天如此，明天亦復如此，絕不可能變成李四。這就是人格的持久性。行銷人員一旦能瞭解消費者人格特質的持久性，就可掌握行銷路徑，並開創消費者的品牌忠實性。

四、統整性

構成個人人格的所有特質並不是分立的，而是具有相當統整性的。易言之，所有的人格特質可視爲一個完整的有機體。完形心理學派（Gestalt Psychological School）即認爲：人格是一個整體，不能拆散爲各個部分。人格心理學家史泰納也說：眞正的生活是統一的個體，在日常生活中，人格是動機與認知所表現的高級統一過程。因此，人格的特質是交互作用的，其表現爲人格理想時，是統一的、整體的。由於人格的統整性，行銷人員可依此而解釋與預測所有消費者的行爲，且將不同消費者加以區隔。

五、可變性

人格雖是一致而持久的，但在不同的心理、群體壓力、社會文化、以及情境因素的影響下，其動機與態度也可能發生變化。例如，某人對某項產品可能堅持己見而保持穩定的性格，但也可能因他人的壓力或新品牌產品的出現而改變原有的態度。因此，人格固是影響消費者行爲的因素之一，但可視爲一種逐漸成長的過程。

總之，人格是個人在遺傳、環境、成熟與學習等因素的影響下，所表現出的個人獨特特性。它是個體行爲最重要的部分，是個人各個心理要素的綜合體。通常人格是個人行爲的代表，個人行爲的特性是透過人格而表現出來的。行銷人員若能掌握消費者的行爲特性，就可瞭解其人格特質，並設計出合宜的產品，從而掌握其購買時機和方式，達成促銷的目的。

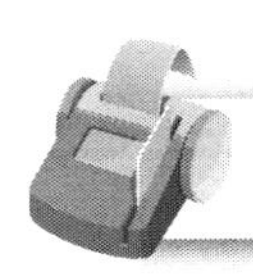

第二節　人格結構的要素

人格是由許許多多行爲特質所構成的，惟這是基於個人人格所表現出來的行爲特性。若就人格本身的結構而言，人格是由本我、自我、超我等三個層面所構成。依心理心析論（psychoanalytic theory）的看法，人格是一種動力系統，爲一切行爲的基石。它除了由本我、自我、超我三個分支系統所組成之外，尙有慾力（libido）供給整個人格系統所需要的能量。本節將分爲兩大部分闡述之：

一、人格的基本結構

(一)本我

所謂本我（id），是人格起始的分支系統，爲一切精神能量的儲藏庫與來源。本我就是各種亟待滿足的願望與慾望，包括眾多的原始和衝動驅力，如口渴、飢餓、性衝動等基本生理需求。這些需求導源於心理本能，是與生俱來的，也是基於動物性的，是由祖先的反覆經驗中遺傳而來的。爲了滿足這些慾望，本我並不受倫理、道德、理智或邏輯等所約束。在行銷廣告中，許多產品的廣告常以美女爲模特兒，甚至擺出一定的姿勢，即基於激起人性上本我欲望的作法。

至於本我的主要功能，就是在提供人格系統運作所需的精神能量。它常依循快樂原則（pleasure principle）來滿足各種慾望、降低緊張，而產生或影響行爲。在行銷上，廠商所生產的產品，很多都爲了滿足消費者的口腹之慾，迎合其口味，這大多數以食品罐頭爲大宗。又如酒店、Pub、KTV等服務性場所，皆提供給消費者「及時行樂」的滿足感。

(二)超我

超我（super-ego）與本我正好相反，它是人格系統中的道德執行者。它是冥冥中的一個基本標準與規範，用以評判自我的活動，同時也是這些規範的仲裁者。超我是從自我與社會的交互作用中發展出來的，尤其是從父母的超我中發展出來。此種超我傳遞超我的直接過程，使得社會價值得以代代傳遞下去。在行銷過程中，要求講究交易信用、品牌信譽、公平價格即是超我的表現。在消費過程中，社會規範要求消費者注意環保要求、接受和遵守被服務的規則等，也是超我的顯現。

至於，超我的功能就是在限制個人滿足自己的任性、荒唐的慾望。超我所依循的是完美原則（perfect principle）。在此原則下，所有的行爲都必須符合自我的理想，從而使個人行爲能滿足社會的要求。在消費行爲上，消費者的行爲必須合乎社會道德規範，如不以自我的消費而破壞社會秩序；行銷者不以詐欺手段矇騙消費大眾等，即是超我的表現。

(三)自我

自我（ego）是人格系統的中心結構。它係透過和外界的接觸，去幫助和控制本我與超我。人類爲了滿足慾望，又必須兼顧外在的世界，於是自我乃從本我中發展出來。易言之，自我所擔任的角色，是本我與外界的媒介者，其性質一部分爲本我所決定，另一部分則取決於它與外界接觸的經驗。消費者從許多服飾中挑選出認爲符合自我形象、顏色、形式、大小的行爲，即在凸顯自我。

至於自我的功能是藉著對外在世界的認知與探求，來保護生命。它依循的是現實原則（reality principle），用以輔助快樂原則的不足。依此，自我可解釋外在世界；同時，從實際狀況中發掘最佳時機，以消除本我的緊張。因此，自我是人格系統內的執行者，將本我的願望轉變爲實際行動，並與外界發生交互作用。有關自我概念與消費行爲的關係，

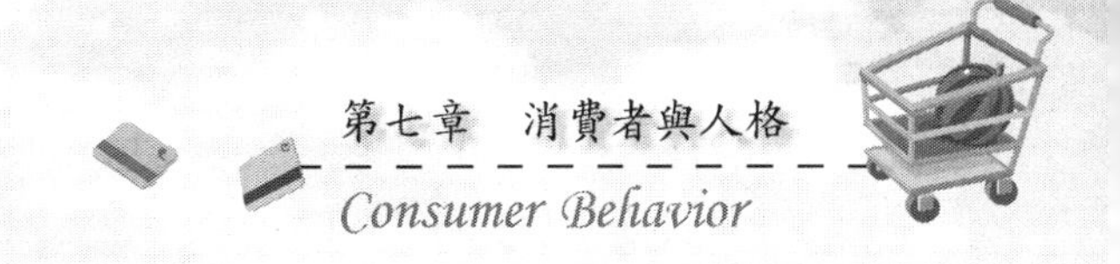

將於第四節繼續討論之。

(四)慾力

慾力（libido），或直譯爲「力必多」，是指一種心理能量，爲整個人格系統的動力來源，並使人格能履行功能。在本質上，慾力是心理性的，而非生物性的。慾力的來源是心理本能，包括生命本能（life instinct）或自存本能（self-preservation instinct）。它雖然包括性本能，但也存在著自我本能以及能夠確認外界事物的本能。易言之，慾力是一種生命的能量或是生命力，循環與分佈在整個人格的三個分支系統之中。由此可知，慾力有如個體的原始性心理動機。

在消費行爲上，由於慾力的推動，個體乃不斷地尋求滿足自我的需求。它不僅表現在基本的生理動機而已，甚且推動心理性和社會性動機的尋求，以致人類不斷地出現消費與購買行爲。有關動機與消費行爲的關係已於本書第三章有過詳細的討論，在此不再贅述。

總之，人格結構中的本我、自我和超我部分，都個別推動人類的購買行爲，有些在消費行動上有促動的作用，有些則有抑制的作用。行銷人員必須瞭解其構成要素，以探知其與消費行爲的關係，然後做好因應的措施。

二、人格功能的運作

根據前面的敘述，慾力或心理能量導源於本我，並循環在整個人格系統中，賦予三個分支系統包括本我、自我、超我的能量。由於三個分支系統能量的大小，而決定了三者之間的相對強度，其如**圖7-1**所示。

慾望是從本我產生的，本我遵循著快樂原則，想透過原始過程，將慾望所產生的內在緊張加以排除。此時，慾望的滿足可從兩方面去獲

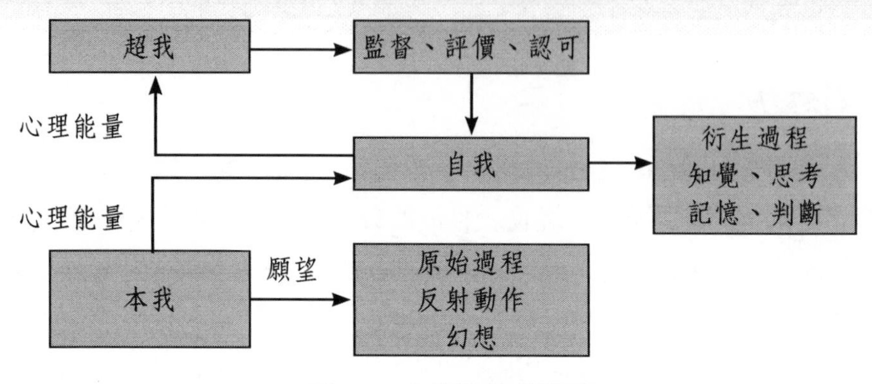

圖7-1　人格功能的運作

取：一是反射動作，一是幻想。如果反射動作不能降低緊張，或是反射動作可能增加緊張時，慾望就只有靠幻想來滿足。在消費行為上，當消費者為了滿足其慾望，消除其緊張，常透過購買行動以達成消除緊張的心理；惟限於金錢的不足，只能購買廉價品，則透過自我安慰，幻想已購買高價品，或在心理上認為兩者同具價值，如此自有降低緊張的作用。

在人格功能運作的過程中，假如原始過程仍不能解決緊張，則能量將流向自我，以轉換成衍生過程包括知覺、記憶、思考、判斷等心理活動。這些活動的實現都以現實原則為依據，且會受到時間和地點的限制。透過這些心理活動，自我會決定是否針對某項特定目標的行動，是降低本我產生緊張的合理方法。在消費行為上，消費者為消除緊張情緒，其自我乃透過知覺、學習、思考和判斷以作出購買決策，從中選擇最適合自我需求的產品與服務，用以克服本我的緊張。

此外，消費者在運用上述心理過程從事決策時，自我也會受到超我的層層限制，亦即自我不僅要努力去滿足本我的慾望，並且還必須採用一種合乎超我所設立及強制執行的理想和規則，去實現這些慾望。如果自我能夠成功地將本我和超我的需要結合起來，則結果是令人滿意的；

但假如自我違反了超我的一些規範，如違背商業道德，則它會產生罪惡感，而受到超我的懲罰。

綜上觀之，心理分析論實是一種探討心理緊張的理論。由本我慾望所產生的緊張，促使整個人格系統的運作，影響其消費動機與購買行爲。自我一方面受到慾望滿足的壓力，希望用最迅速的方式與最低的代價去滿足慾望；另一方面則受到超我的嚴密控制監督，而感受到緊張。因此，人格的三個分支系統間實具有密切的關聯性，它們的關係依次是，自我源於本我，而超我則來自於自我。

第三節　人格理論的運用

人格是個人所特有的行爲特質，然而它是如何形成的呢？有關人格形成有許多不同的看法，這就是人格理論的主題。此外，不同人格的形成將產生不同的消費動機，並影響消費者的購買決策和偏好，且形成其消費行動。因此，行銷者必須能瞭解人格理論的不同論點，從而據以訂定其行銷策略，而達成行銷的目的。

一、心理分析論

誠如前述，心理分析論（psychoanalytic theory）認爲人格系統包括本我、自我和超我。本我是一種與生俱來的生物本能和生理需求，超我則反應了合乎社會和道德規範的行爲，而自我則在本我和超我之間扮演著協調的角色。

依據心理分析論的觀點，消費者行爲是潛意識消費動機的結果，消費者並不會特意去作購買決策，而是透過無意中的過程而去購買所需的產品和服務。亦即無意的需求或驅力，特別是性驅力和其他生理驅力，

才是人類購買動機和行爲的中心。例如，對口渴、飢餓及其他生理的衝動，人們所追求的是即刻的滿足，而不會考慮其後果，致有衝動性購買的出現。這是消費者傾向於購買情境的專注，而根本不在意購買行爲背後的眞正原因之結果。

二、社會學習論

社會學習論（sociolearning theory）認爲社會關係對人格的形成與發展具有重大的影響力，亦即人們一直都在追求理性的目標，並透過與他人的互動不斷努力地去達成其目標，這就是一種生活型態（style of life）。人們在不斷地嘗試與其他人建立起重要而具價值的關係，用以降低焦慮和緊張。在此種關係中存在著服從、激進和疏離等三種狀態。服從關係會親近他人，希望被愛、被需要、被欣賞；激進關係會反抗他人，希望能超越和被崇拜；疏離關係則會遠離他人，希望獨立自主、自給自足，且不受拘束。

在消費行爲上，服從型的消費者爲取得他人的認同，較會受到他人或團體的影響，偏好知名品牌的產品；且較易表現品牌忠實性。激進型的消費者爲表現陽剛的性格，較會嘗試不同品牌的產品。至於疏離型的消費者有不受拘束的性格，很難表現品牌忠實性，常變換產品品牌、購買時間和地點。然而，就社會學習理論觀點而言，消費者的消費動機與行爲最主要是學習而來，其常取決於所處環境、壓力和他人的反應。一旦這些情境有所改變，則消費者的行爲也會發生改變。

三、人格特質論

人格特質論的立論基礎主要爲：(1)所有的個人都具有一些內外在特質；(2)每個人之間的特質都有一定程度的差異性。由於這些不同的人格

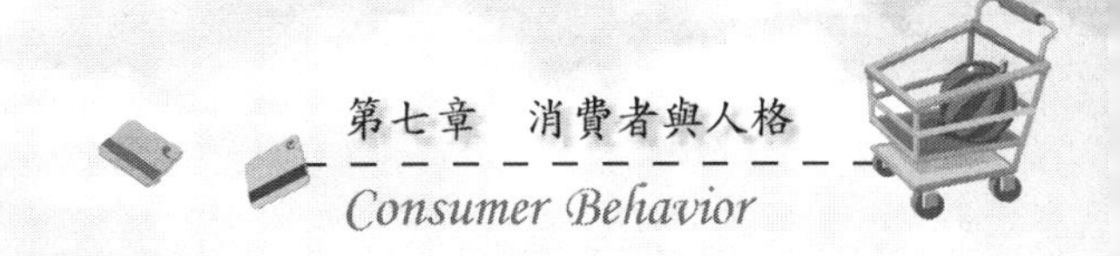

特質，使得人際間表現出一些行爲差異。但有些心理學家持單一特質理論，有些則持多重特質理論。單一特質理論強調某一個單獨特質對整體行爲影響的重要性，而多重特質理論則認爲個體行爲是受到其多種特質的共同影響。

在消費行爲上，行銷人員正可利用這些不同的人格特質，以作爲市場區隔的基礎。因此，人格特質論是行銷研究的重要基礎，蓋人格與許多購買行爲都具有相關性，如購買、決策、媒體選擇、創新、承受社會壓力、產品類別與品牌選擇、意見領袖、風險承擔、態度改變等均屬之。至於人格特質與消費行爲的關係，將於下節再行討論之。

總之，人格的形成是各項因素綜合的結果。惟依據心理分析論的看法，潛意識與原始性驅力是人格的重心；社會學習論則主張個人對社會環境的學習，才是構成人格的中心；而人格特質論則強調個人特質是人格的代表。不管人格的理論爲何，行銷人員都必須瞭解並掌握其形成的因素與特性，才能做好行銷工作。

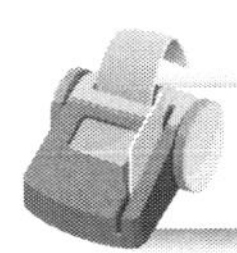

第四節　人格特質與消費行爲

無論個人人格特質是如何形成的，然而其所表現的特質很明顯地會與其行爲有密切的關係，此種關係同樣表現在消費者行爲上。行銷人員可據此以瞭解消費者，以利於進行市場區隔，提升產品或服務的溝通效果。本節將各項人格特質臚列如下，分別探討之。

一、創新性性格

具有創新性性格的消費者會嘗試新產品與服務或新事物，對新廣

告充滿著好奇。因此，創新性消費者的反應，往往是新產品或服務是否成功的重要指標。消費者行爲研究可致力於發現此種消費者，用以測量消費者新意願的本質和範圍。凡是較具創新性的消費者，較能接受新產品，追求多變性的產品，也能搜尋所要購買產品的資訊。相反地，不具創新性的消費者，比較不會去搜尋產品的相關資訊，對產品持較保守的態度，且往往習慣於原有產品的購買。這也是值得行銷人員探討的課題。

二、教條主義性格

教條主義（dogmatism）是行銷人員可用於衡量消費者性格的指標之一。凡是高度教條主義者較爲僵化，在面對陌生事物時，較爲自我防衛，並會感到極度不安，且懷有高度不確定感。相反地，低度教條主義者較喜歡冒險，採取開放態度，會欣然接受陌生的信念和事物，尤其是與自己信念不一致時仍然如此。因此，低度教條主義的消費者勇於嘗試新產品，較爲坦率，偏好創新的產品。相對地，高度教條主義的消費者因思想較保守，怯於嘗試新事物，較喜歡傳統的產品。

在廣告上，高度教條主義的消費者，較易接受以權威人物所代言的新產品廣告。因此，行銷人員若以名人或專家爲其新產品的代言人，比較能降低此類消費者的抗拒程度。至於低度教條主義的消費者，由於自身具有高度創新性，較傾向於接受事實的呈現、強調產品利益，和以產品功能爲訴求的廣告。

三、社會性性格

所謂社會性性格（social character），是指用以區分人我之間的人格特質而言。社會性格可區分爲自我導向性格（ego-directed character）和他人導向性格（other-directed character）。自我導向性格的消費者，比較傾向於依靠自身的價值觀和標準，來評估新產品，且可能是具有創新性性格的消費者。他人導向的消費者，比較傾向於接受他人的指導，較少有自己的主見，較不可能成爲消費創新者。

此外，自我導向和他人導向的消費者，會分別受到不同種類的促銷手法所吸引。自我導向的消費者較偏愛以產品特性和個人利益爲訴求的廣告；而他人導向的消費者則較偏好以社會接受度爲主的廣告。因此，在重視社會認同性的訴求下，他人導向的消費者比較容易受到影響。

四、好奇性性格

有些人比較喜歡簡單、整齊、沈靜的生活方式，另一些人則偏好充滿新奇、複雜、熱鬧的環境。這些都與冒險意願、試用新產品、勇於創新，以及搜尋相關購買資訊有相當的關聯性。凡是充滿高度刺激與新奇性的消費者，通常比較願意冒險購買新產品，且具有創新性性格，願意蒐集有關新產品的訊息；而低度新奇性的消費者，則相反。

此外，具有高度好奇性格的消費者，若其眞實生活方式中有足夠的刺激因素，則比較能感到滿足；相反地，若其刺激不足，則感到不滿足，甚或感到無聊。至於不具高度好奇性性格的人，則不喜歡過度的刺激。因此，對高度好奇性和低度好奇性的消費者，在行銷手法和廣告上自宜有所區別。總之，好奇性性格會影響個人對產品或服務的選擇。

五、多變性性格

多變性性格包括轉向購買新的或更好的品牌產品，以及希望獲取產品的新資訊，和以更新的方式使用原有的產品等。其中以更新方式使用原有產品和技術性產品，最具有關聯性。一個喜歡追求多變性的消費

者，比較不喜歡多變者，更可能購買多功能的產品，且較爲具新奇性、多功能的產品所吸引。

就行銷的立場言，行銷人員應提供較多的選擇給追求多變和新奇性的消費者。因爲具多變性性格的消費者，較偏好多元化或多功能品牌的產品。惟有時行銷人員若提供過多特色的產品，也可能導致消費者失去興趣，反而會造成反效果；尤其是對不喜歡多變的消費者而言，更是如此。因此，行銷人員必須審愼地做市場區隔，提供最適切的產品種類，以尋求平衡。

六、認知性性格

認知性是指認知需求而言，爲一個人對思考的熱中或渴望程度。凡具有高度認知需求的消費者，較可能分析產品的相關資訊，或對產品所敘述的廣告作回應。相對地，低度認知需求的消費者，則較可能爲廣告的背景及周邊的事物所吸引，如誘人的模特兒、周邊的風景等。此外，高度認知需求的消費者，較願意花時間來閱讀平面廣告，且有較佳的品牌和廣告回憶率。因此，廣告主必須設計適當的產品訊息，以吸引不同的認知需求群體。

七、知覺性性格

所謂知覺性，是指消費者喜好運用何種知覺去蒐集資訊而言。在消費者的知覺性方面，主要可分爲視覺偏好者和聽覺偏好者兩種。視覺偏好者喜歡運用視覺去感覺，且強調視覺效果的產品和廣告；而聽覺偏好者則喜歡運用聽覺去感覺，且偏好口語的產品訊息。有些行銷人員比較注重強烈的視覺效果，以吸引視覺偏好者；而另一些行銷人員則喜歡提出問題，並供給答案，或以詳盡的說明、逐項解釋，以吸引聽覺偏好者。

八、定型化性格

定型化消費者是指對物品本身具有持久性涉入者，這是蒐藏家的性格。此種性格具有下列特性：(1)對某特定物品或產品有極深的興趣；(2)願意不辭勞苦地去搜購有興趣的產品或物品；(3)不惜花費時間、金錢去蒐集物品或產品。定型化消費者會將其所搜購的物品或產品公開給同好者共享，而不會藏私。

九、強迫性性格

強迫性性格的消費者的特性就是沈迷於一些事物。定型化消費者表現的是正常性行爲，而強迫性消費者所表現的是反常的行爲；前者如蒐集古董、錢幣、郵票等，後者如賭博、嗑藥、酗酒。站在行銷和消費行爲的觀點而言，定型化購買是值得鼓勵的，但強迫性消費則需要診治。不過，強迫性購買有時也有影響或安撫自我情緒的作用，如買禮物送給自己，或衝動性購買，有時可能緩和或平衡自我情緒。

十、唯物性性格

物質主義（materialism）即爲唯物性的程度，是人格特質的一種，其可用於區分將所有物視爲身分地位和生活要素之象徵的人，和不重視所有物的人。唯物主義者的特徵如下：

1.特別重視獲得和炫耀所有物。
2.以自我爲中心，表現自私。
3.追求充滿所有物的生活型態，並希望擁有很多。

4.雖然擁有很多東西，但沒有很大的滿足感和幸福感。

十一、我族中心主義性格

具有我族中心主義（ethnocentrism）性格的消費者，不易接受外來的產品，而認爲外製品是不好的、不適當的，此常受到國家民族意識的影響。相對地，不具我族中心意識的消費者較爲客觀，會比較產品的特性與優劣。有時行銷人員可運用產品當地性，來吸引我族中心主義的消費者；但對於不具我族中心主義的消費者而言，強調外來性與舶來品反而更具吸引力。

總之，消費者的人格特質會影響其對產品品牌、種類，購買決策、過程，產品的選擇，購買習慣，廣告的注意力，對產品的興趣與好奇心，人際過程等。因此，人格特質與消費行爲實有很大的關聯性。行銷人員必須善用這些特性，才能眞正瞭解消費者的人格與行爲，從而訂定較佳的行銷策略。

第五節　自我概念與消費行爲

自我是人格的中心，因此自我概念會影響和決定一個人的行爲，在消費行爲上亦復如此。消費者本身都具有自我形象和自我知覺，這些都和人格有關。消費者在選購產品和服務時，會選擇和光顧一些和自我形象、自我知覺相符的產品和服務與商店。此外，個人會選購產品和服務，用以延伸自我或改變自我。亦即自我會依據消費情境中的各項資訊，把自己當作中心，來處理有關產品和服務的訊息。本節將逐次討論之。

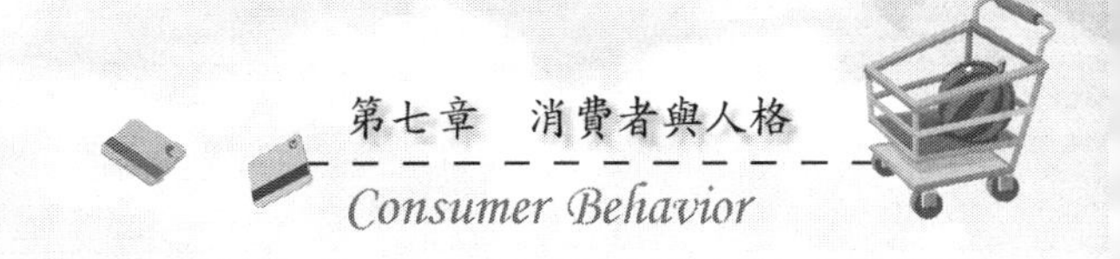

一、自我概念

所謂自我概念（self-concept），是指個人對自己的概括性看法，亦即個人認為「自己是怎樣的人」的一種看法，也是自己對自己的態度。此種看法和態度是個人在成長的環境中，依自我的需求和他人的期望的運作而形成的。自我概念有時會以單一的自我出現，有時則以多重自我（multiple selves）表現。因此，個人在面對不同的人或情境時，常顯現出不同的行為。例如，個人在家庭、學校、社會團體中所表現的行為，就不相同。亦即個人在不同的情境或角色下，可能展現不同的人格。在消費行為上，個人既可能展現不同的人格，則行銷人員必須針對不同的「自我」狀況，提供滿足其消費群的產品或服務。

二、自我形象

自我形象（self-image），是指個人對自我概念加以延伸，由自我加以評估而表現出來的行為。事實上，此種行為常受個人經驗和他人反應的影響。個人對自我的形象，常由他人的反應中知覺而來。他人對個人行為的評價與看法，包括讚許或批評，就像一面鏡子一樣，反映了個人的行為。人們對自己行為和角色的評估與認定，就像個人借助於鏡子來檢查自己的衣著一樣，依此而瞭解自己的行為或角色是否適當。因此，個人的自我形象即為透過他人的讚美或批評，再經由自我的認定與評估所形成。

在消費行為上，產品和品牌對個人而言是具有象徵性價值的。個人在評估產品時，會依據自我形象來選購產品和服務，用以維護或增進自我形象；亦即個人所選擇的產品和服務，常會反映其人格。事實上，自我形象包含著許多不同的類型：

1.眞實自我形象（actual self-image），是指個人如何眞正看待自己。
2.理想自我形象（ideal self-image），是指個人希望如何看待自己。
3.社會自我形象（social self-image），是指個人覺得他人是如何看待自己。
4.理想性社會自我形象（ideal social self-image），是指個人希望他人如何看待自己。
5.期望自我形象（expected self-image），是指個人希望在未來某特定時期是如何看待自己。

根據前述，期望性自我形象介於眞實自我和理想自我之間，是具有未來導向的，結合了眞實自我形象和理想自我形象。因此，期望性自我提供改變消費者自我的機會，此更給予行銷人員用來設計吸引消費者的便利性，從而可達成促銷的目的。此外，自我形象的概念對行銷人員來說可謂具有策略性的意涵。例如，眞實自我形象者會購買實用的物品，社會自我形象者會購買炫耀性物品，理想自我形象和理想性社會自我形象者，則會選購夢想型的產品。凡此皆可提供行銷人員作爲市場區隔的依據，並以此作爲產品或服務定位的訴求。

三、自我知覺

所謂自我知覺（self-perception），是指個人對自我形象的評定與看法。這也受到自我意識（self-consciousness）和外界刺激的影響。自我知覺會影響個人的消費行爲。當個人認爲購買某種產品或服務，可提高或維持自我的正面形象時，他就會去購買該項產品或服務，此即稱爲自我實現預言（self-fulfilling prophecy）。相反地，個人若沒有購買某項產品或服務的意願，則他必不會去購買該項產品或服務。是故，自我意識和自我知覺乃決定了個人的消費意願與行爲。

四、自我意識

所謂自我意識（self-conscious），就是個人在別人無法察覺，但自己特意在內心形成一定的意念而言。此種意念將決定自我要行動的方向。由於自我意識的形成，終而影響到自我知覺。當然，自我意識是自我和外界環境的交互影響而形成。畢竟，個人乃是社會的一分子，但是自我仍爲操控自我意識形成的主體。只是自我意識較強的人，比較不容易改變自我的行爲；而自我意識較弱者，較易受到外界或他人的影響。在消費行爲上，自我意識較強的人，會堅持購買自己所想要的商品；而自我意識較弱者，則會聽從別人的意見而改變購買的決定。

五、自我肯定

自我肯定（self-affirmation），是指一個人能適度地表達自己、接納自我、滿足自我需求的能力。它既是一種能力，也是一種特質，更是一種心理傾向。通常，自我肯定與自信、自尊是一體的，凡是愈有自信的人，就愈能肯定自我，其自尊也愈強；而愈是能肯定自我的人，也愈爲自信。自信、自尊與自我肯定是相因相成、相互因果的。在消費行爲上，消費者購買有時常會反映其自信、自尊和自我肯定的人格。因此，有些產品和廣告即在顯示消費者想達成的成功形象，藉以凸顯其自信、自尊和自我肯定。

六、自我延伸

所謂自我延伸（self-extension），是指個人能延伸自我的形象而言。亦即個人更肯定自我的能力，以致增強對自己的信念。例如，某青少年因擁有名牌球鞋，而認爲自己跟得上潮流，且更成功。在消費行爲上，消費者擁有別人所沒有的物品，就覺得光鮮、驕傲，即是一種自我延伸。自我延伸的範圍可包括：(1)能達成原本無法達成的事物；(2)能顯現自我的優秀；(3)能享有盛名或地位；(4)能感受到有價値；(5)能展現神奇的力量。

七、自我改變

所謂自我改變（self-change），就是個人能改變自我的程度。例如，個人想改造自己，以使自己能有和從前不一樣的表現。在行銷和消費行爲上，衣飾、打扮、化妝品和各種飾物，正可提供改變自我的機會，以重新塑造個人的形象。在使用改變自我的產品時，消費者可藉以創造新的自我、延伸自我，以表現其獨特性。因此，許多化妝品廣告，常以動人的語詞企圖喚醒消費者改變其外貌。

八、虛擬自我

隨著網際網路的盛行，虛擬自我（virtual self）或虛擬人格（virtual personality）提供每個人嘗試不同身分或人格的機會。今日愈來愈多人將網路視爲一種結交新朋友的管道，以致可與全球各地的網友進行對話。此時可以運用無法直接接觸的機會虛擬各式各樣的人格和身分。網際網路正在重新界定人們的身分，以創造出「網路自我」（on-line self）。從消費者行爲的觀點言，此種嘗試新身分或轉變「自我」的機會，很可能導致購買行爲的改變，此可提供行銷人員新契機，並發掘新的「網路自我」的消費群。

總之，自我概念和消費行爲有極密切的關係，然而此則有賴行銷人

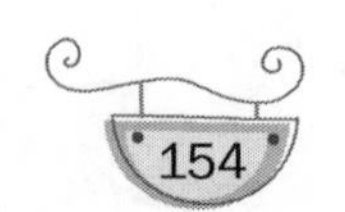

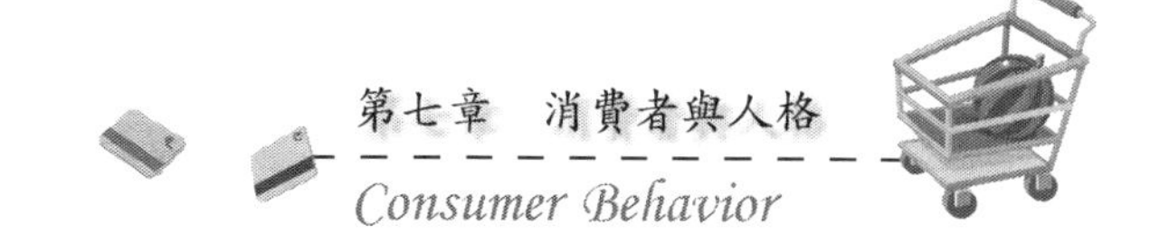

員去發現與挖掘消費者的自我概念，包括自我形象、自我知覺、自我意識、自我肯定、自我延伸、自我改變和虛擬自我等，用以刺激個人的消費動機與購買行爲，如此才能做好成功的行銷。

第六節　產品人格與品牌人格

就消費行爲的立場而言，消費者的人格及其所表現的特質，常反映在其所欲購買的產品和品牌上，以致有所謂的「產品人格」和「品牌人格」的出現。所謂產品人格（product personality），就是消費者將其人格特質反映在其所購買的產品種類和特性上；也就是消費者的所有物包括衣飾、飾品等，都反映出個人的人格之謂。至於品牌人格（brand personality），則爲消費者將其人格特質，反射在各種產品的不同品牌；亦即消費者所購買產品的品牌，正足以反應其人格特性之謂。無論是產品人格或品牌人格，都代表消費者的人格形象。

在產品人格和品牌人格的概念中，以「產品擬人化」（production personification）和「品牌擬人化」（brand personification）爲代表。產品擬人化和品牌擬人化，就是產品和品牌含有人格特性的意味。行銷和生產人員將產品和品牌擬人化，乃在將消費者對產品或服務及其品牌的知覺，化爲產品的性格，以區隔不同的消費群體。例如，不同的汽車類型和品牌就代表不同的人格特性，流線型汽車表示好奇、衝動、追求快速感，保守型汽車代表穩重、重傳統等特性。

此外，在塑造一項產品人格或品牌人格時，也必須賦予產品或品牌一個性別。有些產品或品牌代表男性，有些品牌則表現出女性的氣質。例如，中國消費者傾向於將咖啡、酒和牙膏視爲男性產品，而將肥皂、洗髮精和化妝品視爲女性產品。一旦行銷人員瞭解某些產品和品牌的知覺性別後，則可選擇適當的視覺和文案訊息，依此而針對男女性別運用

不同的廣告訴求。

再者，產品人格或品牌人格和年齡，也具有某些關聯性。蓋不同年齡表現在產品和品牌消費性格上，會有所不同。一般而言，大部分消費者隨著年齡的增長，其對產品和品牌人格將逐漸傾向於保守、穩重，此亦是行銷人員所必須探討的課題。

最後，消費者不僅會賦予產品和服務某種人格特質，也會將人格因素和特定色彩連結。例如，可口可樂（CoCa Cola）和紅色有關，而紅色代表興奮、刺激。而黃色代表新奇，黑色代表精巧、高品質，綠色代表平和、安全，白色代表純潔。因此，任何一項產品必須尋求與其產品人格一致的設計，並表現其產品和品牌人格。

總之，行銷人員若爲了區隔市場，且在利基市場（niche market）和特定市場中創造利潤，就必須重視產品和品牌人格的問題。因此，任何產品都必須經過精心策劃，且能爲因應個別人格而設計。唯有如此，才能達成促銷的目的。

第三篇　人際影響與消費行為

消費者行為固然係以個體行為作基礎，然而個體是生存在社會群體之中，因此個體行為也受到群體和社會文化的影響。是故，消費者行為也受到人際關係和社會文化的形塑。本篇將先討論人際影響，且將之分為人際互動、群體關係和家庭因素三部分研討之。首先，人際互動將敘明人際關係對消費者行為的影響。其次，群體關係尤其是參考群體，往往對消費者行為具有決定性的作用。最後，家庭群體不僅決定了個人的消費習慣，更掌握了許多消費的決策。依此，本篇將分為三章來探討消費者行為。

Consumer Behavior

第八章　人際互動

Consumer Behavior

消費者行爲有時是受到人際之間互動的影響所形成的。人際互動最主要包括兩人之間的互動，其尚可涵蓋三人以上的群體交互行爲。然而，不管人際互動的人數爲何，其間的互動關係常會左右個人的消費決策與購買行動。本章首先將研討人際互動的意涵、基礎和互動過程，以及其對消費者行爲的影響；然後據以探求運用人際互動的行銷策略。同時，吾人必須重視人際互動過程中意見領袖的影響。

第一節　人際互動的意涵

消費者行爲是由諸多因素交互作用所形成的結果，而人際互動就是其中因素之一。所謂人際互動（interpersonal interaction），是指人際間相互交往的過程而言。當個人處於社會環境中，必然會與他人接觸，此時即發生了互動。互動又可稱爲交互行爲，係指不拘任何形式的交往狀態。在人際相處時，個人會將他的思想、意念和所想做的事等訊息傳遞給他人，而他人也會做出同樣的動作，這就是互動。在社會中，若人際間缺乏互動，則人際關係將無從產生。易言之，互動是一種人際間心靈交感作用或行爲的相互影響。一個人自從參與社會，就必然會形成人際互動，使自我和社會結合爲一體。是故，互動是個人社會化的基本過程。

在社會化過程中，個人最早與母親接觸，從中體驗和建立起人際互動的意義；其次，他從與周圍的人和環境中學習人際相處的技巧；然後，他又在人際相處之中體會到和他人相處之道，並建立和發展出自己的人際關係。在此種過程中，個人從和父母、親友、同學、同儕，甚至於陌生人的接觸中，體會和學習人際互動的眞諦。在消費行爲上，個人即因社會化過程，而透過推銷員、專家、父母、親友、鄰居、同伴、同事、大衆媒體等，來蒐集產品和服務的資訊。

當然，人際互動所包含的範圍甚廣，它不僅限於語言溝通，而且尙涵蓋各種身體動作、表情等的交流；甚且互動不見得完全是正面的，有時也可能是負面的。另外，有些互動可能引發同樣的動作或反應，有些則否。例如，行銷人員散播產品的正面消息，以促動消費者的購買慾；有些人可能會採取購買行動，有些人則否。由此可知，人際互動仍取決於其他因素的影響，如個人動機、性格等。

然則，人際互動是如何形成的？決定人際互動的基礎爲何？人際互動之所以形成，最主要乃取決於個人在社會中的地位、角色、勢力等三者的運作而定。易言之，人際互動常是個人地位、角色、勢力相互影響的結果，而此三者的運作也深深地受人際互動結果的影響。茲分述如下：

一、地位

所謂地位（status），是指一個人在社會體系中的層級，此種層級即代表一個人的社會階級和相當位置，依據個人的許多因素，如年齡、體力、身高、智慧、職業、收入、身世、家庭背景和人格特質等所組成的。這些因素的增減，乃決定了個人的地位特質表。這些個人的地位特質表，正足以顯現出個人在社會群體中地位的高低。易言之，一個人的地位就是個人的條件；此在人際交往過程中，即表示個人可用的權力、特權、責任與義務等，從而決定了個人與他人交往的範圍。

在消費行爲上，消費者的消費動機與行爲深深受到同等地位人員的影響。當同儕中有人購置某種產品時，往往發生彼此競購的現象，或許爭相購買同樣產品，或許競購更高級的產品，以顯示自我的地位。不過，根據許多研究顯示，通常地位低的人有尋求向地位高的人學習的傾向。因此，許多廣告都會以名人、明星、地位高的人爲廣告或產品的代言人，即爲以地位爲訴求的廣告與行銷策略。

二、角色

所謂角色（role），是指一個人據有某種地位或位置而加以扮演而言。角色乃表示個人在人際互動關係中擔任某種任務而言，亦即爲一個人在某種社會地位上的種種活動，此種活動涉及兩大要素，一爲個人所處的地位或自我的期望，另一爲他人對他的期望。任何角色的運作除了牽涉到自我的願望之外，尙需考慮他人的期望。顯然地，在人際互動過程中，個人對自我角色的認知和他人的期望，常影響其角色的運作，終而決定了個人人際互動的本質。

一般而言，個人的地位僅代表個人的適當位置，而角色與人際互動的關係更爲密切；亦即角色運作的多寡，往往決定了人際交往的頻繁程度。是故，角色的運作常是人際互動的關鍵性因素。在消費行爲上，意見領袖往往是角色運作多的人物，而不是實際地位很高的人；但其對他人的影響常常超越其他人，包括行銷人員、媒體等，此將於本章第四節作更進一步的討論。

三、勢力

當個人據有某種社會地位，並扮演其角色時，則個人即擁有對他人的影響力（influence），此即爲勢力（force）。惟勢力和影響力仍有若干差異，勢力多少存在著強迫的力量，而影響力爲自然產生的力量。再將勢力和權力比較，則勢力比權力少了一些強迫的力量，而權力又比勢力多了一些壓迫性；且權力大多來自於正式職位上，而勢力則大多始自於非正式的影響力量。在人際互動過程中，凡是個人擁有一定地位，而扮演更多、更重要的角色運作，則他的勢力或影響力必更大，此時人際互動的機會愈多而頻繁，否則互動必少而影響力也愈小。在消費行爲

上，意見領袖對他人購買決策和行為的影響，即具有此種特性。

總之，人際互動是人與人之間的相互交往關係，由彼此的地位、角色、勢力等交互作用而形成。當然，人際互動也取決於個人的行為基礎，如動機、學習經驗、知覺、態度和人格等；同時也受到所處環境，包括社會環境和物理環境等的影響。前者已於前面各章中討論過，後者將於後續各章接續討論之。不過，就交互行為本身而言，人際互動的過程、模式、互動領域等，都會形成人際交往的結果。行銷人員必須對上述各項變數有深入的瞭解與探討，才能掌握消費者行為的脈動。

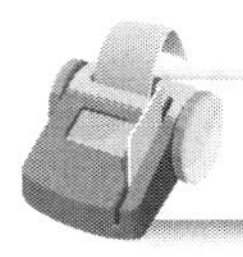

第二節　人際互動的基礎

消費行為的產生，有時是人際互動所形成的結果。當個人看到他人購買某種產品或服務時，常會考量自我的各種狀況，包括需求與財力等，而決定是否採取購買行動，或購買其他產品。因此，人際互動多少會影響個人的購買決策，乃是無可否認的事實。因此，人際互動乃是傳播或蒐集產品資訊的重要來源。此外，個人購買某些商品，多少都有求得他人仰慕和讚賞的意味，甚而可用以炫耀於他人。凡此都必須在人際互動過程中，始能完成。然而，人際互動的基礎何在？人際間的交往常因時空、自然環境和社會環境等因素，而侷限於一隅，以致在接觸和交往之中建立起關係，並形成友誼，其互動基礎如下：

一、接觸機會

很明顯地，接觸機會是人際互動最重要的基礎。人與人之間若沒有任何接觸的機會，是不可能相互交往的，更無相互吸引和溝通的條件。

是故，人際接觸乃有人際互動。所有家人、親友、同事、同學、同宗，甚至於陌生人之間，就是因爲有了接觸，才能彼此交往和互動。在消費行爲上，由於人們之間有接觸的機會，乃得以散播產品和服務的訊息，以致影響了消費者的購買決策和行動。

二、相同興趣

人際互動之所以頻繁，乃爲其間具有共同的興趣所致。當人們在初次接觸時，發現彼此之間具有共同興趣，往往會逐漸發展出感情，而建立堅實的友誼，卒能形成密切的關係。相反地，不具共同興趣的人們之間，則很難發展爲親密的友誼。在消費行爲上，此種興趣的相同與否，將牽動消費者之間的消費關係，密切的友誼會增強彼此購買行動的一致性，而生疏的關係較難產生消費影響。

三、相同態度

凡是具有相同態度的個人之間，較容易相處在一起。所謂態度，是指人們的價值觀、意識與認知等。凡是態度相同的人，其爲人處事的看法較爲一致，如此自易建立起共同的情感，此係促動人與人之間繼續交往的動力。因此，相同的態度正是建立人際互動的基石。在消費行爲上，具相同態度的個人之間對於購買決策、對產品的看法、購買動機與知覺等，較有一致的看法，故消費行動較會一致。

四、共同慾望

個人之所以和他人交往，並繼續發展其友誼，主要乃爲滿足其慾望。人們爲了滿足其慾望，會尋求和自己慾望相同的人，組合而形成深

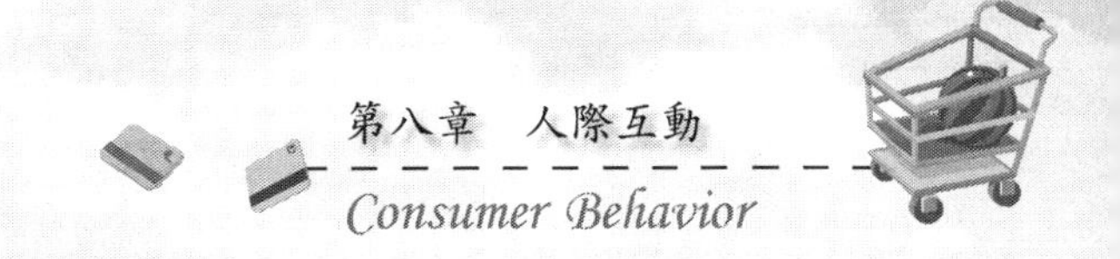

厚的友誼。倘若人們在交往過程中，不能相互滿足彼此的慾望，則其間的關係將逐漸淡薄。因此，共同的慾望是人際互動的堅強基礎。在消費行爲上，凡是具有共同慾望的消費者，自然較易有共同的購買行動和看法。

五、相同利益

人際互動之所以建立或發展，部分原因乃爲彼此間具有共同的利益；一個不具共同利益爲基礎的關係，有時很容易解體。由於利益的相同，致使有機會在一起的人們，產生相同的情緒，形成一致的行動。因此，具有共同利益的人之組合，正是人際互動得以維繫和成長的心理基礎之一。在消費行爲上，相同的利益是消費者之間共同購買產品的基礎。

六、共同目標

人際互動的構成要件，基本上乃爲成員之間具有某些非約定成俗的目標，此爲成員彼此交往的指標。若缺乏此種目標，則不足以維持人際互動的存續與發展。此種共同目標不見得會在成員交往中明示，但它確是存在的；即使有些目標可能逐漸嬗變，卻無法爲成員所能否定的。在消費行爲上，兩人互動具有共同目標，較易採取一致的購買行動，否則將各行其是。

七、相互認同

人際互動的心理基礎之一，就是成員間具有共同的意識認同。人們之間意識的協同一致，使其產生認同感，彼此承認相互行爲，且會有相

當的默契。由於相互認同的結果，彼此之間有了共同行動，終致產生休戚與共的心理行動，更導致強烈的凝聚力。在消費行爲上，若兩人相互認同某項產品的特質，將更強化購買的決心，否則將不易有購買行動。

八、互補作用

人際互動的同質性，固是形成人際交往的重要因素；然而，有時互補性（complementary）也能促成其間的交往，其胥依彼此相互容忍和接納的程度而定。所謂互補性，係指兩個人的特質雖有異質性，但彼此之間卻有相互補足的作用。此種互補性，有時也會構成人際交往的基石。例如，在消費行爲上，兩人的態度、價值、興趣等雖不一致，但一方因對產品有深入的瞭解，而提供卓越的資訊，使得缺乏認識的另一方接受其意見，終至採取購買行動，即爲一種互補作用。因此，異質性和互補作用，有時也是人際互動的基礎，更是影響消費行爲的因素之一。

總之，人際互動之所以能夠存在或持續發展，主要乃係建立在共同的基礎上；但有時互補關係，也是人際交往的基礎。人際互動一旦形成，便有它一套行爲方式，這是一種動態、自行發展的過程。此種過程使得人們相互接觸更爲頻繁。因此，行銷人員除需注重消費者之間的互動之外，也應培養自身與消費者之間的互動關係，以求能更增進行銷的機會。同時，行銷人員除了可運用人際互動的同質性，強化消費者的購買行動之外，尚可因應人際互動的異質性，做爲市場區隔的基礎。

第三節　人際互動的過程

人際互動之所以能夠建立，實肇始於某些共同的心理基礎或互補性特質，由於這些基礎的存在，人際間始能持續進行交互行爲。在交互行爲的過程中，人際互動大致可分爲三個階段：(1)人際知覺；(2)人際吸引；(3)人際溝通。經過這些過程的合理運行，良好的人際互動才能持續維持，否則人際間的交往將無以存續。其如圖8-1所示。

一、人際知覺

人際互動固係基於某些基礎而形成，惟人際交往的第一個階段則取決於人際知覺。所謂人際知覺（interpersonal perception），係指個人對他人的看法，或他人對個人的看法而言。人際知覺乃是人際交往與人際影響的基礎。人際知覺可能影響或決定個人是否與他人交往；若人際知覺良好，個人將會與他人交往，否則個人就不會與他人交往。同樣地，當個人與他人交往後，若人際知覺良好，其間的交往將更爲密切，且能影響彼此的行爲；惟若人際知覺不良，其間的交往將變得疏離，且其相

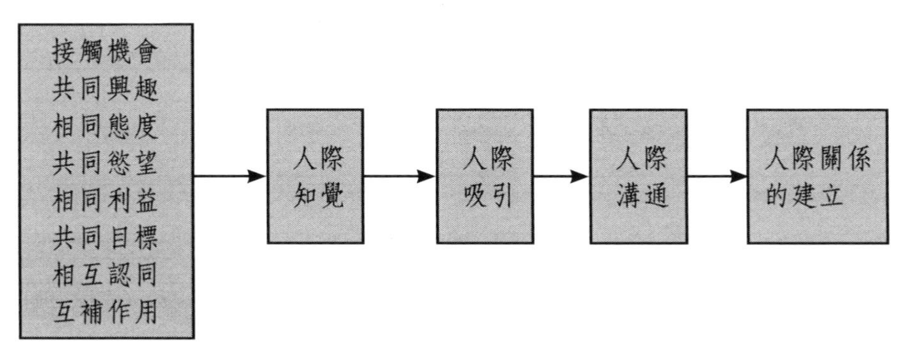

圖8-1　人際互動的過程

互影響力也會跟著減弱。

通常人際知覺是以第一印象（the first impression）為基礎。在兩個陌生人初次晤面或交談時，對方的表情與情緒表達的特質，對彼此的第一印象之影響頗大；而首次見面或交談所形成的印象，又是日後交往時反應的依據。一般而言，最先出現的線索或資料，對個人總體印象的形成，具有較大的決定性作用。因此，若欲在他人心目中留下較好的印象，應在慎始方面下工夫。

當然，由於個人的人格特質或所處情境各有不同，以致對任何事物或事件往往有不同的知覺或詮釋。然而，有效的人際互動不但有賴於個人對他人的準確知覺，也要依據個人對各種角色的準確知覺。因此，在人際交往的過程中，人們若有意與他人繼續交往，則他將提供大量有關個人的正面訊息，並對個人形象作自我整飭，以求他人對自我能產生良好的第一印象，進而尋求其瞭解，從而能產生交往的機會。

在消費行為上，若消費者之間有良好的人際知覺與第一印象，則彼此間對消費訊息的交換，比較能發揮影響力。此外，消費者對行銷人員的知覺與印象較為良好，亦可能轉而評價其產品或服務為正面的。因此，行銷人員不僅需注意消費者之間的人際知覺與影響，尚必須建立良好的自我形象，以影響消費者的知覺。

二、人際吸引

在人與人之間有了良好的知覺後，才有可能產生彼此的吸引力。這就是所謂的人際吸引（interpersonal attraction）。人際吸引的理論基礎，主要為同質性（homogeneity）與異質性（heterogeneity）。所謂同質性，是指人與人之間由於具有相同一致的特質，而能相互吸引之謂；至於異質性，則為個人與個人之間雖不具相同特質，但卻有互為補足的作用，以致能相互吸引而言。

至於決定人際吸引的因素，除了第二節所述的各項要素之外，尚可包括身分地位、背景相似、成就表現等。就身分地位而言，它之所以具有吸引力，一方面乃爲身分地位相似的人，基於同質性的認同關係而相互吸引；另一方面則爲個人喜歡和身分地位較高的人交往，以致高身分地位的人對低身分地位的人具有吸引力。在商業廣告中，有些廣告人物搭配所要廣告的產品，乃在取得某個階層人士的認同；有些廣告人物則以名人、明星爲訴求，乃是想促使低層人士向高層人士學習或模仿之故。該兩者皆顯示出身分地位是人際吸引的因素之一。

其次，凡是背景相似的人會相互吸引，此乃是基於「物以類聚」的道理。根據研究顯示，年齡、性別、宗教、教育程度、種族、國籍以及社經地位等人口統計特性的相似性，和吸引力之間具有相當程度的關聯性。不過，人際吸引力並不完全受到相似性的影響，也未必會受到相似性的影響。決定人際吸引力的個人因素方面，可能會隨著情境而有所不同。

至於成就是單方面吸引力的基礎，一個比較有成就的人會吸引他人。成功的團體比成就不大的團體，更容易吸引新成員加入，且更能留住舊成員。此外，人們喜歡和有成就的人交往，而不喜歡和沒成就的人交往。其他，如外表、才幹、熟悉與相悅等，都會構成人際吸引的條件。在消費與行銷行爲上，人際吸引往往就是商品廣告的主要訴求，唯有如此才能吸引消費者的注意。

三、人際溝通

當個人之間有了人際吸引力之後，才可能進行人際溝通。所謂人際溝通，就是一個人把意思傳遞給另一個人。在溝通程序中，有一位傳達者和一位接收者；傳達者作成一項訊息，傳遞給接收者。接收者在收到訊息後，將訊息加以譯解，再依傳達者所期望的方式行動。由此可知，

有效的人際溝通有賴於訊息和瞭解並重。只有收受者能眞正地瞭解與接受，溝通才是有效的。在行銷廣告上，必須能吸引消費者注意，瞭解和接受其廣告資訊，才有可能促發購買行動。

就商業行爲而言，溝通可分爲人際溝通與大衆傳播溝通。人際溝通爲人與人之間所進行的口語、非口語，或正式、非正式的溝通。此種溝通爲消費者與消費者之間或行銷人員與消費者之間的溝通，包括面對面接觸、電話交談、信件往來，或透過電子郵件進行；此種溝通得靠行銷人員善用各種技巧，深入瞭解消費者的知覺、動機、態度、性格和過去使用經驗，以及社會文化習俗等，以強化消費者對產品和服務的印象，使其願意接收產品和服務訊息，並產生興趣，如此才有購買和消費的可能。

至於大衆傳播乃爲透過電視、廣播、報紙和雜誌等媒體來傳播訊息，此種訊息來源和接收者之間並沒有直接的接觸。因此，大衆傳播必須愼選和其產品或服務有關的傳播媒體，注意產品和公司名聲、專業性知識、銷售管道和公司代言人。此外，在選擇媒體時，應考慮產品類別、目標視聽衆、行銷中間商、廣告目標等因素。在陳述訊息方面，宜注意是否運用單面訊息或多面訊息，且能重視廣告主題和產品的相關性，以增強視聽大衆的注意力。易言之，大衆傳播的最主要功能，就是在鼓舞視聽大衆將訊息內化，並能成爲其生活中的一部分。

總之，人際互動在行銷行爲上的最大貢獻，就是透過人際互動而將產品和服務作訊息的傳播。然而，此種傳播的有效性必須考慮人際知覺、人際吸引和人際溝通等過程中的每一個環節。當人際間有了良好的知覺，才能進一步產生人際吸引；且有了人際吸引，才可能進行溝通。在商業廣告中，消費者對產品及其廣告有良好的知覺，才能吸引其注意力，並願意接受產品訊息；一旦此種訊息產生了內化，則消費者自然會採取購買行動。因此，行銷人員必須重視人際互動對行銷行爲的影響。

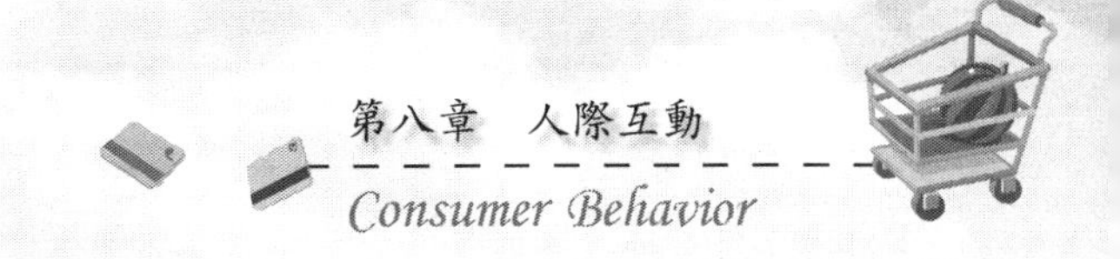
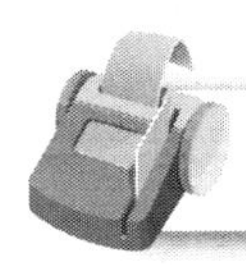

第四節　意見領袖的影響

在人際互動的過程中，意見領袖的影響是不可忽視的環節。誠如前述，個人基於其期望或動機，常有向高地位、高成就的人學習之傾向。此種高地位、高成就的個人，即爲意見領袖（opinion leader）。在人際互動過程中，每個人都多多少少會影響他人，只是影響程度並不一致。因此，意見領袖是一種相對性的概念。只要任何人具有比他人更大的影響力，就可能是一位意見領袖。此處的意見領袖並不是專指具有權威性象徵的人物。

更嚴謹地說，意見領袖行爲是指個人能夠非正式地影響他人，使他人的行爲朝向某一方向進行而言。意見領袖就是具有此種能力的人物，他們是非正式領導者。意見領袖很少處心積慮地去控制他人，而只是提供意見，或搜尋意見，但卻能影響他人的行動。不管是領導者或被領導者都無法察覺到這種影響力。

此外，意見領袖影響他人時，可能以口耳相傳的管道，包括直接面對面溝通、電話交談，或透過網路聊天等方式；也可能因非口語線索或某些行爲，而爲他人所模仿。因此，在人際互動過程中，口語式的談話及可觀察到的行爲，都可使意見領袖發生影響力。有時意見領袖會影響別人，有時也受到別人的影響。此種影響力可能來自經常見面的鄰居，也可能來自同階層的朋友、同事。是故，幾乎在每個階層，或任何群體中，都有意見領袖的存在。本節將繼續討論意見領袖的特徵、情境因素下的意見領袖，以及意見領袖行爲的普遍性問題。

一、意見領袖的特徵

意見領袖到底具有哪些特徵？所得研究結論頗不一致。不過，意見領袖可能僅熟悉某項類別的產品，亦即專精於某一項產品，無法顧及各類產品。因此，吾人分析意見領袖需依產品的類別而定。若沒有考慮產品類別，而想要建構意見領袖的一般特徵並不容易。

然而，一般意見領袖仍可依其人格特質找出一些特徵。首先，意見領袖擁有敏銳的觀察力和專業知識，且對特別產品或服務深感興趣，往往是消費的創新者。此外，他們有較高的意願去談論和某項產品或服務有關的議題。其次，他們比較自信、具有彰顯自我的動機、外向和具社交性。再次，他們喜歡透過非人際管道去取得資訊，以希望被同儕視爲具有影響力的人。當然，這些因素常與個人的社會經濟地位、年齡等相關。但是，在不同領域內常出現不同的意見領袖，且表現不同的特徵。

根據社會心理學家凱茲等（E. Katz & Paul Lazarsfeld）分析影響力傳播過程，包括食品、時裝、公共事務與電影等四方面意見領袖的影響力，而得出一些意見領袖的特徵。在這四方面意見領袖的特徵，是不大一致的。通常，在食品方面的意見領袖是已婚的婦女，具大家庭背景，有群居性和外向性格；這種領袖較易指認，但影響力不廣，只限於同一階層的人。至於時裝領袖則較年輕，社交手腕高，社會地位也較高。公共事務領袖較喜歡交際，社會地位高，其影響力較廣，常超越階層的限制，且高階層者會影響低階層者。最後，電影領袖多爲年輕女性，未婚，但社交性與社會地位較不重要。

此外，有些消費行爲學家認爲，意見領袖具有下列特性，這些是非意見領袖所不具備的：

1.意見領袖接觸大眾媒體的機會與時間，較非意見領袖爲多。此種

意見領袖之所以具有影響力，主要爲來自於個人對產品的豐富知識與經驗，以致人們願意聽從他們的意見。

2.意見領袖之間較非意見領袖常聚集在一起。意見領袖之間接觸機會較多，其乃爲意見領袖較積極活躍，喜歡參加各種活動，並找尋談話對象，以交換意見。

3.意見領袖並不是眞正對領導行爲感興趣，而是對所專精的知識感興趣。因此，他會花費較多時間去接觸媒體，看電視廣告、網路廣告，閱讀專門性讀物；且喜歡和內行人談天，藉以蒐集相關知識和訊息。

4.意見領袖常與相近的人接觸，較少和低階層人士交往，所謂「物以類聚，人以群分」，就是這個道理。意見領袖固會影響下一階層的人，但這是透過視覺上的模仿，而非來自於口頭上的溝通。

5.意見領袖的行爲常遵守群體規範，此爲自我要求的結果，且用以建立一些標準要求他人遵行；尤其是當他熟知群體規範與價值觀時，更是如此。

6.意見領袖社會參與性較高，生活圈子較大，朋友多，且常參加各種社團活動。他雖不一定是正式群體的領導者，或擁有一定的權力，但常能影響他人。

7.意見領袖常爲他人所信任，其意圖較不受他人質疑，故是產品資訊的提供者和建議者；他們能眞實地反映產品狀況，包括正面和負面的資訊，而不具商業企圖。

8.意見領袖常藉提供資訊與建議給他人，以滿足自己的基本需求，一方面可確認自我能力，他方面可吸引他人注意，暗示地位優越性，展現知識與專業，並能有渡化弱者的感覺。

總之，意見領袖的特性是，隨著產品類型而有不同的意見領袖；比較喜歡交際；具有世界主義傾向，交遊廣闊；社經地位與從屬分子相當，但略高；知識廣博；沒有特殊性格屬性；比較會遵守群體規範；創

新性高；接觸大衆媒體的時間較多；各意見領袖常聚在一起；對具有影響力範圍內的知識較感興趣；常與相近的人接觸。

二、情境因素下的意見領袖

意見領袖並不具有超乎常人的性格屬性，而且每種研究顯示領袖人格特性並不一致。因此，組織行爲學家卡特萊特與山德（D. Cartwright & A. Zander）認爲：利用性格來區分領袖人物與非領袖人物是不恰當的。既然領袖人物典型的性格屬性難以測出，故而要瞭解領導行爲，似乎可從情境因素上著手。易言之，個人的領導行爲是否有效，完全要依情境而定。就消費者行爲而言，意見領袖行爲是否有效，常受到產品種類的影響。

一般而言，意見領袖具有較高的能力與廣博的知識。然而，在不同的情境下，對知識與能力的要求並不一致。易言之，一位有效領袖人物所具備的知識與能力，常隨著情境的不同而有所差異。例如，在購買食品與購買汽車的情境下，有影響力的意見領袖所應具備的知識和能力就大不相同。然而，研究意見領袖的性格並非不必要，只是研究結果也非「放之四海而皆準」。因此，廠商在擬訂行銷策略時，必須格外謹慎。

至於意見領袖與情境因素的關係，可從影響者與被影響者的差異上著手。依照凱茲等人的看法，影響力和下列三項因素有關：(1)個人的價值觀與群體規範一致的程度；(2)個人勝任的能力；(3)個人的社交手腕。假如個人的價值觀與群體規範一致的程度高，則個人成爲意見領袖的可能性愈大。因此，假使群體強調「穿衣要高雅大方」，則合乎此項要求的人，較容易成爲意見領袖。此外，假使個人對產品的屬性知之甚稔，且知識很淵博，則此人成爲該項產品的意見領袖之機會甚大。又如果個人在社交場合中很活躍，而且在意見交流的過程中很開明，則成爲意見領袖的機率很高。總之，個人之所以成爲意見領袖，常因情境的差異而

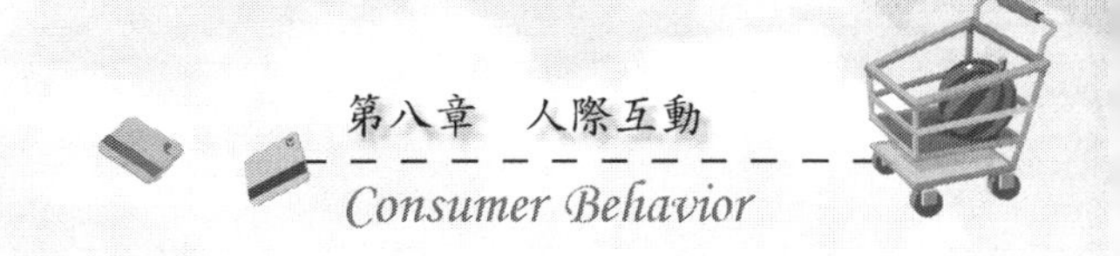

有所不同。

三、意見領袖行為的普遍性

一位在某類產品中的意見領袖，是否能同時爲其他產品的意見領袖呢？依照凱茲等人的看法，認爲一個人在某方面爲領袖人物，並不保證他在其他方面亦爲領袖人物。事實證明，個人很少在各方面都樣樣精通，而且都能成爲領袖人物。不過也有些研究顯示，在某方面爲意見領袖的人物，在其他方面也可能成爲領袖人物，雖然其間的關係不大。

著名的心理學家金恩與夏馬（Charles W. King & John O. Summer）深入研究六類產品的意見領袖行爲，包括包裝食品、婦女服飾、家用清潔用品與清潔劑、化妝品、大型器具和小型器具。初步發現，在所有的意見領袖中，只有百分之十三的人在四類或四類以上均爲意見領袖。由此發現更肯定了一種看法，即意見領袖普遍存在的可能性，並不多見。此外，該研究也發現：在某方面爲意見領袖的人，在另一方面也爲意見領袖，但在其他方面卻不見得是意見領袖。例如，食品方面的意見領袖，爲家用清潔器具領袖的可能性較大，而爲大、小器具或化粧品方面意見領袖的可能性較小；化妝品方面的意見領袖爲服飾方面意見領袖的可能性較大，而爲食品方面意見領袖的可能性較小；而大型器具方面的意見領袖，爲小型器具意見領袖的可能性最大。

總之，意見領袖常居於人際互動中的領導地位，雖然他們不見得擁有很高的地位和最大的權力，但他們常在朋友、鄰居，和工作夥伴中，對產品和服務提供一些意見和建議。因此，行銷人員或廠商絕不能忽視意見領袖對其他消費者的影響。蓋意見領袖歷程是深具動態性和影響性的，此乃爲人際互動中很重要的非正式溝通來源。因此，意見領袖是研究人際互動的消費行爲所不能忽略的一大課題。

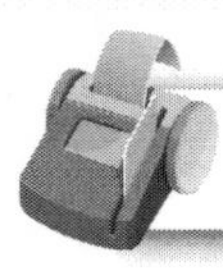

第五節　人際互動與行銷策略

人際互動既會影響消費者行爲，則吾人必須深入瞭解人際互動的形成基礎與過程，並掌握人際互動中的靈魂人物，從而訂定合宜的行銷策略。一般而言，消費者多多少少都會從家人、鄰居、朋友、工作夥伴、推銷員和大衆傳播媒體中，獲得所想要購買商品或服務的訊息；當這些經由人際互動所得來的訊息，能符合消費者的需求，則其採取購買行動的可能性就大大提高。因此，人際互動正是行銷人員所必須正視的。有關促進人際良好互動與人際知覺的行銷策略如下：

一、注意行銷形象

一件商品或服務能否交易成功，行銷人員的形象頗爲重要。固然產品或服務的屬性會影響消費者的購買意願，但消費者對行銷人員的印象與知覺，往往會轉移到對商品或服務的評價上。因此，行銷人員給予人一種清新、禮貌和服務周到的感覺，不僅有助於行銷者和消費者之間的互動，更能促成成功的交易。此爲人際互動對消費者行爲的影響因素。是故，廠商若有需要動用行銷人員，就必須對行銷人員進行人際關係與溝通的訓練，此將於本書第十六章中討論之。

二、善用意見領袖

誠如前述，意見領袖並不是擁有正式權位的個人，他可能是一位非正式的領導者。然而，廠商若要找出意見領袖，可以在社會群體和人際互動過程中去發掘。發掘的方法包括訪問法、社會測量法、關鍵資訊法

等，都可用來找出產品的意見領袖。由於意見領袖有較多的購買和使用經驗，他將會影響其家人、朋友、同儕和工作夥伴，這就是人際互動對商品行銷的作用。因此，善用意見領袖不失爲良好的行銷策略。

三、透過中介溝通

有些消費者對產品常抱著懷疑的態度，此時廠商若能以較婉轉或間接的方式，透過中間人的介紹，或許可修正消費者原有的態度，從而轉變爲採取購買行動。此種中介人士大多具有較專業的知識，或爲群體中的菁英分子，當然也包括意見領袖、親戚、朋友等。這些人往往是大眾傳播媒體和社會大眾間的傳聲筒。當資訊傳遞給中間人之後，再經由他們的詮釋、合理化、轉換之後，再轉達給一般社會大眾，其成效遠比公司直接傳播爲大。因此，透過中介溝通的方式亦不失爲人際互動的行銷方式。

四、增強產品試用

如果可能的話，增強產品的試用性，亦不失爲增進人際互動的購買行爲之方式。凡是可以品嚐或試用的產品，一般都比不能品嚐或試用的產品，具有更高的人際影響力。例如，可試吃的食品經過比較，可用以決定購買與否；而機器沒經過試用，無法判斷其好壞，將會影響購買意願。不過，可試用的產品比較不受他人意見的影響，而不能試用的產品往往要徵詢他人的意見。

五、因應消費特質

由於每個消費者的個別差異甚大，故而受他人影響的程度也有所不

同。有些人較具品牌忠實性或個人意見，很少受到人際的影響；有些人則無特定的消費習慣，常常參考他人意見，以致常受他人的影響。一個喜好交際的人，幾乎是無所不談，對商品的內容包括產品屬性、品質、性能和品牌等，故一旦購買時較易受他人影響；但對於固執己見的人，即使喜歡與他人交談，也不見得能受他人影響。因此，行銷上大部分都針對具有「他人導向」（other-oriented）性格的人，較少針對「自我導向」（ego-oriented）性格的人。

六、模擬人際影響

模擬人際影響最主要乃為運用於廣告上的策略。依據社會心理學家的看法，廣告效果類似於人際影響力。有時要在人際互動中找出具有影響力的消費者，並不是一件容易的事。因此，以廣告模擬人際影響，亦不失為一種良好的行銷策略。在廣告中若能給予消費者壓力，有時亦能促使消費者購買貨品。當消費者想購買某種產品時，固可從同儕、親友、工作夥伴身上求取訊息；但在有機會看到廣告後，就可省卻許多麻煩，而接受廣告中所傳達的訊息。因此，廣告若能運用名氣很大的人，來宣揚產品的優越性，也可激發消費者接納產品訊息。

總之，人際互動是會影響消費者行為的，行銷人員必須深入瞭解其中的奧妙，才能訂定出良好的行銷策略。基本上，要引發人際影響的作用，必須透過意見領袖、廣告等方式來運作；但產品本身和其他環境因素，也會影響產品的行銷，故要找出最佳的行銷策略，使人際互動發生影響，也必須作各方面的配合。因此，行銷策略的訂定尚需注重其他因素的影響，以下各章將繼續進行這些探討。

第九章　參考群體

Consumer Behavior

第一節　參考群體的意義

第二節　參考群體的類型

第三節　群體結構與功能

第四節　群體影響力

第五節　參考群體在行銷上的運用

在人際影響中，除了兩人之間的人際互動會影響消費者行爲外，群體的動態關係也會左右消費者的決策與購買行動。消費者除了處於許多小群體之中，也可能參考其他群體而影響其行爲。因此，參考群體乃是吾人必須加以重視的課題。本章首先將闡釋參考群體的意義，因爲它常是消費者據以實施消費的模仿對象。其次，吾人將討論社會中可能存在群體的類型。然後，敘述群體內部互動對消費者可能產生的影響。再者，吾人將分析群體的功能與影響力，最後敘明參考群體在行銷策略上的運用。

第一節　參考群體的意義

人是社會的動物，也是社會群體的一分子，因此難免受到群體互動的影響。所謂群體（group），是指由兩個人以上進行交互行爲而產生相互認知，並建立共同規範，而欲達成共同目標的組合體。此種組合體具有共同目標、行爲規範、群體意識、群體凝聚力和制約力，可以是正式的，也可以是非正式的，但至少都有某些程度的心理結合。

至於所謂參考群體（reference group），是指個人用來評價自己價值觀、態度與行爲的群體，亦即爲對個人的價值觀與行爲會產生影響力的群體。它可能是個人所屬的群體，也可能是個人心嚮往之，但未正式加入或參與的群體。易言之，個人行爲、信念與判斷等，都會受到參考群體的影響，且群體規範常爲個人行爲的準繩。當然，每個人的參考群體並不限於一個，而且不同的參考群體都具有不同的功用，並從不同的方向來指導個人。

對個體而言，參考群體實具有兩種作用：一爲社會比較（social comparison），就是個人透過和他人的比較，用以評價自己；另一爲社會確認（social validation），就是個人以群體規範爲準繩，用來評

估自己的態度、信念與價值觀。基於這兩種功能，參考群體常對個人行為產生影響。在消費行為上，消費者個人對產品的偏好、刻板印象（stereotype），與消費者的從眾行為，如購買或拒買某些產品，都可由參考群體中表現出來。

就社會比較觀點而言，個人會將自己的特性和他人作比較，若個人感覺到與他人相同度高，則他必認同該群體的規範，且順從其影響。就消費行為而言，當群體關係密切或凝聚力較高時，消費者受到群體的影響較大，甚而選購同一產品和品牌的機會也愈大；而成員在感受到他人的同一選擇後，其一致性又更高。如此正性循環的結果，又增強了群體凝聚力。

再就社會確認而言，個人如果確定自我的信念、態度與行為和群體規範一致，則他將更確信群體的規範，否則他會深感不安，甚至重新尋求其他參考群體及其規範。在消費行為上，消費者有時會表現與群體其他分子一致的購買行動，而不願顯示與眾不同的特性，即為此種心理的顯現。在行銷上，行銷人員可利用社會確認作用，加速新產品的擴散速度。因為消費者對新產品看法愈一致，人際間的溝通效果愈大，此可稱之為口碑效應（word-of-mouth effect）。

總之，參考群體是消費者表現其行為所可能學習和模仿的對象，它可能是一個群體，也可能是一個人。它可能是消費者自身所屬的群體，也可能不是自身所屬的群體，但卻是心儀的群體。它可能提供消費者作社會比較，也可能提供消費者作社會確認。同時，它能提供消費者產品訊息，並提供其承諾群體規範，並顯示自身的價值。

第二節　參考群體的類型

群體類型的分類方法甚多，在社會學上的分類尤爲紛雜。有以成員關係親密的程度來劃分者，有以成員組合時間久暫來劃分者，有以成員能否自由加入來區分者，也有以群體組成人數的多寡來區分者，也有以成員是否具有一致性特質來區分者，也有以成員在組織階層的縱橫關係來區分者，更有以群體所附類屬來區分者，其種類甚雜，差異甚大，可謂不一而足。本節僅就與消費行爲相關的參考群體，分述如下：

一、依正式程序與否的分類

參考群體有些是爲了完成組織所賦予的任務，而依一定程序組成的，此種群體稱爲正式群體（formal groups）。這些群體包括組織的工作部門、委員會、管理小組等。基本上，此種群體固係依正式結構而形成，但其成員仍有共同意識與相互認同。至於非正式群體（informal groups），純爲人員交互行爲所構成。當然此種群體也可能以正式部門或單位爲基本架構，但卻不限於正式單位或部門的活動。此種群體成員純係經過自然交往而組成，其間關係可能是重疊性的，且不是精心設計的結果。其基本目標，乃在滿足成員需求，常運用群體規範和社會制約力來規制成員的行爲。

在消費行爲上，正式群體較受到行銷人員的重視，因爲這類群體規模較大。不過，非正式群體較具凝聚力，一旦其發揮影響力，則消費行動是驚人的。這可從日常生活中的購買行爲窺知一二。此外，非正式群體的消費行爲多屬於規範性者較多，而正式群體多屬於比較性的影響，後者在較多的產品或活動上產生影響。因此，行銷人員必須注意群體的

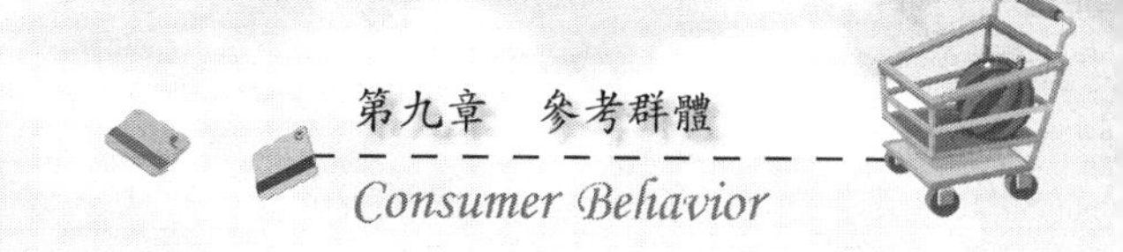

屬性，採用不同的行銷策略。

二、依成員親密程度的分類

參考群體若以成員親密程度，可分爲初級性群體（primary groups）與次級性群體（secondary groups）。初級性群體又可稱爲直接性群體或基本群體，意指群體成員間以面對面（face-to-face）爲基礎，而直接發生交互行爲關係的群體。此種群體的成員情感十分密切、親近，且對群體忠心耿耿。此種群體包括家庭、夥伴、鄰居等。在此種群體中，個人行爲逐漸社會化，以滿足各種需求。在消費行爲中，許多購買決策、產品的選擇、購買意願等，都受到此種群體的影響。

至於次級性群體又稱爲間接性群體或衍生性群體。此種群體的成員關係是間接的，且其規模較龐大，關係較疏遠。此種群體大多係基於效用或利害關係而成立，透過此種群體的作用，個人乃得以達成特定目標。當然，次級性群體也可規範個人行爲，但其制約力遠比初級性群體爲小。故次級性群體對消費者行爲的影響力，遠不如初級性群體；但由於其規模較爲龐大，一旦購買產品，其購買數量較多。

三、依成員趨避程度的分類

依群體成員趨避的程度，可將參考群體分爲心儀群體（aspiration groups）和規避群體（dissociative groups）。所謂心儀群體，是指爲個人所嚮往或想參加或已參加而不想退出的群體。此種群體是合乎消費者信念和價值觀的群體，可能是個人已參加的群體，也可能是未參加的群體。此種群體對個人而言，極具吸引力，而希望能得到其成員的認同。例如，高爾夫球俱樂部、某些社團等都可能是令人心儀的群體。此外，消費者喜歡模仿歌星、球星、名人、專家的穿著，這些也都屬於心儀群

體。

至於規避群體是個人所不喜歡或極想很快脫離的群體。此種群體的規範和信念，是個人所想逃避的。例如，飆車族固爲少數青少年的群體，但卻是大多數人所欲規避的群體。在消費行爲上，規避性群體較少被明示出來，畢竟它是爲人所不欲的。

四、依直屬群體與否的分類

依成員是否直接屬於某種群體而分，參考群體可分爲成員性群體（membership groups）與象徵性群體（symbolic groups）。凡是成員具有某種群體成員資格或參與某個群體者，即爲成員性群體。例如，個人爲高爾夫球俱樂部的成員、社團團員、管理小組組員，則這些群體都是成員性群體。然而，若個人不屬於某個群體的成員，或未具該群體成員資格，但卻認同或仰慕該群體的價值觀、態度和行爲，甚或表現出與該群體規範一致的行爲，則此種群體爲象徵性群體。例如，棒球隊就是棒球迷的象徵性群體，就消費行爲而言，成員性群體的成員是相互影響的，而象徵性群體成員的各種購買行爲也常是其他人所模仿和學習的對象。

五、依是否具有規範的分類

依據是否對成員具有規範性行爲的標準來分，參考群體可分爲規範性參考群體（normative reference groups）和比較性參考群體（comparative reference groups）。規範性參考群體影響消費者的基本行爲模式，它是能夠影響消費者一般性或普遍性價值觀和行爲的群體。例如，家庭就是個人的規範性參考群體，它會規制個人應購買何種產品、如何購買產品等。

至於比較性參考群體會影響消費者特定的態度和行爲表現，它是只作特定或有限消費態度與行爲標竿的群體。例如，鄰居就是消費者個人的比較性參考群體，它可以使消費者比較如何選購家具和車子、穿著的品味、旅遊的方式和頻率等。就某種程度而言，比較性參考群體對消費者的影響效果，和早期規範性參考群體所建立的基本價值和行爲模式有關。因爲如此，才能比較其購買與消費行爲。

總之，參考群體可以是任何個人或任何群體，它可提供個人比較或參考的基點，引領個人形成特定的價值、態度或行爲模式。吾人可藉由參考群體的類型，檢視參考群體對個人消費信念、態度和行爲的影響效果；且可運用參考群體的影響力，以改變消費者的態度與行爲。

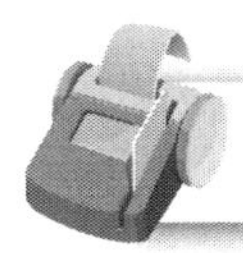

第三節　群體結構與功能

消費者所屬群體的結構以及消費者本身在群體中的地位，將影響彼此的消費動機和行爲。因此，群體結構乃是行銷人員所必須瞭解的。其次，群體對個人和社會體系都有它本身的功能，這些功能同樣左右消費者的購買決策與行爲。是故，群體功能也是吾人必須探討的主題。本節將分述如下：

一、群體結構

群體結構除了取決於個別成員在群體中地位、角色、勢力等的交互行爲外，尚爲群體內所有成員的溝通關係所決定。有關地位、角色、勢力的互動關係已於前章討論過，此處只探討成員間的溝通關係。基本上，群體之所以有結構，乃是基於成員彼此互動的結果，此種互動有時

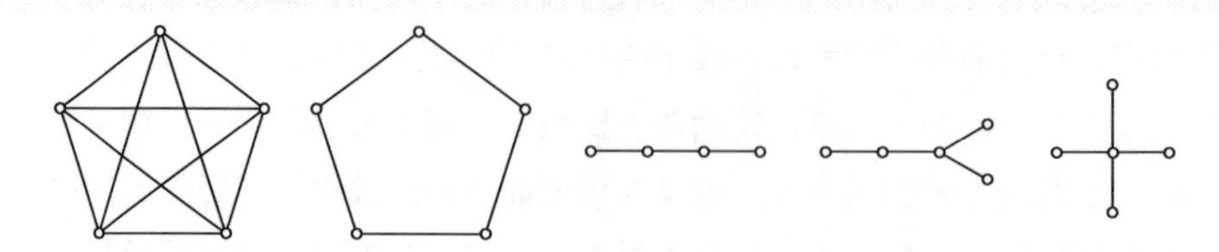

圖9-1　團體溝通類型圖

是由溝通網路所構成的。蓋所謂結構，就是指在社會體系中，已經成為標準化的任何行為模式。無論群體是否有一定的正式程序，此種互動模式乃決定和影響群體成員的行為。因此，群體結構是非常動態化的。

群體內溝通既已具備機動化、非正式形式，然則應如何觀察其溝通關係呢？一般群體溝通有四種向度，即溝通網絡、溝通方向、溝通內容和溝通干擾，其中以溝通網絡最為明確，可看出群體成員的地位。在消費者行為研究中，若能掌握住誰是群體中的領導分子，就可瞭解誰最可能是意見領袖，且可瞭解哪些成員是群體中的分子。一般群體的溝通網絡，可以五種類型為代表，如圖9-1所示。

該圖形是假設有五個群體，均由五人所構成，其中線段代表溝通路線，則各個群體溝通路線的安排與數目都不相同。因此，各個群體成員的地位亦各不相同。此時個別成員對他人的影響力也不相同，在消費行為的表現上也是如此。根據這些圖形顯示：網式與圈式溝通群體所表示的，乃為五個成員的地位相當，角色運作與影響力相同，在消費決策上的影響力相同，每個人都隨時可能是意見領袖。鏈式溝通群體以最中間成員最可能是意見領袖，Y型溝通群體以分叉點的成員為意見領袖，輪式溝通群體則以中樞點成員為最具意見領袖資格。

當然，群體既是具有非正式和動態性質的，則其結構隨時都會發生變化，每位成員隨時都有可能成為意見領袖。不過，若以平常不斷溝通

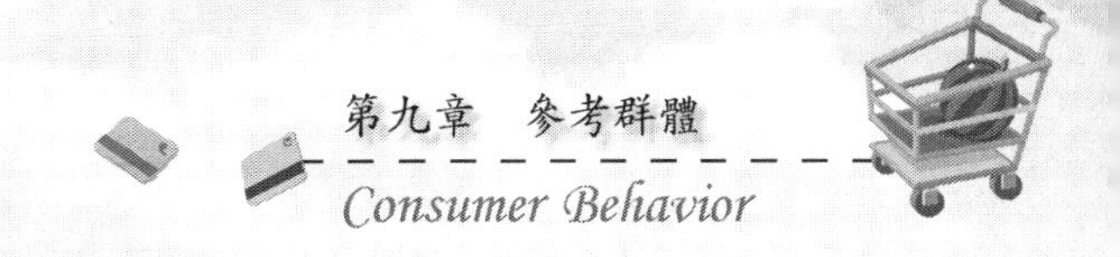

的角度而言，某些意見領袖本就具有某些特質，以致常影響其他成員的購買決策和行動。由此，吾人從群體結構來觀察成員的溝通關係，至少能掌握到意見領袖的存在，以便在行銷上擬訂出一些順應性的行銷策略。

二、群體功能

參考群體對消費者所可能實現的功能，將影響消費者的購買動機、決策和消費行爲。蓋群體的基本功能，就是在滿足成員的需求與願望。一般而言，群體具有保護個人，避免受到外在威脅和侵害的作用；也可以幫助個人達成某些社會目標。因此，群體是協助個人達成目標的工具之一。茲細述如下：

(一)提供社會滿足

群體可幫助個人建立社會認同感，給予個人地位的承認，亦即使成員產生歸屬感與安全感。由於群體成員有社會互動的機會，故能得到社會讚賞和社會助長作用。此種群居性和社會性，提供群體成員滿足其社會需求。在消費行爲上，群體成員購買同樣品牌的產品，穿著類似的服飾，都可得到相互認同，甚至彼此讚賞。有時，個人穿著比他人光鮮，也可能成爲他人模仿的對象，尤其是領袖人物更是如此。

(二)建立溝通管道

群體的溝通系統，係建立在成員的社會行爲上，是由成員的交互行爲所產生的。因此，群體常能傳遞某些類型的訊息。此外，群體也是成員情感上的安全活塞（safety valve），如果成員在某些方面感到不愉快，常可藉以相互傾吐；透過此種友誼的交談，常可發洩不滿情緒。在消費行爲上，有許多消費訊息都是透過群體而傳遞的；甚至於某些產品的有利或不利的消息，都經由群體成員的相互傳播，而影響其他成員的

購買決策。

(三)肯定自我價值

群體常幫助個人建立自我價值感。個人可從群體內其他成員的眼光中，衡量自己對整個群體的價值與貢獻。假如個人能贏得他人的尊重，且他人認爲個人是有貢獻的，則個人亦能尊重自己，且肯定自己。例如，個人採取與其他成員一致的行動，常能肯定自我的價值感。此與社會認同性有相當的關聯性。在消費行爲上，個人如穿著與衆不同的服飾，常受到其他成員的白眼，就無法獲得自我價值感；但如果他的穿著帶有示範作用，不但不會受到排擠，甚而可凸顯自我價值感。

(四)增強自我概念

群體可增強個人的自我概念。群體會影響成員的態度與價值觀，並塑造及決定個人的自我概念。一旦個人的看法和判斷獲得群體的支持，個人的自我概念亦可獲得增強。否則，若個人的看法和判斷不能得到群體的支持，將無法建立起自我概念，更甭論自我概念的增強。在消費行爲上，個人買對了物品，或凸顯自己的所有物，即在群體中顯現自我的概念。

(五)形成社會控制

社會控制是用以影響或規制成員行爲的力量。社會控制有內在和外在之分：內在控制係指群體的文化規範與標準，促使成員採取一致行動的制約力而言；外在控制則指群體外在力量對該群體行爲的約束力而言。其他群體對某個群體的壓力屬於外在控制，而群體本身的規範則屬於內在控制。每個群體都有其行爲標準，故而其成員必然會遵守群體要求與準則。群體即依此準則，來控制成員的行爲，使其產生從衆傾向。在消費行爲上，群體成員購買或拒買某些產品，就是群體控制作用的結果。

(六)影響成員動機

動機是個人行為的原動力，而個人動機會受到各種群體作用的衝擊，包括個別角色的形成、社會化，和其他成員形成親密關係等，都可能影響個人動機。由此可知，消費者個人的動機與消費行為、消費水準等，都會受到所屬群體動機和消費水準的影響，尤其是個人的參考群體對其影響更大。

(七)左右個人態度

個人態度是由認知、情感與活動等要素所組成的，而群體成員係依據活動、互動與情感而形成其結構。由是，個人態度乃受到群體成員交互影響和個人經驗而形成。顯然地，群體本身就是一種社會系統，它會影響群體成員間的交互行為、活動與情感。所謂交互行為是指成員間的交往，相處在一起等；而活動是指個人對他人與事物所採取的行動；至於情感則指個人對群體成員與事物的感受和態度。其結果，乃為成員間的交互行為導致情感的產生，並引發新的活動；又形成進一步的交互行為。隨著個人間交互行為次數的增加，成員間的友誼提高，則其間的活動也愈頻繁。在消費行為上，個人的消費態度即是在這種情況下產生的。

(八)塑造個人知覺

群體成員及群體內部的交互行為，也會影響個人的知覺。一般而言，知覺具有選擇性與組織性，消費者即透過知覺的作用，賦予外在環境和訊息以不同的意義。同時，透過群體結構與功能的運作，影響群體內部的溝通，更進一步影響了個人的知覺活動。這些知覺活動對消費者於產品的看法、態度、購買決策及購後行為表現等，都有相當程度的影

響。

總之，群體是動態的。吾人只有從群體動態觀點來探討消費者行爲，才能獲致正確的結論。易言之，廠商必須瞭解群體結構、功能以及群體內的各種交互行爲，才能把握住消費者行爲的神髓。蓋個人與他人形成群體，乃係基於互惠的立場，以致彼此間有了相互影響力；個人從他人的讚賞中得到社會滿足感，增強互動關係，肯定自我價值，堅定自我概念，形成社會控制作用，並影響個人的動機、態度與知覺。這些都可能左右消費者的行爲。

第四節　群體影響力

群體有一定的結構，並對成員發揮一定的功能；惟這些必須透過群體影響力來運作。本節將依群體影響力的一般概念、決定群體影響力的因素，和群體影響力與購買行爲的關係等三部分，分述之。

一、群體影響力的一般概念

群體對個人的影響力，主要來自於兩方面：一爲群體的社會助長作用，一爲個人的從衆行爲傾向。所謂社會助長作用（social facilitation），係指群體會給予個人力量與支持，以協助個人完成其目標之謂。易言之，社會助長作用即指個人在群體情境下，比其在單獨情境下，更能增強其動機；但有時卻也會阻礙思考性作業與新技能的學習。至於社會從衆傾向（social conformity），則指個人在群體情境下，往往會受到群體壓力（group pressure）的影響，而在知覺、判斷、信仰或行爲上，與群體中的多數人趨於一致之謂。通常社會助長作用與社會從衆

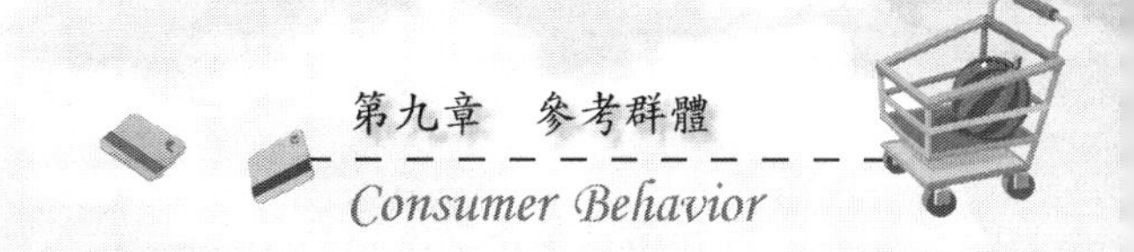

傾向是相互爲用的。

一般而言，群體對個人愈重要，且愈富吸引力，則群體的影響力愈大。且個人與群體間的關係也決定群體對個人影響力的大小。當個人在群體中扮演的角色愈重要，以及個人被群體成員接受的成分愈高，群體影響力也愈大。例如群體領袖擁有較大的權力，但其所作所爲必須合乎群體規範，以致他受到群體的影響力也大。還有，當個人進入或加入困難度愈大的群體，則個人愈會以身爲群體的一分子爲榮，且會更服從群體的規範，而表現出從衆行爲傾向。

更進一步言，群體生存的主要條件之一，乃爲群體對個人施予壓力，使個人行爲合乎群體價値觀、規範與信仰，並把任務分配給個人。在工作群體中，工作規則必然包含某些條文，要工作者達成工作要求，否則必受懲罰。易言之，個人行爲必須合乎群體成員的要求，此即爲從衆行爲。至於其他群體分子也常彼此學習，相互模仿，此即爲社會助長作用。然而，個人並不一定都能在各種情境下產生從衆行爲。一般而言，個人常依各角度去衡量從衆或不從衆的得失；當個人發現自己不從衆，會破壞良好的社會關係時，則個人會表現出從衆行爲。

同樣地，非正式群體也會要求群體成員服從群體規範，以維繫群體的存在。雖然此種群體規範並沒有明文規定，但足以制約群體成員的行爲，使其產生從衆行爲傾向。有許多實驗研究證明，不管在正式群體或非正式群體中，群體成員確有從衆傾向的存在。不過，影響成員從衆或不從衆的因素各異。

根據費士亭格（Leon Festinger）的研究指出，群體影響力有下列來源：(1)群體分子對異端分子會加以排斥；(2)個人希望留駐在群體內；(3)個人的意見和態度會寄託在某些群體分子身上。假如群體規範愈爲明顯或具體，則群體對其成員的影響力愈大；如果個人想留在群體內的動機愈強，則個人的從衆傾向愈大。然而，假如個人所參與的群體愈多，或個人興趣愈廣泛，則群體內的意見溝通對其影響力就愈小。

此外，個人行爲並非完全合乎群體期望，有時也會表現非從衆傾向。心理學家佛蘭西（C. French）即曾發現：許多績效高的推銷員往往不滿意於自己所屬的群體，反而認同別的參考群體。亦即他們心向著地位較高的職業團體，而輕視自己的推銷團體及其成員。然而，不同的個人在群體中，有些比較會表現從衆行爲，有些則否。造成其間差異的原因，乃爲從衆傾向較高的人，其早期家庭環境較爲良好、安定；而非從衆傾向較高的人，大多來自於破碎家庭，或童年環境較不安定者。一般而言，這兩種性格的差異如表9-1。

表9-1　從衆傾向與非從衆傾向兩種性格的差異

非從眾傾向高	從眾傾向高
1.是一位有效的領袖。	1.尊敬權威，具服從性，是一位容易相處的人。
2.具說服力，要別人同意他的看法。	2.喜歡從眾，聽命行事。
3.能夠聽別人的忠告及再保證。	3.興趣狹窄。
4.富於機智，能隨機應變。	4.過度控制衝動，壓抑傾向高，行為拘謹。
5.積極而活潑。	5.優柔寡斷，難作抉擇。
6.好表現而精力充沛。	6.處在壓力下，會緊張慌亂，手足無措。
7.追求和尋找美感。	7.對自己的動機與行為缺乏瞭解。
8.順其自然，主張絕對自由，不受群體影響。	8.容易接納他人意見，非常重視別人對自己的評價。

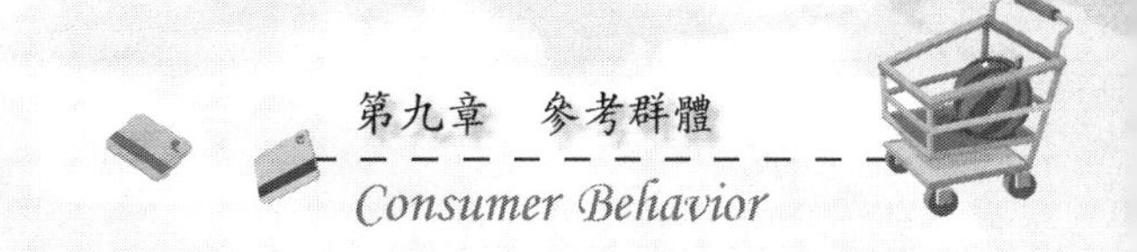

二、決定群體影響力的主要因素

群體對個人的影響力有很多因素，且各種因素的影響往往有很大差異。此處將就消費行爲的觀點，討論決定群體內影響力的因素。一般而言，參考群體對消費者行爲的影響程度，須視群體和產品本質，以及特定社會因素而定。這些主要因素包括：

(一)群體中影響者的知識與經驗

在群體中，凡是擁有第一手產品或服務經驗，或者能輕易取得相關資訊的人，比較不容易接受他人的建議與行爲影響。相反地，一個經驗不足、知識有限，或根本不想搜尋或接觸相關資料的人，就比較希望他人提供資料或分享他人的經驗。因此，群體中知識與經驗較豐富者，遠比知識或經驗不足者更具群體影響力。但知識或經驗不足者，比經驗和知識豐富者，更具從衆傾向。

(二)參考群體的可信度與吸引力

一個具有高度可信性和吸引力的參考群體或個人，比較具有影響力，且能影響他人的行爲。在消費行爲上，當消費者不瞭解產品或服務的使用效果和產品品質時，他會找尋值得信賴、知識豐富的資訊提供者來提供意見。因此，可信度和吸引力乃是參考群體的影響力之來源。

(三)產品本身的耀眼性與突出性

消費者的消費行爲不見得完全受到參考群體或個人的影響，有時也會受到產品本身特性的影響。當任何產品本身非常突出、與衆不同而受到矚目，以致受到參考群體的推薦時，更能對他人具有影響力，因而誘發其購買行爲。例如，新款式的汽車、流行的服飾等，很容易受到參考群體的影響；而一般性、外顯性低的產品，則不易受到參考群體的影響。

總之，在消費行爲上，決定群體影響力的因素，有來自參考群體特性者，也有來自於產品本身的特性者。這些因素的組合將影響消費者的購買行爲，以下將繼續進行這方面的討論。

三、群體影響力與購買行爲

一般而言，參考群體對消費者購買行爲的影響是多方面的，其中最主要的有三方面，包括規範性影響（normative influence）、價值顯現的影響（value-expressive influence）和資訊的影響（informational influence ）。茲分述如下：

(一)規範性影響

所謂規範性影響，就是群體會透過其規範給予個人壓力，使得個人必須遵守規範的標準和守則。當然，就參考群體而言，此種壓力的規範是自然產生的，並不是一種強迫力量。只有如此，個體的行爲才能與群體一致，而稱得上是眞正的群體。消費者的購買行爲即依據此種過程而自然產生，尤其是當個人在面對模糊的刺激情境時，更是如此。例如，個人面對許多廠牌產品的競爭時，消費者會向群體的其他分子打探消息，或參考所心儀的群體，而作購買決策，以求符合該群體的規範。甚而，非正式群體也會影響到個人對品牌的偏好，因爲個人偏好會與群體所要求者一致。

(二)價值顯現的影響

群體對消費者的另外一項影響，就是價值顯現的影響。無論個人是否是直屬某個群體，或他只是仰慕某個群體，這些群體所顯現的價值觀正是消費者所認同或模仿的對象和目標。當個人覺得使用某種產品，可增進別人對他的印象，或是成為他所希望的成功形象時，他自然會採納他人或群體所採用的產品，這就是群體所顯現的價值影響了個人。例如，消費者會觀察他的偶像所使用的產品品牌，認為這種品牌會引來別人的注意、尊敬和羨慕，此時他自然也跟隨選購該項品牌的產品。

(三)資訊的影響

參考群體對消費者最重要而直接的影響，就是資訊的影響。就資訊傳播的觀點而言，消費者最常吸收資訊的對象就是群體內的成員。通常消費者想要購買某項產品時，會向朋友、同學、家人、同事、鄰居等探詢相關產品和品牌的資訊，以作為選購產品的參考。尤其是有些產品單從外表來看，無法得知產品的眞正功能與實際品質時，消費者就更需要他人的意見。這就是群體對消費者發揮了資訊的影響力。

總之，參考群體對消費者的購買行為，絕對具有影響力。此種影響力不僅來自於群體的內部成員或所景仰的對象，有時也會源自於行銷人員。假如行銷人員能夠以其專業的角度，來引導消費者，提供足夠的資訊，說明產品的功能、效用與眞正價值，則必能使消費者接受其所提供的產品，終而達成交易成功的機會。

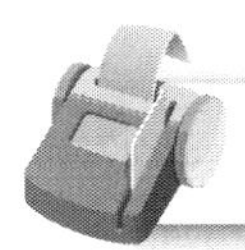

第五節　參考群體在行銷上的運用

個人在社會上有許多自身所附屬或所屬意的參考群體，這些參考群體都會影響個人行為。當個人在採取消費行為時，也會受到這些參考群體的影響。蓋這些參考群體常提供個人許多意見、價值、信念與判斷，從而使個人決定是否購買及購買何種產品。易言之，參考群體對消費者購買行爲總是有影響的。在行銷上，參考群體的意義及運用策略如下：

一、決定產品所代表的意涵

假如產品是個人所需要的，且個人對之深具好感，則該產品是正價的。相反地，若個人對產品的看法不佳，或產品的屬性會引發個人的不快，則該產品是負價的。由此可知，產品的正價或負價，主要係來自個人主觀的看法；而個人的看法則多少始自於參考群體的影響。由於每個群體都有一套各自的群體規範，此種規範正足以影響其成員的行爲。就消費行爲而言，參考群體可以影響產品的種類，及決定產品的規格與樣式等產品性質。因此，參考群體可能影響到消費者對品牌的選擇，以及對產品的購買。**圖9-2**即爲各種產品的購買與品牌的選擇，受到參考群體影響的情形。

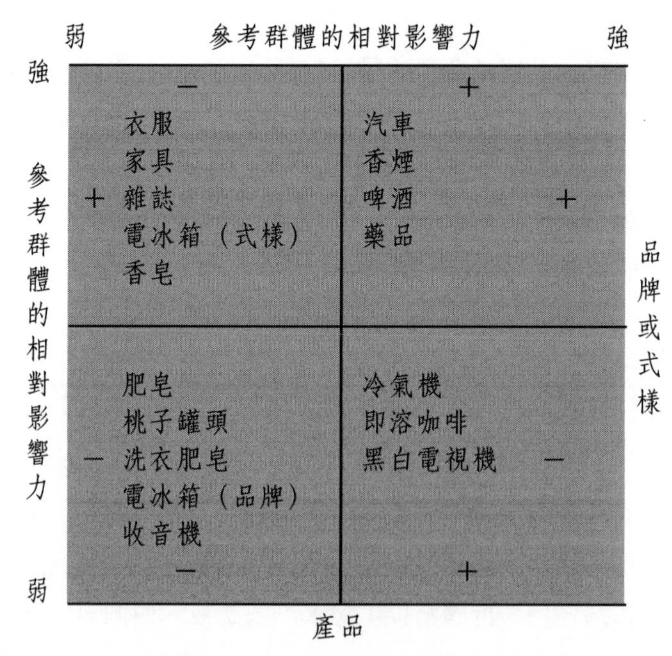

圖9-2　參考群體對各種消費產品的購買及品牌的選擇之影響

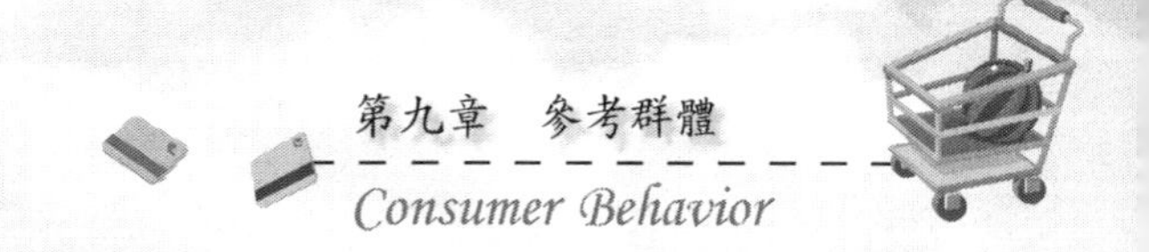

該圖左上角說明了參考群體影響消費者對品牌的選擇，但不影響對產品的購買；右上角則說明參考群體對品牌的選擇與產品的購買與否都有影響。右下角說明參考群體對產品的購買有影響，而對品牌的選擇無影響；左下角則代表參考群體對消費者產品的購買與品牌的選擇都無影響。

不過，何以有些產品受到群體的影響大，有些則否？此乃牽涉到產品特出性（product conspicuousness）的問題。一般而言，產品特出性決定了群體影響力的大小。產品特出性包括：(1)產品必須容易被看到，或容易爲人指認；(2)產品必須奇特，而爲人所注意到。產品如果易於被看到或被指認，而且比較奇特，則容易受到群體的影響。相反地，如果每個人都擁有該項產品，則此種產品就不足爲奇，而不會引人注目了。

由此觀之，參考群體常能反映出產品所賦予的意義。在行銷上，行銷人員若想引發消費者的注意，就必須透過參考群體的運作；而參考群體的運作需產品本身具有突出性，且能擺設在顯眼的位置，最好能搭配亮麗的廣告，再加上名人、明星的宣傳，自能吸引消費者的注目。

二、分析產品的人際溝通系統

行銷人員透過對參考群體的研究，亦可分析人際間的溝通系統，並據以探討產品擴散和口頭廣告間的關係。根據消費心理學家史塔福（James E. Stafford）的研究，假如參考群體的凝結力愈大，則群體分子的從衆傾向愈強，且非正式意見領袖愈能影響成員的行爲。在品牌偏好方面，假使群體領袖的品牌忠實性很強，則群體中其他分子也有偏好此種品牌的傾向，甚且因而形成了品牌忠實性。

此外，人際溝通系統對產品行銷與否，也有重大關係。人際間的口頭廣告與口碑效應，往往是消費者購買行爲的主要因素。個人常透過鄰居、同事、朋友等參考群體的意見交流，而決定了購買動機與行爲。

三、分析消費系統的結構因素

參考群體可以用來分析消費系統，並找出決定消費系統的主要因素。通常參考群體是決定社會階級的主要因素，也是市場區隔的基礎之一。因此，透過參考群體的分析，可以瞭解整個消費系統的結構，並據以作爲市場區隔的依據。

當廠商推出一件新產品時，總希望該產品能很快地爲消費者所接受。此時，他可透過參考群體的影響，以擬訂有效的行銷策略。例如，以廣告強調參考群體的其他分子都採用此種產品，以激起潛在使用者的購買；並利用行銷人員說明，使用此種產品可提高消費者在參考群體中的地位，或贏得群體分子的讚賞；建立產品的轉售計畫，由零售商提供場地，以群體決策爲主，共同討論購買新產品的利益等。

此外，個人對產品感興趣的程度、群體分子間熟悉的程度、產品對家庭的重要性、市場區隔的技巧，以及其他因素都很重要。因此，對不同參考群體要採取不同的行銷策略。惟迄目前爲止，對何種群體應採用何種策略，並未獲得具體的答案。

第十章　家庭決策

Consumer Behavior

家庭是人類生活中最基本和最重要的一種群體。它是人類群體的主要類型與代表。人類的許多活動都是由家庭中放射出來的，其中也包含著消費活動。對購買行為而言，家庭是一個決策單位。雖然在決策時，有人可贊成，有人可反對，但全家人都有發表意見的機會。同時，有些家庭會以某人為購物的全權代表，但大多會以大家的意見為依據。因此，在購買行為上，家庭成員都或多或少，直接或間接地擁有若干影響力。本章首先將探討家庭的含義及其變遷，其次研析家庭成員的消費社會化，和家庭功能與消費的關係；然後分析影響家庭購買決策的因素，據以討論家庭決策與消費行為的關係。同時還必須闡明家庭生命週期對消費行為的影響。

第一節　家庭的含義及其變遷

家庭是所有社會的基本單位，也是消費市場最重要的單位。個人的消費理念、習慣、動機和購買何種產品等，都是由家庭中養成的。此外，許多商品的購置都是以家庭為購買單位。因此，家庭在消費行為中的地位相當重要。易言之，大部分的購買行為都是由家庭中放射出來的。舉凡人類日常生活中的消費，包括食、衣、住、行和育樂等產品和服務，都是任何家庭所需要的。是故，家庭的購買決策實掌握了消費市場上的大宗。此為吾人必須探討家庭決策的原因。

傳統上，所謂的家庭是指一男一女和其子女所結合的社會單位。有些學者認為：家庭是兩個或兩個以上的人，由於婚姻、血緣或收養的關係所構成的團體。依此，家庭乃為人、住所和關係的組合。人是構成家庭的分子，關係是指婚姻關係、血緣關係或收養關係，住所是指住處或固定的居住場所。就消費行為的觀點而言，人是指消費者，關係會影響消費動機與行為，住所則由產品和服務所建構完成。

我國民法第一一二二條說：「家是以永久共同生活爲目的而同居之親屬團體。」可知所謂家庭，是指夫婦、親子、兄弟等親屬所結合的團體。一般家庭成立的要件有三，一爲親屬的結合，二是通常包括兩代或兩代以上的親屬，三是比較具有永久的共同生活。由於這些要件，乃能與消費行爲具有關聯性。因爲家庭和家族不同，家族只是家庭的擴展，家庭則爲同居共財，而家族只限於血統關係。由此可知，家庭的三大基礎，如生物基礎、感情基礎和經濟基礎等，將促動消費行爲與動機。

此外，由於家庭的建構，其所形成的家庭背景，如家庭經濟狀況、社經地位、收入、文化水準、父母婚姻狀態、子女教養方式、親子關係、家庭氣氛和宗教信仰等因素，都可作爲市場區隔的標準。因此，這些因素都是吾人探討消費行爲所必須重視的課題。

當然，家庭的概念常隨著時代與社會的變遷，而略有差異，只是其基本特質仍是不變的。此乃因家庭的組成分子、結構和成員所扮演的角色，常隨著不同的時空而處於變動狀態之故。在傳統上，家庭可以延伸到整個家族的層面上，家族中最年長者主持家計（households），掌握經濟大權和購買決策。惟隨著時代的演化，此種情況已日漸減少，甚或不存在，於是許多不同型態的家庭已逐漸出現，且形成不同的消費型態。

在今日社會中，存在著四種家庭型態：小家庭（married couple family）、核心家庭（nuclear couple family）、延伸家庭（extended couple family）和單親家庭（single-parent family）。小家庭是最簡單的家庭類型，只有夫妻兩人所組成，其當然包括尚未生育的夫妻，或小孩已長大的老夫老妻。核心家庭則指夫妻和兒女所建構的家庭，是目前最普遍的家庭型態。延伸家庭是由核心家庭再加上祖父母共居的家庭；此種家庭由於兩代之間的代溝，或就業、遷居的關係，已日漸解組。

由於近代社會風氣的改變，今日家庭常因分居、離婚、配偶亡故或非婚生子，而有所謂單親家庭的出現。此種家庭型態乃是由父親或母親

單獨扶養一個或多個子女，此種情況比其他型態的家庭，有日漸增加的趨勢。

當然，上述四種家庭型態常因社會演化和文化差異而有所不同。例如，歐美地區國家的家庭，普遍以核心家庭爲典型的家庭型態；而東南亞地區國家的家庭，大多仍以延伸家庭爲最普遍。不過，由於每個地區或國家的家庭型態不同，其消費型態與行爲也常大爲迥異。此種差異常表現在購買決策權力、消費社會化、消費角色運作、消費影響力、家庭生命週期等消費行爲上。

第二節　家庭成員的消費社會化

人類行爲是要經過社會學習的，此種社會學習以家庭爲基礎，然後逐漸擴展到鄰居、社區、學校、職業團體，以及整個社會大衆。由此可知，家庭是個人社會化的基本單位。個人的消費社會化亦是如此。個人自出生以來，即在家庭中由家庭成員，尤其是父母，教導如何消費，應購買何種產品，如何選擇產品，去何處購買，應以何種途徑購買等等，逐漸對產品和服務有了認知，並養成其消費習慣，形成消費行爲。易言之，家庭對消費者行爲的影響，最主要係依家庭內的社會化過程。因此，家庭成員的消費社會化，乃是吾人必須探討的一環。本節將分爲消費社會化的含義、兒童的消費社會化和成人的消費社會化三部分研討之。

一、消費社會化的含義

在討論消費社會化之前，吾人宜先瞭解社會化的意義。所謂社會化（socialization），是指個人處於社會環境中與他人發生交互行爲，而從中學習和模仿他人行為，以致產生合乎社會文化規範的行為，並表現出個人獨特的自我人格之過程。此種過程是要學習和訓練的。因此，社會化就是個人和社會溝通的中介歷程。易言之，個人自出生以來，他的思想、感覺、信念、作法、行動和對事物的看法，都與其成長的社會中其他人相似。此種經由自然人發展為自我社會性的過程，就是個人的社會化歷程。社會化過程就是由一連串的社會學習活動所構成的。

個人最初接觸到的社會化機構，就是家庭。其次是鄰居、親友、學校、同儕群體、大眾傳播媒體、職業團體以及社會大眾。其中，家庭的社會化過程首先奠定了個人行為的基礎。個人在父母和親長的教導下，學會了社會的規範、風俗、習慣、文化、信仰、價值、態度與社會角色等，並表現出合乎這些規範的行為。然後，個人再逐漸接觸其他層面，終而奠定了自我的行為模式。因此，社會化實是一種相當複雜的歷程。消費社會化的歷程亦然。

所謂消費社會化（consume socialization），就是個人在社會中學習如何消費，以求能合乎社會規範的歷程。此種歷程和其他社會化過程一樣，始自於家庭，而擴及到向其他社會層面的機構學習。最明顯的例子是，大部分人購買和穿著社會上最普遍的服飾，以及某些人仿效他人穿著最流行的服飾，都各是一種消費社會化。此種消費社會化也是經由學習而來。以下將繼續討論兒童與成人在家庭中的消費社會化。

二、兒童的消費社會化

家庭是兒童最早接觸到消費社會化的場所。在家庭中，父母會教導兒童如何運用現有的經費去消費，應作何種消費，以及如何去購買符合自己所需要的產品。在消費者行為研究中，兒童社會化與消費行為的關係極為密切。兒童的消費社會化正是其社會化過程中的一環。所謂兒童的消費社會化，是指兒童學習消費知識、技能和態度，以擔任消費角色的歷程。此種消費學習的歷程，都是在家庭中完成的。對大多數的兒童來說，他們常以父母和兄姐為角色模範或學習的對象，經由對他人消費行為的觀察，而學習到消費行為的規範。及至青少年階段，乃改向同儕學習，並模仿其行為。

一般而言，父母和兒童在一起購物的經驗，正可提供兒童學習的機會，使其在商店中學到購物的技巧。父母可藉由消費社會化的歷程，而影響兒童其他的社會化過程。例如，父母經常藉由購買實物，以作為對兒童的承諾或獎賞，以改變或控制兒童的行為。同時，兒童表現出取悅父母的行為，可能會獲得某些獎賞；相反地，若表現某些不當的行為，則父母可能會拒買物品，以作為懲罰。

基本上，家庭對兒童消費社會化的歷程，包括消費價值觀，及符合消費文化規範的行為。社會化的內涵包括道德與宗教的規範、人際互動技巧、穿著打扮的標準、合宜的社交禮儀和談吐、適當的教育水準，以及職業與生涯目標的選擇等。當兒童在滿週歲，或學會走路或說話時，父母就急忙地去教導這些規範。

由於父母對兒童消費社會化過程的重視，行銷人員可鎖定這些對象，以爭取父母對兒童社會化過程中的購買。畢竟消費社會化歷程是兒童建立學習經驗的根基，及其逐漸成長為青少年、青年和成人時，這些經驗仍然會不斷地受到增強或修正。

三、成人的消費社會化

消費社會化的歷程，不僅存在於兒童階段，也存在於成年階段。因為社會化歷程是一種持續不斷的過程，沒有人能脫離此種歷程，只是它會有所差異或變化而已。當個人由兒童、青少年、青年而步入成年之後，由於已組織新家庭，必須重新購買家具、住屋、車輛等，此時他必須調適新的消費行為，這就是一種消費社會化的歷程。甚至於個人自工

作或職業上退休下來，爲適應新生活而改向醫療保健的消費，也是一種消費社會化的歷程。

由此可知，成人的消費社會化大多是屬於自我主動調整的社會化；而兒童消費社會化大多是屬於被動式灌輸的社會化。然而，不管何種社會化都必須順應社會和時代環境的變遷。不過個人的消費社會化通常都具有跨世代的特質，亦即個人的消費習慣和行爲，常是由上一代傳遞到下一代。例如，個人對咖啡、茶、食物等產品的偏好，往往承襲自上一代而來。此種對特定產品的偏好與忠實性，正是人類文化得以持續傳遞的主要原因。

綜上言之，社會化歷程是人類社會文化得以代代相傳的主因，其當然也包括消費社會化。消費社會化使個人得以學習消費規範、文化，並形成個人的消費習慣。其歷程由兒童而少年、青少年、青年，及至成年。每個階段都有每個階段的消費文化，以致形成各個消費文化群，這將在後續章節中繼續討論。然而，在消費社會化過程中，個人所受家庭的影響最多最大，及至成長，不但會受到家人和同儕的影響，也反過來影響著他們。例如，兒童時期個人會受到父母的影響，及至成年可能仍然如此，但其意見也可能影響父母和他人對消費的看法。

第三節　家庭功能與消費行爲

家庭是最能提供滿足個人需求的場所，也是個人生活和生命的庇護所。人類生命和生活中的一切需求的滿足，可說絕大部分來自於家庭。因此，家庭是人類活動的根據地。它具有許多重要的功能，如生育的功能、社會的功能、保護的功能、經濟的功能、情感的功能、娛樂的功能和宗教的功能等。這些都多多少少和消費行爲有關。茲就較重要的功

能，分述如下：

一、生育的功能

家庭在傳統上就負有繁衍子孫的功能。但家庭不僅單純地負有生育的功能，它仍然負有養育、教育後代的責任，甚至於後者比前者更爲重要。因此有人說教育重於養育，而養育又重於生育。在此三育當中，家庭都難免要選購一些產品，以提供成員身心上的滿足。另外，在養育和教育過程中，家庭實負有消費社會化的功能，此已如前節所述，不再贅言。

二、社會的功能

家庭在社會上的功能，不外乎是提供人際互動的學習與人際相處之道。例如，家庭成員與人際相處上的禮尙往來，就是禮物的相互贈與，就與消費行爲有關。此種人際禮儀就是經由家庭中父母和兄姐的教導而形成的。有關人際互動和社會性交往的過程與消費行爲的關係，已在本篇各章中有過詳細的探討，然而這些人際影響的過程實奠基於家庭功能的誘導。

三、保護的功能

家庭的另一功能就是提供成員身心上的保護。就身體的保護而言，家庭提供居住環境、衣飾蔽體、食物安全、交通安全工具的保護。就心理的保護而言，家人提供精神上的支持與支援、情感上的慰藉等。這些保護措施都與消費行爲有關。例如，家庭選購安全的住宅、足以蔽寒的衣物或亮眼足以炫耀的飾物等，都具有保護家人的作用。

四、經濟的功能

家庭提供家庭成員生活的必需品，就是具有經濟性的功能。例如，家庭提供子女在食、衣、住、行、育、樂等方面的經濟支援，一方面能提供安全感的保障，另一方面則可滿足基本的生活需求。隨著今日社會的演變，即使有所謂雙薪家庭和要求子女經濟獨立自主的需要，然而家庭中提供成員經濟上的支援，確是存在的。

五、情感的功能

家庭的另一項功能，就是提供成員情緒上的滋潤，包括情愛、親密和安撫等，都足以鼓勵成員面對困難問題，尋求各種抉擇。情感功能表現在消費行爲上的，包括購買各種賀卡、卡片彼此贈送，以表達支持、愛和鼓勵。此外，家庭成員協助家人就醫，送小孩參加學習各種技藝，以及增進兒童學習能力和溝通技巧等訓練，以提升其適應環境的能力，都是提供情感支援的功能。

六、娛樂的功能

家庭提供成員娛樂的金錢支援、購買娛樂工具等，又是家庭的另一項功能。例如，家中購買電視、伴唱機、CD、健身器材、玩具等，都在提供成員娛樂的工具。又如家人提供成員欣賞電影、參加俱樂部等的金錢支援，也是實現娛樂功能之一。又如家人鼓勵家庭成員參加健行、登山、旅遊等，都是家庭所賦予的娛樂功能。

七、宗教的功能

家庭鼓勵成員參加各種宗教活動，並產生自己的宗教信仰，也是家庭功能之一。在大多數的家庭中，父母的宗教信仰常會影響其子女，並且在家中擺設一些與其宗教信仰有關的書籍、經典、道具、圖騰、符號和用具、工具等。因此，宗教信仰亦是家庭據以實現滿足家人精神團結與心靈契合的一項功能。

八、其他功能

就消費行爲而言，建立一個適宜的家庭生活型態（lifestyle），是近代家庭另外一種重要的功能。由於今日多元化社會的發展，夫妻的成長背景、生活經驗與共同的生活目標，都會影響其對教育、職業、閱讀、電影和電視欣賞、電腦學習、外食的次數和品質，以及對休閒娛樂的選擇。這些對家庭消費型態都有極大的影響。就以外食而言，今日雙薪家庭就造就了許多速食餐廳與便利商店，以致某些飯店乃鎖定小家庭市場，爲其設計各具特色的度假活動和週末套餐。

總之，家庭是具有許多功能的，這些功能都與消費行爲具有密切的關係。最主要乃爲這些功能都可透過消費過程，而得以實現滿足個人的需求。因此，研究消費者行爲就不能忽略家庭功能的存在。其次，影響家庭購買與否的因素，也是行銷人員所必須重視的。下節即將進行這方面的討論。

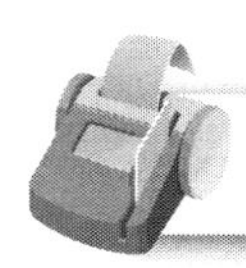

第四節　影響家庭購買的因素

個人和家庭都是最基本的消費單位。惟個人大多購買小型的產品，且其購買數量有限；而家庭大多購買較大型的產品，且購買數量較多。因此，有些廠商或行銷人員常把銷售對象鎖定在家庭購買上。此時，廠商或行銷人員不僅要瞭解家庭的消費型態，也要深入探討影響家庭購買的因素。有關影響家庭購買及其決策的因素，可歸納如下：

一、社會階層

家庭在社會中階層的高低，往往決定購買產品的類型和購買與否。顯然地，在較高和較低社會階層中的家庭，其購買型態和購買產品的種類，是大大不同的。在高階層家庭中，所購買的產品較傾向於高品質和高格調；而較低階層家庭的購買，可能追求「有勝於無」，不過購買數量可能較多。然而這仍得視產品的類型而異。此外，在購買決策方面，中等階層的家庭，大多以召開家庭會議的方式來決策；而上等階層與下等階層的家庭，多由個人主動作決策。但下等階層的家庭，妻子往往是主要決策者；而上等階層的家庭，丈夫才是主要決策者。當然這只是一般性的情況。

二、社會流動

家庭的社會階層會隨著各項因素而流動。凡是愈往上流動，愈有可能購買較高品味的產品，且多由丈夫作購買決策；而愈往下流動，則愈可能購買較粗糙而數量較多的產品，且多由妻子作決策。當然，這得依

各個家庭的情況而異。不過，有時家庭向其他社會階層流動，也會增加家庭內意見交流的機會。如個人結婚，可能脫離原來的家庭，以便夫妻能共同生活在一起；但有時個人結婚後，仍然會停留在原來的家庭內。凡此都會分別影響其購買決策。

三、所得水準

家庭所得水準的高低，不但會影響購買產品的類型，也會影響購買決策。一個高所得家庭的購買，會傾向於高品味、高格調產品的消費；且大多數購買決策，必須其採購金額較大，多由所得較高者作購買決策；相反地，低所得家庭的購買，較傾向於小量又粗糙產品的購買；且由於所得較小的限制，每個家庭成員只允許作較節省的消費。

四、生活水平

家庭的生活水平也會影響家庭的購買及其決策。一個高度生活水平的家庭，比較追求高格調的消費，故而傾向於精神生活的追求，而傾向於服務性的購買；而生活水平較低的家庭，較傾向於物質生活的追求，故從事於較多實質產品的購買。較高生活水平的家庭購買決策，多由夫妻或家庭成員共同會商決定；而較低生活水平的家庭購買決策，其有關較大宗或多數量產品的購買，多由掌權者作決策；較小量或個人所需物品，則由個別成員作決策。

五、家庭需求

家庭成員的需求，亦是決定和影響家庭購買與否的因素。凡是家庭成員所需要的，即使經濟條件不佳，亦有購買的可能；除非家庭成員沒

有購買的需求，就不會產生購買行動。假如家庭經濟情況不佳，而家庭成員有購買需求，此時的購買決策往往爲主持家計的人所決定；至於家庭經濟情況良好，而家庭成員又有購買需求，則購買決策可能以會商決定或個別自主爲主。

六、成員多寡

家庭成員人數的多寡，往往會影響購買產品類型和購買決策。在大家庭中，若成員人數很多，且經濟條件良好，則採購產品較不會產生問題；惟在相同情況下，經濟生活拮据，則購買產品的品質和數量將受到限制。至於小家庭中由於成員人數不多，雖然經濟條件不佳，但購買的可能性會提高。在購買決策上，大家庭的購買多由最高家長決策，而小家庭的購買決策以個別成員獨立自主或會商的可能性較大。

七、種族背景

不同的種族背景有不同的購買決策。在某些種族中，夫妻一起作決策是不可思議的；而且在有些群體當中，傳統上男性是一家之主，擁有至高無上的權威。不過，有些母系社會的種族中，女性擁有購買決策權。相反地，有些家庭是夫妻共同協商購買。因此，種族背景與家庭購買決策有關。例如：白人家庭喜歡全家一起作決策，日本人則男主人擁有最大的權力，黑人則女主人的權力較大。

八、生命週期

有關家庭的生命週期，會影響購買產品的類型和購買決策。生命週期較長的家庭會決定購買較牢固、數量較多、可長期使用的產品；而生

命週期較短的家庭則相反。例如，夫妻是否擁有孩子就會影響家庭生命週期，從而可決定購買何種產品較適宜。另外，家庭生命週期也會影響購買決策。通常隨著年齡的增長，夫妻共同作決策的機會將降低。其主要原因，乃是由於長久而穩定的家庭生活，使夫妻都已瞭解到對方的需要，並已認清自我的角色，而有了共同默契之故。

九、孩子出世

在家庭裡，一旦孩子出世，夫妻共同作決策的機會降低，且嬰兒用品的購買會增多。因為孩子的出世使得家庭多了一個新角色，於是家庭內的互動關係會變得比較複雜，以致打破了夫妻原有平等調和的角色關係。同時，孩子一出世，也使得母親專心照顧孩子，而減少與父親溝通的機會，以致增加了母親購物的權力。此乃因母親比較瞭解孩子的需要之故。

十、家長權威

家庭中家長權力的大小與授權的多寡，也影響到家庭購買類型和購買決策。如果家長擁權自重，則家庭購買產品類型和購買決策以及購買與否，都可能以家長的意思為中心；而一旦家長不太重視個人權威，則家庭成員共同決策的機會自然增加。

當然，決定家庭購買與否和購買決策的因素，常隨著各個家庭的狀況而有所差異。且整個購買決策是受到無數因素的交互影響，與其他決策一樣，購買決策的所有因素並無一定的通則存在。

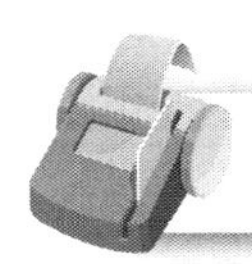

第五節　家庭決策與消費行爲

前節討論影響家庭購買與否和購買決策的因素，本節將探討家庭購買決策角色和消費行爲的關係。就某些情況而言，家庭中具有購買決策權力者和使用者，有時是相同的人，有時則分屬於不同的個人。例如，男性內衣常由妻子或母親代爲購買，因此廠商除了必須瞭解購買決策者的角色之外，也必須探討產品或服務使用者的態度與行爲。易言之，購買者和使用者對廠商來說，都具有同樣重要的地位。本節將依購買決策的守門效果和購買決策的角色規範兩方面來分述之。

一、購買決策的守門效果

一般而言，家庭中物品的購買者和使用者，大多不屬於同一個人；而負有購買權力或擁有決定權的人，即稱爲守門人（gatekeeper）。通常在購買行爲上，母親即爲兒童的守門人，或妻子爲丈夫的守門人。母親或妻子不僅是兒童或丈夫的購買代理人，而且可能會把自己的偏好投入購買決策中，而決定或否決了兒童或丈夫對品牌的偏好。因此，許多廣告的製作，常常針對母親或妻子而非針對兒童或丈夫來設計。

二、購買決策的角色規範

由於近代社會的演變，家庭的運作常具有共同性而必須分工合作，且必須由一個或多個家庭成員來完成。就家庭消費決策的過程而言，家庭成員至少具有八種角色類型，即影響者、把關者、決策者、採購者、加工者、使用者、維修者和處置者。影響者提供產品或服務的相關資

訊；把關者控制產品或服務相關資訊的流向；決策者是指包括購買、使用、消費或處置產品或服務的決定人；採購者是指實際購買產品或服務的成員；加工者則為將產品加工、改變形式，以適合家人使用的成員；使用者是使用或消費產品或服務的成員；維修者是擔任維修工作，以確保家人能持續使用的成員；處置者則為主張或實際丟棄、停止使用產品的成員。

當然，家庭成員所擔任的角色類型，常因家庭狀況或產品類別而有所差異。在單親家庭中，成員多半身兼多種角色類型；而在其他情況下，多位家庭成員可能會共同扮演同一角色。例如，某位家庭成員購買一只熱水瓶，他是決策者、把關者、採購者和使用者；而家庭的成員都是共同使用者。

此外，每位家庭成員的性別角色不同，其所具有購買決策的權力也各有差異。在購買時，男性較強調產品的效用與物理屬性，受理性的支配較大；而女性較強調產品的美感，在購買歷程中扮演著幕僚的角色。亦即妻子提供意見，而由丈夫作購買決策。此乃因在群體中，男性大多表現以工作或目標為中心的行為，而女性多表達社會情緒性的行為之故。

不過有些家庭中丈夫的權力雖然較大，或有時權力較小，但有關重要的購買決策，都由夫妻二人共同會商決定。此外，當家庭人數增多，則大家共同作決策的次數也會增加。此種家庭影響力在購買決策末期，會表現得特別明顯。然而，假使購買產品時，需要具備特別知識或技術，則購買決策會集中在個人身上，而非以家庭為中心。

綜合言之，可知家庭消費決策可區分為丈夫主導型、妻子主導型、共同決策型和獨立自主型。通常夫妻在消費決策上的相對影響力，乃取決於產品或服務的類別而定。例如，新車的購置多由丈夫主導，而食物和家庭理財偏向妻子主導。不過，此種情勢已逐漸在轉變中。此外，夫妻的決策模式也與文化特質有關，有些文化較少出現夫妻共同決策購

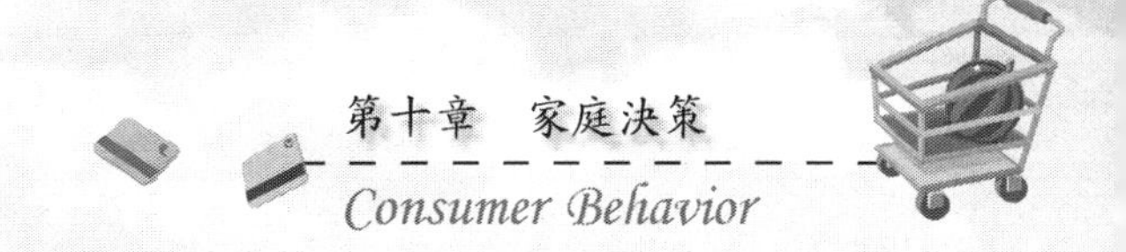

買，有些偏向丈夫主導型，有些則出現妻子主導型。因此，廠商在設計行銷策略時，必須注意家庭成員的角色規範，瞭解影響家庭購買決策的各項因素，才能確切做好行銷工作。

第六節　家庭生命週期與消費行爲

家庭生命週期對消費行爲有重大的影響。家庭生命週期（family life cycle, FLC）可用來觀察多數家庭的發展歷程，然而隨著家庭類型和生活型態的變遷，如離婚的上升、非婚生子的增加、年輕夫妻的遷徙，以致傳統家庭生命週期的可應用性已日益降低。然而對行銷人員來說，家庭生命週期仍是有用的工具，其可作爲市場區隔的基礎。蓋家庭生命週期是屬於混合變數，可有系統地結合各種人口統計變數，如婚姻狀態、家庭大小、家庭成員的年齡，以及家長的職業地位等，作爲預測和解釋家庭類型和生活型態的基礎。惟爲了反映現代多元化的家庭類型與生活型態，本節乃將家庭生命週期分爲傳統的和非傳統的兩部分，來闡釋其與消費行爲的關係。

一、傳統的家庭生命週期

傳統的家庭生命週期（traditional FLC）是由不同的家庭發展階段所組成的。雖然許多學者的看法有所不同，其大致可分爲五個階段：

(一)單身期

家庭生命週期的第一個階段，是單身期。其乃指離開父母的單身未婚男女。此時，單身未婚男女多有專職工作；少數雖也離開父母，但未有工作。年輕的單身成年人在消費行爲上，多傾向於將所得花費在房

租、休閒旅遊和娛樂，以及服飾配件上。由於單身生活未有重大負擔，他們縱身於看電影消遣和專業性雜誌，以享受年輕、高水準的單身貴族生活。因此，許多旅行社、休閒俱樂部，以及其他產品和服務，乃鎖定單身貴族爲其目標市場。

(二)蜜月期

在結束單身貴族生活而步入結婚禮堂起，家庭生命週期就進入到蜜月期。此階段通常延續到第一個孩子誕生爲止。蜜月期是婚姻生活的適應期，此時年輕夫妻都有工作，爲雙薪家庭，以致有足夠的薪水購買高價位的產品，享受高品味的生活，甚至可儲蓄或投資。他們可購置家具、各種家電用品、廚具、裝飾品、餐盤等。在此階段，新婚夫妻常共享彼此建議與經驗，並吸收各種產品資訊。不過此階段通常不會太長。

(三)滿巢期

當新婚夫妻有了第一個孩子，就進入了滿巢期。滿巢期通常可延續二十年以上，而且可能會有第二個、第三個孩子出世，此時期必須經過孩子的學前階段，小學、中學乃至大學，該階段由於家庭成員的互動、家庭結構的改變、父母在工作上的升遷、小孩人數的增加、教育經費的加重，而使得家庭消費活動有了變化。通常在此階段，孩子乃是家庭生活的重心，也是家庭支出的核心，以致成爲嬰兒用品的目標顧客群，也是投資和保險的主要對象。

(四)空巢期

當家庭中孩子已長大，或脫離家庭，或結婚後，家庭生命週期就步入了所謂的空巢期。空巢期帶給父母既是一種解脫，也是一種折磨。此時父母可盡情做一些想做的事，如出國旅遊、重拾課業、再投入就業市場、尋找新樂趣、享受新生活等。此階段是家庭經濟負擔最輕鬆的時期，以致休閒旅遊、度假的次數變多了，時間也變長了；可支配的所得增加了，支出卻減少了。因此，奢侈品、新車、昂貴家具、旅遊資訊等，乃成爲市場上的需求。

(五)解組期

當家庭中夫妻有一方過世時，則此家庭已步入最後的解組期。假如在世的配偶健康情況良好、家庭經濟充裕，或有朋友和親人的支持，或仍然在工作之中，或能安排自我的生活，則其生活仍能適應良好，否則將陷入無法適應生活的境地。此階段是家庭的離散，在世的配偶多過著儉樸的生活，且由於健康日走下坡，因此在醫療上的花費較多。

以上各個階段是指傳統式的家庭生命週期之狀況，然而隨著時代的變遷，它已不足以解釋今日多樣化的家庭類型與生活型態。因此，消費者行爲研究者必須對上述概念作若干修正，亦即必須探討非傳統的家庭生命週期。

二、非傳統的家庭生命週期

今日社會人口統計變數，如離婚、晚婚、獨身、失婚、未婚媽媽等，已不足以說明傳統式的家庭生命週期。因此，非傳統的家庭生命週期乃成爲行銷人員必須探討的另一課題。由於今日社會的急遽變化，而導致非傳統家庭生命週期的出現。它不僅包括家庭，也涵蓋著單身，或由兩個以上個體所組成的家庭。這些還包括爲減輕生活負擔，而與父母同住的單身貴族；離婚的兒女和孫子與父母同住者；身體較差的年長雙親和兒女同住者；與岳父母同住的新婚夫婦。

當家庭歷經結構上的改變，諸如離婚、退休、新成員的加入，或伴侶的死亡等，其消費偏好與習慣也會隨之改變。例如，離婚的個人必

須面臨尋找新住家、購買新家具、申請新電話，及轉換工作等狀況。此時，他或她必須與這些相關商店交涉，從事新的消費行爲。

總之，今日是傳統與非傳統家庭生命週期共存的社會，行銷人員必須正視此種事實的存在。即使處於今日多元化而複雜的市場中，仍宜儘量去作市場區隔，或開發各種產品或服務，才能做好更佳的行銷工作。

第四篇　社會文化與購買決策

社會文化環境會影響消費者行為。消費者行為乃為個人在社會環境中，經過人際交互影響而塑造自我的行為之結果。本篇將探討消費者的社會階層、文化影響、組織環境和消費情境。就社會階層而言，不同的社會階層會造成不同的消費習性，且影響其消費決策。就文化影響而言，不同的文化和次文化，也會形成不同的消費習慣，並影響其消費行為。就組織環境而言，個人所處工作環境的政策、結構及人際互動，都會左右成員的消費抉擇與購買與否；同時，吾人將兼論組織的工業購買。最後，消費情境也常左右消費者的消費行為。至於消費決策雖涉及甚多心理因素，但也是一種社會過程，故列為本篇所討論的範圍。

第十一章　社會階層

Consumer Behavior

第一節　社會階層的意義

第二節　決定社會階層的因素

第三節　衡量社會階層的方法

第四節　社會階層與購買行為

第五節　社會階層與行銷策略

社會階層和消費行為的關係極為密切。消費者的社會階層會影響其消費價值、態度和行為。亦即消費者會將產品品牌和服務與特定的社會階層聯想在一起。消費行為研究者之所以要探討社會階層，最主要乃為社會階層很容易作為市場區隔的依據。就社會階層和其他變數比較而言，社會階層常可利用人口統計變數很清楚地顯示出來，以作為市場區隔的標準。此外，社會階層概念可為消費者提供一種形塑自我消費態度和行為的參考架構。依此，本章首先將討論社會階層的意義，其次探討影響或決定社會階層的因素，然後據以研討衡量社會階層的方法。同時，吾人將分析社會階層的生活型態與消費行為的關係，並敘明社會階層在消費行為和行銷上的運用。

第一節　社會階層的意義

社會階層是一個人在層級化社會系統中的位置，它會引導消費者去購買符合其階層的產品和服務，此乃因每個人都有他的階層意識之故。例如，高階層的人不會去購買平價的房子和衣飾，而低階層的人士很難購買高級別墅和穿著高貴的服飾。因此，社會階層的高低確會影響個人的消費行為。然則，何謂社會階層？它是如何影響消費行為的？又其影響因素為何？本節將先討論社會階層的意義，下節再探討影響和決定社會階層的因素。

所謂社會階層或社會階層化（social stratification），就是將一個社會中的所有人，依據某一個或多個標準，如財富、所得、教育程度、職業或聲望等，而區分為許多不同的等級之謂。每一個等級就是一個社會階層，該階層即代表一群擁有共同特徵和社會地位的人。亦即不同的社會地位（social status or social position）和社會等級（social class），就構成了許多不同的社會階層，此乃形成整個社會的連續帶，而每個社會

成員就存在這個連續帶之中。就消費行爲的研究而言，研究者可將個別消費者和家庭區分爲數個特定的社會層級類型，以便作市場區隔。因爲同一階層的成員具有相似的社會地位，而不同社會階層的成員之間則具有不同的社會地位。

消費行爲研究慣常以社會地位來衡量社會階層，社會地位即爲每個社會階層中成員的相對排序。此種排序常以財富、權力和威望來衡量個人所處的地位。社會地位有時也以人口統計變數或社會經濟變數，如家庭所得、職業地位、教育成就等，來加以界定。這些都足以傳達某些社會地位的訊息，行銷人員不僅可用以作爲衡量社會階層的基礎，也可作爲市場區隔的標準。

就整個社會而言，一個社會包括許多不同階層的人，這些人具有不同的經濟、政治和文化地位，且各自感覺到彼此有尊卑關係。一個社會階層就是在社會中具有相同社會地位的群體。此種群體分子都有一種「內團體」的感覺，而在行爲表現上趨於一致。易言之，每個社會階層都有它的生活方式、習慣、態度、情操、觀念、價值和行爲標準。各個階層之間也常利用各種標誌或象徵，如服裝、徽章以及權利、義務等，而表現尊卑同異。

不過在某些情況下，有些社會階層的成員可能會藉由模仿其他社會階層的成員，來提升其社會地位。爲了達到他提升社會階層的目的，他會模仿學習對象的衣著，閱讀專屬某些階層的雜誌、書報，光顧某個階層常去的餐廳，甚或參加某種階層常參加的社團等，以便能表現和其所模仿的社會階層成員的一致性行爲。

就行銷人員來說，社會階層的區隔是相當重要的。消費者可能因某些產品很受上流社會階層人士所喜好，而隨之購買；他也可能體會到某些產品爲下層社會人士所使用，而不去購買或避免購買。因此，不同階層的人士常使用和購買不同的產品和服務，此正可提供作爲市場區隔的自然基礎。因此，從事消費者行爲研究者，常致力於社會階層與產品使用和服務消費間的相關性研究。

總之，社會階層乃為人類社會的自然結構，所有的社會成員都可歸類於許多不同階層中的某一個階層。在同一個社會階層中的成員大致上會表現相同的價值觀、態度與行為，而不同社會階層的人士則顯現出行為的差異性。消費者行為研究正可針對社會階層與消費者態度和行為之間的關係作一探討，以瞭解不同社會階層人士對產品和服務的態度，並檢視不同社會階層人士對產品和服務的消費差異。

第二節　決定社會階層的因素

社會成員之歸屬於社會中某個階層，乃取決於許多因素的綜合結果。這些因素即造就了個人在社會中的地位特質表（status traits）或生活型態剖析圖（lifestyle profile）。一般評估社會階層的因素甚多，諸如所得水準、職業聲譽、教育程度、成就表現、生活方式、階層意識、群體活動、族群關係以及其他因素等，都會影響消費行為。茲分述如下：

一、所得水準

所得（income）或稱為收入，是指人們所得到的金錢，即一個人所獲得的金錢總數。它與財富（wealth）不同，財富是一個人所擁有的一切，即一個人所有物件的價值總和。對大多數人來說，他們的所得都是來自於工資或薪俸，只有少數人的所得來自於財富。所得的多寡與聲望的高低和權力的大小有關，但所得並不能完全決定聲望和權力。不過，所得、財富、權力和聲望等雖可各自構成社會階層化的不同層面，但這四者之間的關係常相互結合、強化和持續。因為任何個人擁有其中任何一個層面常可轉化為其他層面，如富有的人有很多財富，同時也可因而獲得權力或顯赫的地位或賺取更高的收入。又如明星或電影紅星經常可運用他的聲望，而提高他的收入或獲得更多財富或發揮其影響力。

顯然地，所得往往是決定個人社會地位的重要依據之一。個人所得愈高，累積的財富愈多，經濟狀況愈良好，其社會地位愈高；而所得愈低，經濟狀況不佳，常被歸於低社會階層。個人所得水準，不僅可據以衡量個人成就或家庭背景，也是個人社會階層的象徵。透過所得和財富的運用，可分析一個人的生活方式，由此可瞭解和預測消費者的行為。例如，吾人可由個人所居住的房子和所在地，看出個人的收入、財富和社會階層的高低。當然，其他和所得水準有關的象徵，還包括個人的教育程度、職業、衣著、使用的器具工具、所參加的群體活動，甚至於個人說話時所使用的措詞用語等，都可評定出一個人社會地位的高低。這些都足以影響或決定個人的消費習慣與態度。

二、職業聲譽

職業聲譽或聲望（reputation or prestige）是指一個人在職業上的表現或才能，或從事某種職業，而受人尊重、敬仰、贊同或讚賞的程度而言。它是評量個人社會階層高低的因素之一。良好的職業聲譽讓人覺得自己有價值、受人尊敬，且讓自己感受到被他人讚美和推崇。此外，不同的職業代表著不同的聲譽，而受到不同的評價，從而決定個人社會階層的高低。職業聲望高，社會階層亦較高；職業聲望低，社會階層亦較低。

不過每個社會對聲望屬性各有不同的看法。在一個宗教氣息濃厚的社會裡，神聖和熱忱往往是聲望的最重要屬性；在一個好戰環境的社會裡，冒險犯難和勇氣可嘉是聲望的最重要屬性；在演藝界工作的個人，其演技或姣好的面貌是聲望的最重要屬性；而在大部分的群體裡，積極負責和犧牲奮鬥可能是聲望的最重要屬性。

此外，聲望不可觸知的部分往往大於可觸知的部分，以致人們常常以符號來顯示聲望，使其更加具體化。例如，個人有時為了彰顯他的頭銜、名位、榮譽、職銜、勳章、紀念品等，以致作更多的消費與購買，以顯示自我價值，並希望得到他人的尊敬和讚賞。

三、教育程度

教育程度的高低代表個人知識水準、成就或智力的高低，有時也可顯現出個人權力的大小，而成為衡量個人社會階層高低的因素。一般而言，具有良好的教育水準者，其智力成就較高，所能掌握社會各種資源的機會也較多，在社會上自然擁有較高的地位；而教育程度低，其智力成就也較低，能掌握社會資源的機會有限，自難擁有較高的社會地位。

在消費行為上，凡是教育程度愈高者，不僅會重視基本生活需求的滿足，而且會追求高層次精神生活的品味，以致在休閒旅遊和精神層次上的花費較多；而教育程度較低者，大部分多為追求物質生活的享受，較少作整體性的生活規劃與活動。當然，這仍得依其他各項條件而異。例如，教育程度低的人亦可能因社會風氣的帶動，再加上本身的財富，而有機會參加各種旅遊活動。

四、成就表現

個人的成就表現，有時也決定或影響個人的社會階層。所謂成就表現，是指個人在各方面的表現是否受到尊重，而使他人願意接受他的領導或影響的程度而言。易言之，成就表現就是指個人在各方面努力的程度。例如，個人在工作上的表現是否良好，常影響其社會地位。當個人表現良好時，則他必受他人尊敬，其社會地位也高。一般而言，個人的工作表現常可用收入的高低來表示，如兩個從事相同工作的人，收入高

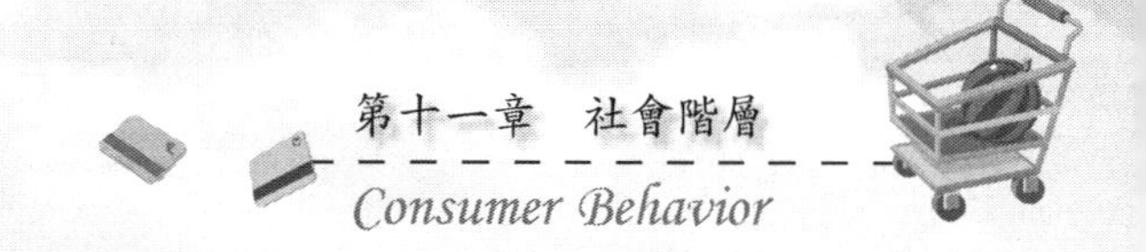

者，其個人成就表現較佳，必也得到較高的評價。此外，個人的成就表現也與個人行動有關。例如，個人十分熱心公益，樂於助人，常常獲得社會的讚賞，能夠體恤別人、關懷別人、贊助他人，則可提高他的社會地位。

五、生活型態

生活型態也是社會階層化的指標之一。顯然地，在社會階層中最高和最低的人之間，其生活方式是大不相同的。凡是社會階層愈高或愈富有的人，在食、衣、住、行、育、樂和休閒旅遊等各方面，遠比社會階層較低或較貧窮的人，有更多選擇的機會。通常社會階層愈高或富有的人，對食物有較多選擇的餘地，居住環境較高雅而舒適，有更多休閒旅遊的規劃，有較好的醫療照顧，食物費用的比例較高。易言之，富有或社會階層較高的人，在享受長壽、健康、舒適和安全的生活機會，遠比窮人或社會階層較低的人爲高。

相反地，社會階層較低或貧窮的人，在醫護照顧上所得到的機會較少，居住的是貧民窟與狹小的生活環境或空間，必須承受經濟上的壓力，所受教育的機會也較少，以致影響其接受生活技能教育與訓練的機會，較難有充裕的經濟能力，以致很容易造成生活上的壓力。

六、階層意識

所謂階層意識（class consciousness），是指個人感覺到自己應屬於某個階層的分子，或覺得自己應屬於某個群體的心理狀態。每個階層或群體都有自己的一套行爲規範、價值和準則。一般而言，假如個人階層意識薄弱的話，他就不會感受到階層之間的差距，也就不會嚮往階層的高低，從而不會重視社會階層的存在。不過根據研究顯示，階層較高的人，其階層意識較高；而階層較低的人，其階層意識較低。在消費行為上，階層意識愈高的人愈喜歡購買高貴的物品，以凸顯自我的身分地位。

七、群體活動

個人參與社會群體活動的程度，有時也是決定社會階層的一個重要因素。個人積極參與社會活動，較能得到社會親近行為，獲得別人的認同，從而具有某些影響力，其社會地位自然提高。蓋社會階層的本義，就是他人對個人的看法，以及個人對他人看法的綜合。因此，人際間的交互行為，即為影響個人社會階層的因素之一。

不過，凡是感受到自我社會階級較低的人，比較願意參與群體的活動，以尋求他人的認同，並藉以提升自我地位。他們不僅參與群體活動，並且採取和群體其他成員一致的購買行動。此已於第九章參考群體中有過詳細的討論。

八、族群關係

所謂族群（ethnicity），是指具有共同地域來源或文化特質或其他特性的群體；它可依據地域、文化、政治、經濟、價值、信仰、利害關係等標準，將人類社會劃分為許許多多的群體，且每個群體又可劃分為更細小的群體。因此，族群也包括宗教群體、種族群體等。通常群體會基於某些利益而結合，而排斥其他族群。消費行為上，不同的族群有不同的聲望、權力和資源使用，以致形成不同的消費習慣和行為。

九、其他因素

其他區分社會階層高低的因素，尚包括種族淵源、家世背景、政治權力、個人聲望、價值觀等，都可能影響個人社會階層的高低。

總之，決定個人社會階層高低的因素甚多，且各項因素是錯綜複雜的。事實上，個人社會階層是個人各項條件與因素交互作用的結果，吾人很難依據某項單一因素來衡量個人社會階層的高低，而必須同時衡量整個社會情境與現象。因此，行銷人員必須從整個社會的文化、價值觀、教育結構等因素同作考量，才能得到正確的結果。

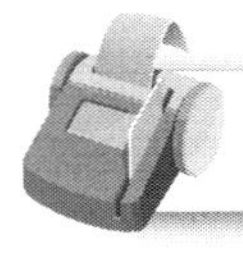

第三節　衡量社會階層的方法

社會學衡量社會階層的方法甚多，基本上乃爲運用不同向度所致，諸如實地調查法、深度晤談法、心理測量法，以及實驗法等。但這些研究主要在瞭解社會存在哪些階層，以及這些階層存在的原因。在行銷研究方面，基本上認爲社會階層是存在的，而且有必要探討各階層間行爲的差異性，以便能運用不同的行銷策略或市場區隔。因此，消費者行爲研究乃在測量決定個人社會階層的因素，其方法有：

一、主觀評量法

所謂主觀評量法，又可稱爲知覺衡量法，就是由個人評量自己，再把自己歸屬於某個社會階層而言。此種評量法常受自我知覺和自我意象

（self-image）的影響。在行銷研究上，常使用此種方法，但其價値不大，其原因乃爲：(1)評量者常有高估自己地位的現象；(2)評量者難免有主觀的偏見，即自我階級意識的存在；(3)對整個社會階層來說，此種評量法有集中化趨勢的現象。在消費行爲上，由於此種方法常反映主觀知覺與自我意象，以致常影響消費者對產品的使用和消費的偏好。不過，此法使用方便，可編爲問卷同時施測於許多人身上，且可以郵寄調查方式去蒐集資料。

二、聲望評量法

所謂聲望評量法，就是由研究專業人員依他人的聲望，而評定其社會地位的等第，藉以衡量其歸屬於某個社會階層之謂。通常被評定的對象，都是所熟悉的社群成員（community members）。社會學家常運用聲望評量法，來瞭解和研究社群的特殊階層結構。此種評量法是由社會學家華納（W. L. Warner）所發展出來的。此種方法最適合用來瞭解社群成員的生活方式、價値觀以及其他行爲模式。此法成本費用較高，又很費時。一般消費行爲學家常藉由此法來評量消費市場和消費行爲模式。

三、客觀評量法

所謂客觀評量法，就是以某些客觀的變數爲基礎，來評定個人所屬的社會階層。該法常以人口統計變數或社經變數來測量，這些變數包括所得水準、職業聲譽、教育程度、成就表現、生活型態、財富、住宅大小和形式、參與群體活動等。大部分的消費者行爲研究，都以這些變數來區分人們的社會階層。此種評量法又可包括單一指標法和多元指標法兩種。

(一)單一指標法

單一指標法是指以單一變數爲基礎，以作爲評量社會階層的指標。一般最常用來作爲社會階層的指標，有職業聲望、教育程度和所得總數等。因此，個人究竟屬於哪個社會階層，主要係依個人的職業聲譽、教育程度和所得總數等的個別變數而定。此種單一指標量表，應用在消費行爲上測量者，最主要的包括下列量表：

◆諾斯哈特量表（North-Hatt Scale）

該量表是由社會學家諾斯（C. C. North）與哈特（Paul K. Hatt）所共同發展出來的，現已發展爲美國國立意見調查中心量表（National Opinion Research Center Scale）。此表應用在消費行爲的研究上，可靠性頗高。但該量表僅列十種職業，以致評量的周延性不夠。

◆愛德華量表（Edwards Scale）

該量表爲最常用的職業量表，是由美國民意局所發展出來的，如表11-1所示。該表並沒有清楚而具體地列出各職業團體，但用途頗大。因爲此表所採用的爲順序量表，頗爲簡便，很適用於消費者調查上。何況社會階層本是相當籠統的概念，不必作太詳細而具體的界定，故本量表很適用於衡量個人的社會階層。

◆鄧肯量表（Duncan Scale）

該量表是以教育程度來決定個人職業地位，其量表值稱爲鄧肯指標。此表運用在消費者職業的社會階層調查上，由於其所包含的職業有四百二十五個之多，使用簡便，而且客觀，因此該表的價值極大。

表11-1　愛德華量表（用以測量社經階層）

量表值	職業團體
1	專業人員
2	經理人員、官員及產權所有人
2a	農夫（包括地主及佃農）
2b	批發商及零售商
2c	其他較低階的經理人員、官員及產權所有人
3	職員及其他類似的職業
4	技術工人及領班
5	半技術工人
5a	從事製造業者
6	非技術工人
6a	農場工人
6b	工廠及房屋建築工人
6c	其他勞工
6d	僕傭

以上各量表，皆以職業爲社會階層的指標。然而，其他因素如財富，也可用來衡量個人的社會階層，不僅簡便，而且具體。不過，此種單一指標太過簡化，以致難免產生誤差。因此，多元指標是比較準確的。

(二)多元指標法

所謂多元指標法，係指同時以多項指標爲基礎，來衡量個人的社會階層。此種方法又有如下幾種：

◆**華納地位特徵指標**（Warner's Index of Status Characteristics，**簡稱** Warner's ISC）

在多元指標法中，華納地位特徵指標是最具有實徵性研究的，其正確性頗高，具有如下優點：(1)可準確地衡量由聲譽評量法所得的結果；(2)由不同人施測，所得結果也非常類似；(3)可用在大團體或大量取樣

上。該法通常包括四項變數：職業、收入、房屋式樣、居住地區。由於該四項變數在預測社會階層時作用不一，故各變數的加權值也不一樣。利用迴歸分析後，各加權值如下：

職業	評量值×4
收入	評量值×3
房屋式樣	評量值×3
居住地區	評量值×2

一般而言，利用本指標法來測量不同社區的個人社會階層，所得分數常不一樣，因此要運用此法來評量全國性的社會階層，就必須作適當的修正。

◆其他多元指標

這些大多是由ISC衍生而來，且應用在消費者研究上的機會頗大。

1.都市地位指標（Index of Urban Status，簡稱IUS）：該指標法是由社會學家克萊曼（Richard P. Coleman）所發展出來的。該指標法除包括職業、收入、房屋式樣、居住地區等變數外，尚包括教育水準與群體交互行為。教育水準主要在評量家庭丈夫與妻子的教育程度。至於群體交互行為，則評量個人是否為某正式群體或宗教群體的成員，以及個人是否常與鄰居等非正式群體分子交往。

2.文化等級指標（Index of Cultural Classes，簡稱ICC）：該指標法為行銷學家卡門（James Carman）所發展出來，常常應用在行銷上。他認為決定社會階層的主要因素是權力、地位與文化，而文化與行銷的關係最大。根據他的研究，認為各個社會階層常顯現出次文化上的差異，以致在行為上也有差異。他認為各階層行為差異的原因，主要是職業種類、教育程度與住宅價值所造成的，而這三項因素都與購買行為有很大關係。

3.社會地位指標（Index of Social Position，簡稱ISP）：該法類似ISC，只包括三項變數：職業、教育程度與居住地區。此法可運用來比較兩個社區間社會階層的差異，同時可以用來預測大學生的消費型態，稱爲等級地位指標（Index of Class Position），調查時要大學生對自己父親的職業作一番評量，而且客觀地評量自己父親的社會地位，由此預測其社會階層。

此外，多元指標也可利用其他人口統計因素，來評量個人的社會階層，而不必直接去詢問個人的看法。例如社會等第指標（Index of Social Rank，簡稱ISR），也可評量個人的社會階層；而教育程度的等第、個人收入等，都可預測個人的社會階層與購買行爲。

◆地位形象化（Status Crystallization）

所謂地位形象化，是指利用多元指標來測定社會階層時，各變數間一致的程度。如果各變數間的評量一致，則地位形象化高；反之，評量不一致，則地位形象化低。例如，當個人在財富上被評量很高，但在教育程度被評量很低，則其地位形象化低。一般而言，地位形象化低的人，其政治觀點較爲開放，喜歡社會時常變遷，比較支持社會的革新計畫。這些人通常包括教育程度低的大商人、生活清苦的公教人員。

總之，測量社會階層的各種方法，各有其優劣利弊。每位消費行爲的研究者，都必須探討其個別特性。一般而言，聲譽評量法與社會評量法常用在基本研究上。至於主觀評量法，可以用自我施測的問卷來蒐集資料，較爲簡便，但難免失之偏差。客觀評量法所評定的變數，較爲客觀，而且具標準化，在消費者研究上用途最大。

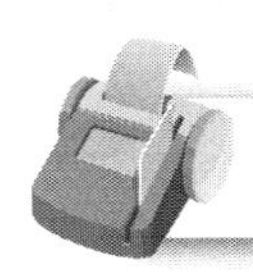

第四節　社會階層與購買行為

社會階層的高低，乃是人類社會自然存在的現象。此乃因有人類社會，就有上下統屬和職權分工的關係。依此，社會乃有階層之分，其乃為完成社會基本共存目標之故。然而在每個社會階層之中，都有其本身特殊的生活型態，以致與其他階層成員之間有了差異。為了瞭解社會的各個階層，每位社會學家常本其研究觀點，而有各種不同的劃分法。不過應用最多而為大多數人所接受者，總共可包括六個社會階層，即上上階層、上下階層、中上階層、中下階層、下上階層及下下階層。惟事實上要明確劃分個人專屬於何種階層，有時並不容易。最普遍的情況，即個人常因價值觀、態度、財富、所得情況等因素，而有跨越兩個階層或三個階層的可能。何況近代社會常擁有教育自由度和自我發展的機會，以致有上下流動的頻繁性。是故，本節僅就下列階層說明其與消費行為的關係。

一、富裕階層

富裕家庭（affluent family）在行銷和消費行為上，是最富有吸引力的市場。因為富裕家庭的成員擁有較多的財富和可支配的所得，以致他們可以購買豪宅、高級汽車、珠寶、高級飾品、度假旅遊、高級家具、各種用品，以及購置高階家用電腦、筆記型電腦，並漫遊於網際網路之中。根據研究顯示，富裕家庭市場雖只占全部市場的20%左右；但此市場在許多產品的消費數量上和消費支出上，卻比非富裕市場高出甚多。不過有許多研究顯示，富裕家庭的第一代，多屬於辛苦創業型，故多未必居住豪宅，甚至只住在一般社區，而與普遍階層為鄰。

此外，富裕家庭成員和非富裕家庭成員，不僅生活型態會有所差異，且在消費產品或服務類型的選擇上，以及消費習慣常有所不同。例如，大多數非富裕家庭的成員，多喜依廣告而購買；而富裕家庭成員在購買上較傾向於多方搜羅消費資訊。又非富裕家庭成員常花大部分時間在電視上；富裕家庭成員較少看電視，而轉向閱讀出版刊物、雜誌和各種報紙。

當然，富裕階層並非完全是個單一市場，也不是所有的富裕家庭成員都有相同的生活型態。此乃因家庭收入來源有別，再加上個人教育程度、價值觀、生活理念、人格特性、群體互動關係、家族因素等的差異，以致其消費習慣和行爲也常有所不同。因此，行銷人員仍可將富裕階層區隔爲更小的市場，提供各種產品及服務的使用資料，以便作更佳的行銷規劃。

二、非富裕階層

雖然富裕階層成員所購買產品的數量與價格較高，但非富裕階層卻是最廣大的消費市場。因此，行銷人員仍不能忽視非富裕家庭成員的消費力量。根據研究顯示，非富裕家庭成員的品牌忠實性，一般都比富裕家庭成員爲高；此乃因他們無法承擔消費損失，且對不熟悉品牌的產品較難以承受風險。因此，許多企業多針對具有節儉生活型態的消費者，作爲其目標市場。

三、科技新貴階層

由於今日科技的發展，尤其是電腦及其網路的熟悉、操作與使用能力，以致產生了科技新貴階層。科技新貴階層多具有非凡成就，擁有高收入、住豪宅、享受高級品味的生活，期望未來的成功且具競爭力。因此，對科技新貴來說，擁有電腦知識和使用能力，乃是一件非常重要的事。因爲如此才能避免在社交和專業領域上遭受阻礙和挫折。因此，在消費行爲上，科技新貴除了重視電腦及其周邊設備的購置之外，尚可能因收入的豐厚而從事較高級的消費，且形成新富階級。近年來，由於受到金融風暴和金融海嘯的影響，許多科技新貴階層承受了很大的衝擊，其消費能力已大不如前。

總之，處於今日科技發達的社會，行銷人員除了必須重視原有社會各階層人士的消費動機與行爲之外，尚須能鎖定社會階層的變動，尤其是新貴階層的形成，將撼動消費市場。因此，行銷人員宜隨時注意社會階層變動所可能引發目標市場的變化，從而早作未雨綢繆的規劃，以便能掌握行銷的方向，並達成行銷的目標。

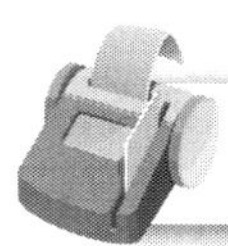

第五節　社會階層與行銷策略

不同社會階層由於其價値觀、態度與行爲都不相同，以致表現的消費行爲亦有所差異，此已如前節所述。本節將以社會階層爲主軸來探討消費行爲，今從產品選擇、價格知覺、休閒服務、經費支用、商店選擇和廣告促銷等方面，來討論其與社會階層的關係，以及行銷策略的應用。

一、產品選擇

一般而言，有些產品是所有階層都共用的，但有些產品卻不是如此。例如，藝術品和古董的消費者，往往是中上階層或富裕階層的人；而一般的器皿和用具的購買者，則爲下階層或非富裕階層的人士。此外，有些相同的產品也常有不同的品牌，可資選擇。例如，某些新貴階

層會選擇新流行的知名品牌，但對一些辛苦創業的富裕階層僅選擇高級品牌，但不見得是時髦的。由此可知，每個階層多少都有些階層意識、自我意象、自我知覺、自我價值觀和社會壓力，以致影響其對產品的選擇。一個工人若一天到晚穿著西裝工作，反而會被取笑。是故，產品的選擇是會受社會階層的影響的。

由此觀之，行銷計畫必須顧及社會階層的作用。假如產品的銷售對象只限於某個階層，就必須針對該階層作重點行銷。如果產品的銷售對象遍佈各個階層，就必須審慎運用市場區隔策略來促銷，並擬訂各區隔市場的價格政策，選擇適合各個階層的廣告媒體，以達成產品促銷的目標。

二、價格知覺

社會階層會影響到消費者對價格的知覺。對較低階層的人來說，他比較重視產品價格和品質之間的關係，以致會比較各種不同品牌產品之間的品質和價格，並從他所可接受的價格中選購一個品質最好的產品。至於中上階層的人則比較不在意產品價格，而願意選購具有地位象徵的產品和服務，諸如購買名牌轎車、到國外旅遊，或在豪華餐廳用餐。顯然地，不同社會階層的人，對產品或服務的價格知覺是不同的。在行銷上，廠商爲了因應此種不同價格知覺，必須依社會階層作市場區隔，並採取不同的行銷策略。

廠商爲了因應不同價格知覺的行銷策略，就必須產製不同價格的產品和服務。一般而言，高價產品和服務的銷售量往往比低價產品和服務爲小，但其利潤加成則比較大。廠商有時也可在高價產品的銷售中得到利潤。就以汽車的產銷策略來說，賓士汽車（Benz）的成本固然比國產車爲高，但其利潤加成也遠比國產車爲高，其中一部分乃爲象徵性價值所附加的差價。因此，具有象徵性而高外顯性的產品，可採用高價策

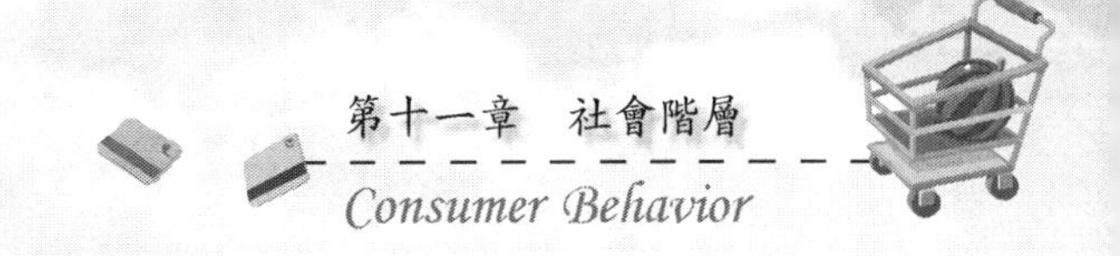

略；而一般性需求的產品，則宜採用低價策略。

三、休閒服務

通常較高階層或富裕階層人士，較傾向於服務或高層服務的消費；而較低階層或非富裕階層的人士，較傾向於實質產品或低階服務的購買。前者如醫療服務、私人醫生、保險、高爾夫球、國外旅遊、音樂會或歌劇等；後者如欣賞電視、賽鴿、拳擊賽、棒球賽、釣魚以及其他一般性的活動等。再者，低階層的消費者多花費時間在商業性的活動上，較少花費時間在認知性的活動上；相反地，高階層人士多參與認知性活動，較少參加商業性活動。

此外，股票、債券的持有，房地產的擁有，大多與教育程度、職位高低和所得水準等有關。一般而言，教育水準、職業水準、所得水準等較高的人，較喜歡長期持有股票、債券等，因其較能忍受長期風險；而地位較低者，則相反。因此，社會階層不同，其對服務的需求與認知也不同，行銷人員必須針對各個不同階層人士作不同的服務項目。

四、經費支用

儲蓄、消費和信用卡的使用，和消費者的社會階層有密切的關係。通常上階層人士較具有未來觀和未來取向，對自我理財能力較具信心，以致願意投資在保險、股票和房地產上。相反地，較低階層人士比較傾向於現有的滿足與直接的享受刺激，一旦他們有必要儲蓄時，將特別重視儲蓄的可信度與安全性。

至於在信用卡使用上，對較低階層人士來說，可能爲了便於分期付款之用；他們較傾向於以循環利息的方式來支付銀行帳單；而一旦需購買較昂貴的商品時，較傾向於先買後付的方式。相對地，對較高階層人士來說，信用卡只是爲求方便而已，他們會將信用卡視同現金的替代品，比較傾向於每月付清的付款方式。由此可知，消費者對經費支用的態度，與其社會階層有關。

五、商店選擇

不同社會階層的人，對商店的選擇也有所不同。一位喜歡到大百貨公司購物的人，顯然在社會階層上，與一位喜歡在小型商店或便利商店購物者不同。當然，每家商店的獨特性不同，也會吸引不同社會階層的消費者，這也不可一概而論。然而根據研究顯示，個人的社會階層和所選擇商店的名氣有正性相關。易言之，高社會階層的人較喜歡在名氣大的商店購物。

對某些產品而言，社會階層和商店的選擇有很大的關係。在一些家用器具和品質保證的貨品中，中等階層的家庭喜歡在折扣商店購買。然而高級衣服或家具等產品，由於購買時的風險性較大，而且沒有形成個人的品牌忠實性，以致個人喜歡在地位較高的商店購買，以免損失或上當。

此外，中上階層的主婦對自己的購物能力，有較充分的自信心，因此喜歡從事冒險性的行動，而到新商店去購買，並喜歡吸取新經驗。同時，中上家庭的主婦購物次數較多，總是喜歡很快地把要買的東西買好。然而低階層的主婦往往喜歡在地方性的小商店購物。她們比較容易信任熟識的人，所以很容易和店員建立友誼關係，且很少到其他新商店去購物。

六、廣告促銷

隨著社會階層的不同，每個人對促銷活動的反應也不一致。易言

之，不同的廣告媒體與訊息，對不同階層的分子，影響力都不相同。對較高階層分子而言，印刷媒體和電腦，尤其是雜誌和網際網路，比電視和收音機的效果要好得多。一般而言，欣賞電視的以中下階層人士爲多；剛入夜時的觀衆多爲勞工階層；而較晚的電視節目欣賞者，多爲中階層人士。至於高階層人士多不喜歡電視。

再者，媒體的內容也是決定觀衆的主要因素之一。不同的媒體內容，吸引不同階層的觀衆或讀者。報紙社論、書評和社會版等，較能引起中高階層人士的注意；而體育版和影劇版則較受勞工階層歡迎；新聞週刊、旅遊與文學雜誌等，中上階層的讀者較多；但運動、戶外遊戲和戀愛小說等，則爲勞工階層的寵物。在歌曲方面，中上階層人士喜歡典雅音樂，下階層的人則喜歡流行歌曲。電視節目很受勞工階層的歡迎，中下階層認爲還可適應，但中上階層人士則無法忍受。

此外，正如媒體內容一樣，隨著廣告訊息內容的不同，各階層的觀衆也不一樣。還有，訊息內容是否具有吸引力，也因社會階層而異。再者，社會階層的興趣差異，也影響個人對訊息知覺的不同。例如以名人來讚賞優良產品的廣告，對勞工階層的吸引力較大；但對中等階層來說，其效果較小，因爲他們很難相信名人的話是眞的。更有進者，有些研究顯示，採用單向說服方式，對教育程度低者較爲有效，但教育程度高者則不易被說服。又現場促銷活動的參與者，多爲中下階層人士，因爲他們較喜歡熱鬧。

總之，由於社會階層的不同，他們對產品、服務、付費方式、商店選擇與促銷活動的參與度等都各不相同，以致需採取不同的行銷策略與行銷手法。行銷人員爲了達成促銷的目的，必須能瞭解社會階層的含義，評估消費者的社會階層，以便能掌握到其消費行爲，並作市場區隔，期能發揮最佳的行銷效果。

第十二章 文化影響

Consumer Behavior

每個人的行爲都帶有文化的意味，消費者行爲亦然。蓋個人是生活在社會文化中的，他的每項購買行爲都在文化的規範底下，而無法脫離文化的本質。因此，消費行爲是會受到文化的洗禮的。個人的思想、理念、價值都含有文化的氣息，他所購買的產品和服務也代表著某種文化的含義。是故，文化是無所不在的。本章首先將說明文化的意義、功能，以及其與消費行爲的關係；接著將敘明文化的內涵，及其對消費行爲的影響；然後研討存在文化內的次文化群體，和聯結各個文化的跨國文化之特性，以及其對消費行爲的影響，與行銷人員所應採取的行銷策略。

第一節　文化的意義

「文化」（culture）一詞所包含的概念甚廣，舉凡人類社會的一切構成要素，如制度和行爲表現等，均涵蓋於文化之中。正如個人的人格一樣，文化可視爲整個社會的人格。然而文化的具體含義，並不容易界定。英國人類學家泰勒（Edward Tylor）即認爲，文化是人類在社會中所學習到的知識、信仰、藝術、道德、法律、風俗，以及其他的能力與習慣。因此，文化實是包括整個社會的所有特性。它當然也包括語言、飲食習慣、音樂、技術、工作模式和產品與服務等。這些乃涵蓋著物質的和非物質的或精神的所有層面。

其次，克羅伯（Alfred L. Kroeber）也認爲：文化是團體成員的產物，包括構想、概念、態度與生活習慣等，用以幫助人類解決生活上的問題。以上定義均強調文化的內涵與重要性。

不過最爲人所接受的是林頓（Ralph Linton）所下的定義，他把文化定義爲：文化是一個社會中習得行爲以及行爲結果的形貌，而這些行爲的組成元素在該社會中傳遞。此定義特別強調：(1)文化是動態的，而不

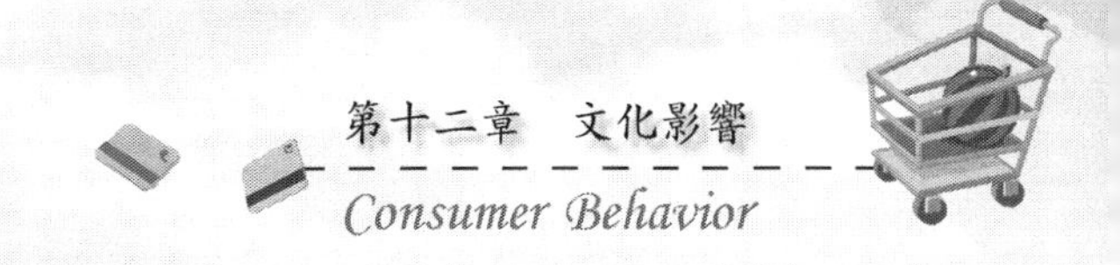

是靜態的；(2)文化不只是累積傳統的總和，而且是想法、價值觀、行事方法等的傳遞與溝通；(3)文化強調其有機性、活力，以及分子間的共通性與聚合性。

然而，決定文化的最主要因素，乃是人類的生存環境。由於生存環境的不同，乃導致文化的不同。人類因生活在不同的社會環境中，以致所學得的行爲也不太一樣。這種學習有些是經過別人的教導，有些則由自己觀察和領悟得來。在消費行爲上，文化即經由學習而產生信念、價值觀與風俗習慣，以致形成所謂的消費文化。因此，文化對社會成員的影響是多方面的，也是無遠弗屆的，包括個人的食、衣、住、行、育、樂、購買行爲與其他各種活動，其中當然也涵蓋著消費活動。

此外，文化是共享的。社會上的任何一項特徵、信念、價值觀，或風俗習慣，都必須爲社會大多數成員所共享，這是文化的特點。因此，文化是凝聚社會成員的基本要素。文化常透過家庭、教育機構、宗教群體和大眾傳播媒體，而形成個人的消費社會化歷程。家庭教導成員學習金錢所代表的意義，價格和品質的關係，對產品的品味、偏好和習慣，以及對眾多產品訊息的反應。教育機構和宗教群體則強化個人在家庭所受消費的訓練。大眾媒體透過廣告，散播文化內涵、產品、理念，刺激消費需求，並宣傳新的品味、習慣和習俗，且傳承文化價值觀與功能。

再者，文化是變遷的。所謂文化變遷是指當傳統文化不合時宜，或不能適應環境的需求時，就必須除舊佈新，加以改變，以滿足當前環境的需要。顯然地，在當前的社會中，由於科技的突飛猛進、交通的便捷、通訊系統的便利、自動化的崛起、醫藥的創新以及各項電子設備的發展，已使文化產生了戲劇性的改變。此種改變爲今日社會帶來電子遊樂器和許多電腦化的消費。

當然，文化是動態的，而不是靜態的。爲了順應時代的變遷，文化必須持續地發展和改變，以求能符合社會的最佳利益。因此，行銷人員必須密切注意社會文化環境，以求能更有效地行銷現有產品，或發展具

有潛力的新產品。文化變遷即意味著行銷人員須不斷地檢視消費者的動機與行爲，不同的消費群、使用者，消費時機，所接觸的媒體以及新需求的產生。唯有如此，才能發現新的行銷機會。

由此觀之，文化是整個人類生活方式的總體，包括一切物質的與非物質的東西。從個別社會的立場來說，一個社會的文化是由該社會所建立的，且是代代相傳的生活方式之總體。更具體地說，文化是人類社會中普遍存在的現象，是人類爲了求生存，以生物的和地理的因素爲依據，而在群體生活與交互行爲過程中，所創造出來的人爲環境與生活方式和準則。然而，文化在被創造出來後，由於人類心理傳授的作用，而繼續存在；但在時間、空間與內容上會產生差異。

依此，人類文化實具有普遍性、連續性、累積性與變異性。無論古今中外，沒有一個人類群體是沒有文化的，這就是它的普遍性。文化自開始創造，就被保留下來，代代相傳，此即爲它的連續性。文化的發展由簡單到複雜，有些依舊存在，有些則經過改造或創新，以致其內容逐代地增加，這是它的累積性。又文化在各個時代、各個社會的發展程度和內容上，都各不相同；亦即同一制度常因時間和空間的差異而不一致，這就是它的變異性。

總之，「文化」這個概念含義很廣，其所包括的範圍與內容也極其遼闊。它是無所不在的，一方面存在人類生活中，影響著人類行爲，尤其是消費行爲；另一方面則構成整個人類生活的型態，受到人類行爲的影響，而形成消費文化。因此，「文化」乃是消費行爲研究者與行銷人員所必須重視的課題。

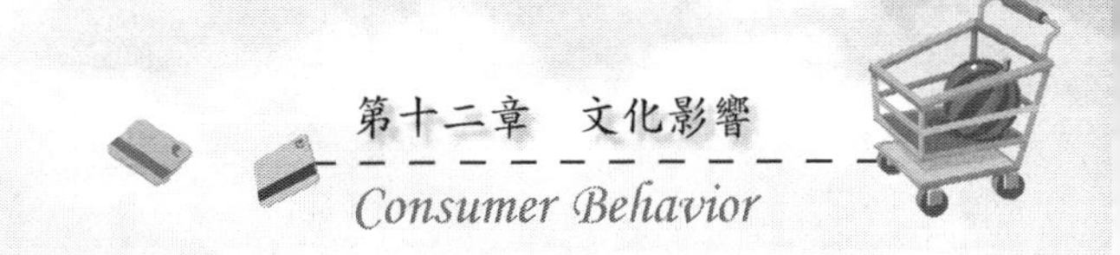

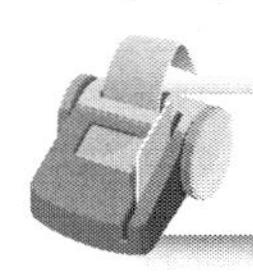

第二節　文化的功能

文化與消費行為的關係極為密切。在一定的文化體系中，消費者是經由學習而得到信念、價值觀和風俗習慣，且據以形成其消費行為的。因此，文化可顯現出消費型態、態度、價值觀，同時文化也藉由消費行為而呈現出它的特性。無論是文化對消費者行為的影響，或是消費者行為顯現出文化特質，都可經由對文化功能的觀察而得知。本節即將探討文化在消費行為上的功能。

一、文化可滿足需求

文化可滿足人們的各項需求，如飲食文化、穿著文化等在滿足基本需求。文化形塑了人們在消費行為上的方向與秩序，指導人們滿足各項基本生理需求和社會需求的禮儀規範。在不同的文化體系中，文化界定了必需品和奢侈品的分別。例如，汽車對高度開發的社會來說是一種必需品，它提供了便捷的交通；但對低度開發的社會來說，汽車可能被視為奢侈品。此外，文化也規範了各種情境中的穿著方式，例如在正式場合或極少數餐廳中須穿著西裝或很正式的服飾，而在其他場所則只穿著休閒裝或牛仔裝。總之，文化除了滿足個人需求之外，也規範了社會需求，建立了傳統的文化信念、價值觀和風俗習慣。

二、文化可傳承習俗

文化是依靠學習而傳遞消費習慣和習俗的。對大多數動物而言，都必須親身經歷才能學習，人類則可運用符號而直接想像到一個產品、一

項服務，或是一種想法以滿足其需求，且讓廠商能夠宣傳其產品的特色和利益。許多廣告常不斷地強調產品或服務的利益，在廣告訊息不斷重複曝光下，因而塑造、增強商品文化信念和價值觀。廣告不僅可增強消費者對特定利益的需求，且可教導消費者對未來產品的利益欲求。這些都與文化有關。

三、文化可塑造人格

個人處於社會文化環境中，隨時隨地都受到文化的規範，以致形塑出個人的人格。然而，就整個社會來說，文化不僅形塑個人的行為，也塑造出整個社會人格。在消費行為上，個人之間雖可能有不同的消費習慣，但在群體內所消費的產品往往是一致的。例如，在宗教團體中為了履行對宗教信仰的儀式，所有的成員都必須購買相同類型的祭品、服飾和禮物等。因此，就某些特質而言，文化實塑造了購買性格。

四、文化可規範消費

文化規範乃為某個文化群體內部成員所必須遵守的，這表現在消費行為上亦然。例如，有些產品在某些文化裡是被允許的，有些則為不被允許存在的。社會成員常被限制在某種消費領域之內，否則將被認為是傷風敗俗，而受到排斥。此乃為文化教導人們遵守那些行為規範，使整個社會更有規劃、有秩序，而趨於更完美的功能。

五、文化可區隔市場

文化之可用來區隔市場，乃為每個文化都有它獨特的特質。文化可提供行銷人員區辨各民族或群體的依據，以求在行銷上能更合乎現實與

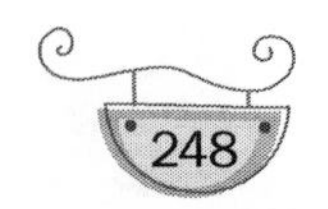

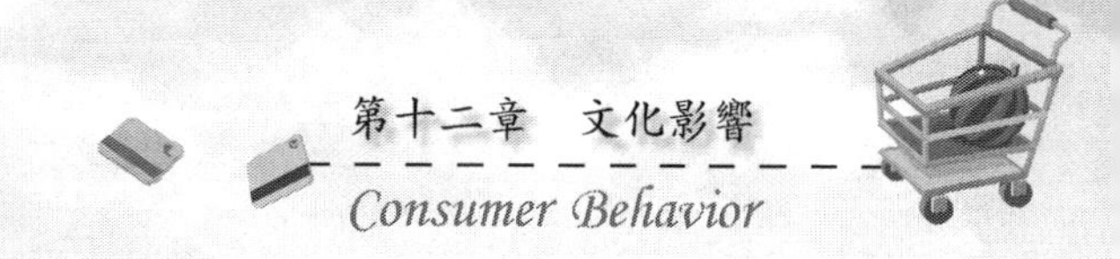

實際。此外，每種文化都有它的消費型態、方式、意識與購買行爲，這些不同的特性，都可讓行銷人員區辨出不同的消費群體，以便運用不同的行銷策略與方法。因此，文化可用作市場區隔的基礎。

六、文化可測度時尚

時尚是當前社會所存在的一種文化，它可能一時流行，也可能不久之後就不流行了。此種流行或不流行即影響人們對產品的購買或不購買。如今年流行的產品或式樣，會激發人們去購買；而明年就可能是過氣的產品，以致沒人購買。當然，任何產品在推出時，只有少數人會嘗試購買，若產品或式樣爲大多數人所接受，就會被大量購買，終而形成一種時尚。此種過程的轉變，通常必須仰賴大眾傳播工具來傳播。這就是文化流傳的作用。

七、文化可賦予意義

所有的文化都會賦予產品或服務以不同的意義。例如，休閒在貧窮社會中可能被認爲是懶散，而在高度開發社會中可能被視爲一種調劑。此種不同的文化就會給予產品不同的風格和看法，甚至隨著時代與文化的變遷，常有不同的看法。早期台灣社會認爲打撞球是一種不正當的行爲，今日則視之爲休閒活動。由此可知，文化能賦予任何產品或服務以不同的意義。

八、文化可散佈價值

文化可散佈產品和服務的價值。就事實而言，文化的傳播有時是不著痕跡的，然而此舉正可深入人心。蓋文化會影響一個社會生活中的每

一層面，涵蓋的範圍從日常生活到藝術的欣賞均屬之。因此，文化的廣泛散佈，使得人們都視之爲理所當然，而默默地接受，此乃是新產品或服務的觀念，能逐漸爲人們所接受的原因。是故，文化具有散佈產品價値的作用。

總之，文化對消費行爲是有某些功能和作用的，沒有人能脫離文化的影響。在消費市場上，所有的行銷組合包括產品、價格、促銷和銷售商店，都存在著文化的特徵；所有的購買動機和行爲，也含有文化的意味存在。即就消費本身而言，其亦常孕育出消費文化，而消費文化即是文化的類型之一，其乃代表消費的價値、態度與理念，甚而決定購買與否。因此，在消費者行爲研究中，文化的影響是不可忽視的課題。

第三節　文化特徵與消費行爲

由於每種文化的內涵不同，其所表現的文化特徵亦有所差異，此種不同的文化特徵又產生不同的消費行爲。然而，每種文化所顯現的特徵甚多，絕非本節所能涵蓋。因此，吾人只能就一些比較顯著的特徵加以探討，此即爲文化的核心價値（core values）。核心價値乃可提供對產品品牌和溝通作正面和負面評價的基礎，並用以界定可接受的市場關係，此將深深地影響行銷活動。這些可用來評價文化的特徵之核心價値要素，至少包括：

一、成就取向

成就可作爲文化的特徵之一。有些文化重視成就導向（achievement orientation），以表現成就爲榮；有些則較不重視成就，而較傾向於成員關係，以關係導向（ascriptive orientation）爲主。此乃與該社會的科技發展和經濟成長有關。當文化中很重視成就價值時，則其成員會更努力於追求成就，用以提升其地位與財富上的報償，並滿足其內在的需求。這種成就表現將影響其消費行爲，亦即高成就的人擁有某些產品和服務，將提供社會和道德層面的合理化理由。此外，高成就取向的人較易購買足以炫耀的產品，用以犒賞自己，並藉以展示其成就。

二、活力價值

一個富有活力價值的社會文化，必充滿著蓬勃朝氣，努力奮鬥的精神。基本上，活力乃是一種健康而正常的生活方式，此種活力價值觀可能對某些產品有正面的影響。例如，伴唱機有助於人們展現青春的活力與朝氣。但活力價值有時也會引發一些負面的影響。例如，速食文化常使得人們爲求快速、簡便，而很難很正式地吃一頓傳統的餐食。是故，充滿活力價值的文化特徵，有時會促成某些產品的銷售，有時則降低某些產品的銷路。

三、實用效率

有些文化很講究實用性和效率，有些則否。此種不同的文化特性，將產生不同的消費與行銷活動。在一種講求效率的文化中，人們較偏向於喜歡節省時間和精力的東西；而在講求實用性的文化裡，人們較偏向於接受更方便，或能有助於解決問題的新產品。在此種文化特性下，消費者常使用有標準規格的產品或零組件，以便於隨時更新。另外，講實用、求效率的另一現象，就是很有時間觀念，一切產品的購買都爲了追求時效。

四、開放競爭

開放競爭或保守的文化特徵，對消費行爲和行銷活動就會有所差異。開放競爭代表著進步，而進步與其他核心價值觀，如成就和成功、效率和實用性等，都有密切的關係。人們處於開放和進步的文化特徵下，必堅信自己能不斷進步，追求更美好的未來。此表現在消費導向的社會中，人們會不斷地追求產品的更新與高品質的服務，並滿足於潛在需求的新產品與服務，要求「新穎」「奇特」「快速」「好用」「有效」的產品主張。

五、物質享受

所謂「物質享受」，代表著種類繁多而豐厚的產品，富裕的生活，如擁有高貴華宅、汽車、洗衣機、微波爐、冷氣機、烘碗機，以及其他足以提供便利性、歡娛、舒適的產品和服務。當然，就消費者來說，對物質享受的看法是相對性的。有些消費者對物質享受的看法，是與他人比較的結果；一旦他擁有的物質比別人多，他就覺得滿意。有時物質享受是因爲它足以提供便利和舒適，以致消費者會感覺到滿意。然而，有時太多的物質享受，反而造成精神的匱乏。

六、人道主義

人道主義的文化特徵，也會影響消費行爲。若產品設計能符合人道主義，將更爲消費者所歡迎。一旦產品會對人身造成傷害，勢必受到排斥。因此，產品設計的人道主義，是廠商所必須重視的議題。此外，公司形象也會影響消費者的接受程度。消費者購買產品的類型和標的物，

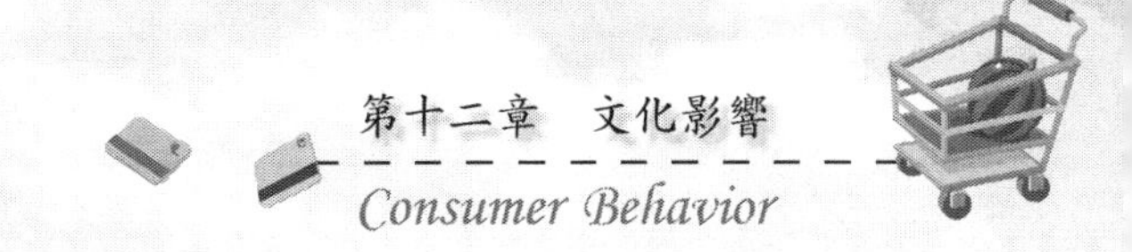

會考慮到社會公論。如消費者投資基金時，會考慮具有關懷社會意識的公司，一方面乃在考慮公司人道主義之形象，另一方面則在尋求對自我的保障。

七、個人主義

個人主義的文化特徵，對消費者行爲的影響，甚爲重大。在具有個人主義文化特徵的社會中，個人比較會要求自我獨立、自信、自尊、自我滿足，以表現自我的獨特風格。此顯現在消費行爲上，就是購買能表現自我特性的產品。例如，個人喜歡穿著能顯現自我個性的服飾，強烈表現個人的自信和舒適感。相反地，在團體主義的社會文化中，消費者所購買的必是標準化的產品與服務，較少顯現自我特性。

八、健康保養

健康保養的文化概念，在今日社會中爲一種嶄新的核心價值觀。此種價值觀對消費行爲，具有決定性的影響。例如，今日社會常強調低脂、低鹽、低熱量、不含防腐劑的食品，對身體健康是非常重要的，以致迫使廠商不製造垃圾食品，並開始調整食物的成分，以滿足重視健康概念的消費者之需求。廠商不僅要製造合乎社會大衆健康的食品，而且須提供消費者對美味而健康的更多選擇。

總之，文化內涵所顯現的文化特徵，是會影響消費行爲的。畢竟消費行爲是表現在社會文化之中的。所有消費者的行爲都必然會受到他所處社會文化的影響。當社會文化強調實用效率，其產品也必然要走向實用效率，否則必爲社會成員所唾棄。由此可知，社會文化特徵與消費行爲的關係極爲密切。

第四節　次文化群體

誠如前述，文化對消費者行爲是有影響的。惟文化之中尙存有許許多多的次文化，此種次文化群體的信念、價值觀、興趣和風俗習慣等對消費者行爲的影響，往往超過文化本身。蓋此種次文化群體與消費者個人之間的關係更形密切。因此，吾人於探討文化之餘，還必須瞭解次文化群體的特性。至於，所謂次文化群體，就是以宗教、種族、生態、年齡、性別、語言、社會階層等爲基礎，而由人們形成不同的群體。本節將就宗教、種族、生態、年齡、性別等，來研討各種次文化群體與消費行爲的關係。

一、宗教次文化

在文化社會中，不同的宗教形成不同的宗教次文化群體，這些群體又表現不同的習俗與行爲，從而影響其購買決策。最明顯的例子，乃是消費者常購買符合其宗教象徵和宗教意涵的產品，如食物、衣服與飾品等。此乃爲不同的宗教次文化群體，都有自己獨特的信念、價值觀、風俗習慣、宗教意識與信仰，以致產生了不同的產品忠實性。此外，宗教禁忌也禁止某些產品的消費。例如，佛教之禁食葷食，印度教之禁食牛肉等。當然，宗教禁令或某些相關活動也常超脫原有的意涵，如猶太教對在包裝上標示U或K字樣的食品，除視爲一種規範之外，也視爲一種有益健康的標誌。準此，行銷人員可針對特別宗教群體設計行銷方案，以利於促銷。

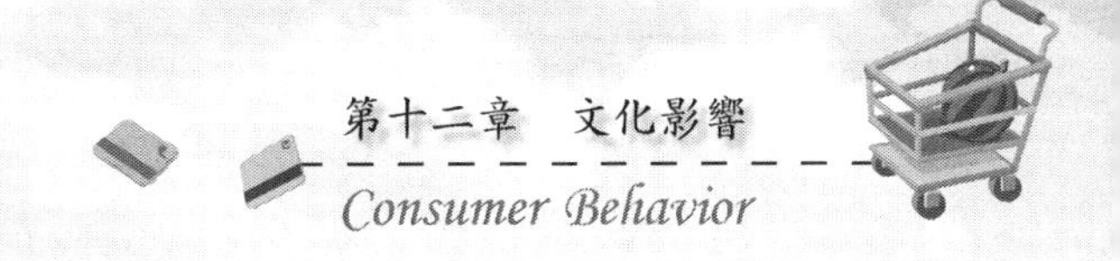

二、種族次文化

不同的種族都有其本身的生活習慣、信仰、特殊背景、需求，此表現在行銷上，正可提供作爲市場區隔的基礎。固然，在大文化社會中，消費者常有相同的消費習慣和行爲；但在種族次文化群體中，在產品偏好和品牌購買模式上，則與其他群體有所差異。因此，在行銷上一方面可運用大衆化的行銷方式，另一方面則須利用分衆或小衆的區隔行銷方式。顯然地，不同的種族會有不同的文化特徵，終而影響其消費行爲。此外，不同的種族在購買決策上也常有差異。有些種族由男性負其決策，有些由女性決策，有些則由夫婦共同作購買決策。

三、生態次文化

由於地理環境的不同，整個文化也可分成許多次文化，以致在消費行爲上會有很大的差異，特別是在飲食方面更是如此。此乃因在自然環境下，無論氣候或地理狀況都會形成不同的物理環境，以致造成區域性區隔之故。例如，中國北方人習慣於麵食，南方人喜歡米食，即是地理環境不同所形成的飲食差異。

至於城市、市郊與鄉村，也可用來說明生態次文化群體，從而具有次文化市場區隔的特別意義。通常，在大都會區域中，有許多富裕的家庭，其支出常佔消費的大宗；而鄉村較爲純樸，所消費者多爲日常用品，且消費支出不大。住在市郊者多以年輕家庭居多，社會地位與教育程度高，其消費多以房屋、汽車、回數車票，以及私人游泳池等，爲其常購買的物品。

在消費習慣與態度上，城市與鄉村也大爲不同。一般而言，城市消費者多喜歡多樣性的購買行動，與店員關係較淡薄；且常喜歡到新商店

購買，以吸取新經驗，比較不具品牌忠實性。至於，鄉村消費者常與店員建立良好關係，透過這種關係而與整個社區聯結在一起。因此，對鄉村消費者而言，購買行為不僅是工具性行為而已，也可藉此建立起社會關係。

四、年齡次文化

以年齡來區隔，可區分為若干年齡的次文化群體。以X世代來說，他們不像上一代，積極工作是為了獲取高薪，以及爭取晉升機會，且犧牲家庭生活；他們寧可追求工作滿意度，希望享受生活，擁有更多的自由，不希望超時工作。因此，X世代的消費者最常購買的產品為CD、錄音帶、化妝品、清涼飲料、露營器具，以及機車等。他們追求熱門音樂、名牌產品、網咖、流行的產品，並使用新語言，而閱報率極低。

至於，中壯年族群是相當有潛力的市場，他們是目前最大的年齡區隔市場，常制訂重要的購買決策，是行銷人員積極鎖定的對象。他們大半擁有專業和管理專長，且受過高等教育；他們逐漸重視健康概念，喜歡購買維他命和其他健康食品。此類消費者喜歡為自己、家庭，或他人購買東西；喜好休閒活動、塑身、計劃事業的第二春，或尋求其他生活的新方向。

最後，老年群體可稱為銀髮族。一般而言，老年族群由於體力逐漸衰退，空閒時間較多，其對藥品的需求往往比其他群體更為殷切。在食品上，老年族群更需要不含膽固醇或非酸性的食物。其他，如老人俱樂部、老人會等組織，都可提供作為精神慰藉的場所。惟根據研究顯示，許多老年人常自認為自己比實際年齡為輕，他們可能擁有最新型的電腦，並經常上網。由此可知，銀髮族相較於其他年齡人口，在興趣、意見和活動等方面的分歧性為大。因此，行銷人員在作市場區隔時，尚須考慮這些因素。

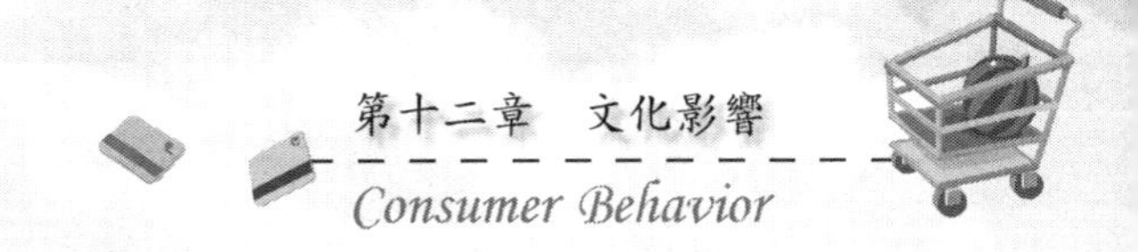

五、性別次文化

性別亦可作爲劃分次文化群體的基礎，此乃因性別角色常含有相當的文化意涵之故。在傳統上，男性被賦予的角色，乃爲剛強、積極奮鬥、負責進取、肯冒險等特質；而女性被推崇的角色，是溫柔婉約，整潔、勤儉、體貼等特性。男性須養家活口，女性則持家、生兒育女、照顧家庭。惟今日社會中的男女兩性角色已日漸模糊。不過，男女所消費的產品仍大爲不同。例如，男性用品和女性用品常有差異，男性多採用刮鬍刀、領帶、休閒服，而女性多採用香水、耳環、手鐲等。惟有些產品已逐漸中性化，如有些香水和維他命常是男女共用。

此外，職業婦女和家庭主婦常表現不同的消費行爲。就行銷市場來說，職業婦女乃是成長快速的利基市場。因爲職業婦女已有愈來愈多的趨勢。對大多數職業婦女而言，她們比非職業婦女較少有時間購物，以致常能快速購買，且產生較多的品牌或惠顧忠實性。再者，職業婦女擁有自己的一份薪水，故可購買較昂貴或奇特的產品。另外，職業婦女購物多選擇在夜間或假日。由於今日網路的發達，網路購物將會是一種新興的購物方式。

總之，各種次文化群體對個別消費行爲的影響，是無遠弗屆的。不同的宗教、種族、生態、年齡、性別，以及其他因素，都可能形成不同的次文化群體，並產生不同的消費習慣與購買行爲和消費型態。這些都可作爲市場區隔的基礎。惟行銷人員除了應瞭解不同次文化群體本身的特性之外，尙須注意各種次文化群體之間的互動。何況消費者都可能兼具多種次文化群體的一員。是故，促銷策略不能只侷限於單一次文化群體的成員，而應同時兼顧整個市場的各個層面，以求能眞正達成產品促銷的目標。

第五節　跨國性文化與行銷

誠如前述，每個文化都有它獨特的特性，但在許多相關文化之間，也常存在著若干相似性與差異性。此種文化之間的相似性，在行銷策略上，正可採用市場總合（market aggregation）的行銷策略；而文化之間的差異性，則可採用市場區隔（market segmentation）的行銷策略。至於文化間的相似性與差異性，表現在跨國性文化上尤為明顯。本節即將進行這方面的探討。

所謂跨國性文化（cross national culture），是指跨越兩個或兩個以上國家的文化而言。基本上，在同一文化體系中就已存在著許多次文化群體，何況是國與國之間的文化更有所差異。因此，本質上跨國性文化要比其他層次的文化複雜得多，且文化與文化之間的差異性也甚大。當然，在鄰近國家中的文化特質，很多也是相近的。這些相似性與差異性，正可提供作為採取不同行銷策略的參考。

首先，就跨國性文化的差異性而言，國際間的語言、需求、產品使用、消費模式、經濟和社會狀況，以及市場研究機會等，都有所不同。以語文來說，某國的字句轉化為他國的語文時，常別具含義或為不雅的文詞。例如，美國勞斯萊斯（Rolls-Royce）汽車公司的銀霧（Silver Mist），在德國語文中為「糞肥」的意思；又如雪佛蘭汽車的Nova，在西班牙語中為「跑不動」的意思。類此則在國際行銷上就必須改換名稱，以利於行銷。

其次，就消費者的習俗與口味來說，不同的國家文化也呈現不同的風味。例如，早期美國的芭比娃娃最初銷售日本時，並不受歡迎；此乃因該娃娃長腿、棕髮，不合日本人的民族意識；及至將外型改變為東方人體型，並加上日本和服，其銷路才打開。同樣地，美國Snapple飲料在

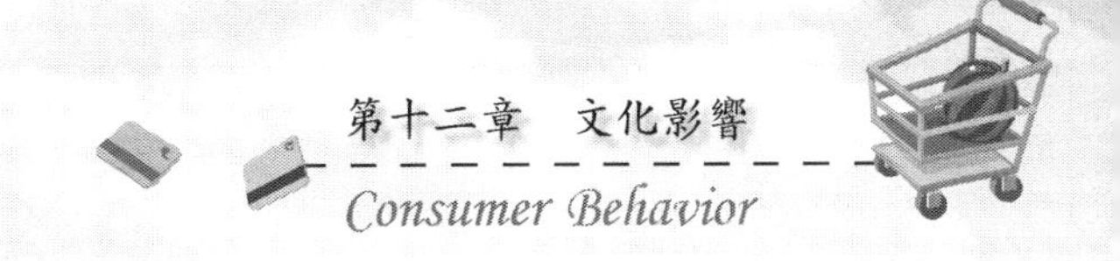

日本市場無法獲得佳績，就是因日本人較偏好純淨、糖味較淡的冰茶之故。因此，國際行銷人員若要推廣行銷工作，就必須探討該國文化中的風土民情和人民的口味。

再次，顏色也常含有不同的文化意義。以藍色爲例，在伊朗代表死亡，在印度代表純淨，在荷蘭代表溫暖，在瑞典代表寒冷。黃色在美國象徵溫暖，在法國則意味著不貞、背信。又如白色在許多國家都代表純潔，但在中國和日本文化裡卻代表死亡、不吉利。因此，在國際行銷上，所有的產品及其包裝必須能適當地傳達各國文化的含義，以求能符合該目標市場上的習俗，並達成促銷的目的。

另外，國際行銷人員還必須能調整價格和配銷政策，以求能符合當地社會與經濟狀況。例如，在開發中國家，其經濟尙在起飛階段，消費者通常較偏好小型的容量包裝；此與富裕或已開發國家的社會情況，大爲不同。即使在高度開發國家中，由於民情的不同，其購買型態也有所差異。例如，瑞士和法國的消費者比較，前者較傾向於購買較小型而個人化的雜貨。且由於國家經濟發展程度的差異，有些國家的消費者認爲便宜的產品，到了其他國家可能認爲很昂貴。這些多少也和行銷通路，包括製造商、通路商和零售商之間的合作關係有所關聯。

最後，就市場研究機會而言，各國文化的特質也不相同。有些國家的消費者是會接受消費者市場的研究調查的，有些國家則否。通常愈是開放或經濟愈發達的國家，其消費者愈容易接受此種調查研究；而經濟愈落後或社會愈保守的國家，其消費者愈難接受這方面的調查研究。因此，行銷人員要想研究不同國家的消費者，就必須瞭解各國民情，善用各種研究類型與方法，以求能眞正搜集到有用的市場資料。

當然，有些國家文化由於地區鄰近、語文與習慣相同、同文同種等因素，以致也有若干相似之處。甚至今日世界已成爲一個地球村，接受外來產品乃可提供自我成長的機會；且全球消費者對來自其他國家或遙遠地區的外來品，常存在著好奇與興趣。因此，在行銷上可採用若干標準化或相近似的行銷策略與推廣策略。

總之，國際行銷人員要想做好國際行銷的工作，必須針對各國文化進行研究與瞭解，此即稱之爲跨文化消費者研究（cross-cultural consumer research）。透過此種研究與分析，行銷人員就可探知不同國家之間消費者的相似性與差異性，從而瞭解他國目標市場中消費者的心理、社會，以及文化特徵，用以設計適當的行銷策略。當然，可行的跨國性策略可分爲全球化策略與當地化策略，或統一性策略與差異性策略，這些都得視各國文化情境而定。

第十三章　組織環境

Consumer Behavior

第一節　組織的概念

第二節　組織結構與消費行為

第三節　組織管理與消費行為

第四節　組織文化與消費行為

第五節　組織的工業購買

所有的消費者幾乎都是組織的成員，對大多數消費者而言，他們都可能是政府機關、工廠組織或其他組織的一分子。這些組織不僅影響其內部成員的工作行為，也多少影響成員的消費理念與態度。此乃為成員在組織內部交互行為所構成。至於可能影響成員交互行為的因素，可包括組織的結構、管理理念和組織文化，尤其是組織領導者和主管人員的影響。因此，本章將以這些主題為研討的內容。此外，組織本身由於其內部的需求，常有所謂的工業購買，此亦將於最後一節研討之。

第一節　組織的概念

組織之所以和消費行為有關，乃是大多數的消費者都為組織成員。消費者個人在工作組織內，常受到組織政策、內部互動，以及其他工作環境的影響，甚而組織本身的工業購買，都會形成組織成員的購買決策和消費習慣。有些組織的環境因素，可能直接影響個別消費者，有些則間接造成對個別消費者的影響，這完全視情況而異。因此，本節首先將探討組織的意義及其概念。

一般而言，組織是人類為了追求某些共同目標而設立的，它無非是一種有目的性的人群組合，故決定了人與人之間的關係。易言之，人類一切行為的表現，乃是以組織為其背景。此處所指的組織，係為政府機關、事業機構、工廠組織，如公司、學校、醫院、教會、工會、政府等同類型的組織等均屬之。這些組織內部成員的互動，常會影響其成員的消費觀念與購買行為。此可由許多組織的定義中看出來。

高思（John M. Gaus）就說：「所謂組織，乃是透過合理的職務分工，經由人員的調配與運用，使其能協同一致，以求能達成大家所協調的目標。」此定義乃包括四大要素，即目標、意見一致、人員配置、權責的合理分配。

巴納德（Chester I. Barnard）則說：「組織乃係集合兩個人以上的活動或力量，加以有意識的協調，使能從事合作行爲的系統。」該定義隱含著三個條件：相當的溝通、一致的行動、共同的目標。

孟尼（James D. Mooney）和雷利（Alan C. Reiley）也說：「組織是人類爲了達成共同目的的組合形式，爲有秩序地安排群體力量，產生整體行爲，以追求共同的宗旨。」

普里秀士（Robert V. Presthus）甚至說：「組織是一種人與人之間所具有結構上的關係，個人在此結構中被標示以職位、地位、權利，而得以界定出各個成員間的相互作用。」

由以上各個定義可知，組織絕不是一種機械式的結構，而是人員與人員之間的互動關係。在組織內部乃涵蓋著物質或機械的觀點，以及心理和社會的層面。尤其是以今日社會的觀點而言，組織是充滿著動態的性質，它可能發生急遽的變遷。人們處於此種激烈變化的環境，其行爲隨時隨地都會受到影響，消費行爲亦然。例如，當組織同部門內的某個成員一旦購買一項新產品，則其他成員也可能加以模仿或仿效， 且購置同一產品，甚或購買更爲精進的產品。此即爲組織環境對消費者行爲的影響。

由上可知，組織不僅是工作結構的組合，而且是人員互動的結果。吾人在探討消費者行爲時，很難否認組織環境對消費者行爲的影響。當然，此種組織因素和社會文化等因素，也是相激相盪、互爲表裡的。惟爲探究組織內部對消費行爲的影響，以下將持續探討比較相關的組織結構、組織管理理念、組織文化與消費行爲的相關性。

第二節　組織結構與消費行爲

組織結構之所以與消費行爲有關，主要乃係其所構成的部門或單位內成員的交互行爲，常影響彼此的購買行爲，及形成某些消費習尙。就組織結構而言，組織內部基於分工專業化的需求，乃有劃分爲各個部門之必要；而在各個部門內部或部門和部門之間的互動，常影響彼此的行爲。例如，當某單位內某個成員在與同單位或其他單位成員接觸時，談起衣服在何處購買、價錢如何、老闆信用如何等，而引起他人的認同或不認同，這就會影響彼此間的消費意願。因此，組織結構是否影響消費行爲，並非來自於結構本身的問題，而是源於結構的流程與人員互動的過程。

然而，何種組織結構流程會影響人際互動？這就牽涉到組織結構類型的問題。一般而言，組織常因其性質的不同而有若干種劃分的方式，即職能別部門劃分（functional departmentalization）、產品別部門劃分（product departmentalization）、地區別部門劃分（territorial departmentalization）、顧客別部門劃分（customer departmentalization）、程序別部門劃分（process departmentalization）等。這些都是組織依據某些基準而將其內部劃分爲若干部門而來，此即所謂組織的部門劃分。由於部門劃分的結果，常使得部門內部成員有更多互動的機會，而在購買決策上交互影響。

當然，不同部門之間的成員既在同一組織結構下，也常有交互行爲的機會，此種相互的交往也同樣會影響彼此的行爲。例如，不同部門成員之間，一旦有了接觸機會，常因相同的理念、嗜好、習慣，而做出相同的消費，如一起看電影、喝咖啡、唱卡拉OK、登山、郊遊、參加同一俱樂部等。因此，不同部門的結構，並不是影響消費行爲的主要因素，

其間人員的互動才是決定消費行爲的主因。

此外，僵化或彈性化的組織結構，也會塑造組織成員的個性，此種個性將影響個人的消費習慣。一個比較僵化的組織，其成員也比較會有固定的習慣，以致表現在消費行爲上也可能較爲呆板。相反地，一個充滿變化性的組織，較可能培養富彈性的員工，以致其員工常表現新奇、活潑、好動等特質，其表現在消費行爲上也較傾向於新奇、創新產品的購買。當然，這只是一般性的概論。因爲個別消費者的行爲，也可能受到其他因素的影響。

再者，一個具彈性化與否的組織，也會影響員工的生活習慣，終而影響其消費行爲。一個過度僵化的組織，員工常習慣於工作上，很少有充裕的時間思考本身所需要的產品，從而限制了個人購買決策的空間。相反地，一個充滿彈性空間的組織，其內部成員歷經變化性的淬礪，由此而形成的彈性思維，較不會墨守成規，對消費決策較能搜集更多的資訊，以作爲購買時的參考。

再就組織結構的層級觀點而言，組織內部成員的職稱、名分、階級以及制服等，也都會影響其消費行爲。例如，組織內部高階層管理人員所穿著的服飾與所使用的物品，較傾向於精緻而高貴；而底層員工所消費的則較爲粗略而廉價。此乃因不同階級的人常享有不同的待遇與福利之故。當然，這仍得依組織性質、工作種類和個人條件而定。例如，在組織同階層的員工可能因家庭經濟較爲富裕，故能購置較高級的車輛；又如技術性的員工因懷有技術在身，故能領取更高的薪資，反而比其主管或某些管理人員更有購買力。

總之，組織結構對消費行爲的影響，並不是結構上的問題，而是因結構所形成的人員互動問題。當組織成員在組織內有互動的機會，就能影響彼此的消費理念、購買習慣，以及所想購買產品的種類及其品牌。此外，組織成員在組織地位的高低，正如社會階級的高低一樣，也同樣會影響其消費決策，所需購買產品的品牌、品質等。因此，組織結構是會影響其成員的消費行為的。

第三節　組織管理與消費行為

組織管理之所以和消費行為有關，主要乃係管理理念、方式及其所形成的風氣，常會影響組織成員的行為，進而左右其消費理念、搜集消費資訊和決策的態度等。此乃因消費者長久地處於組織之中，而深受組織管理制度和作為的感染之故。因此，本節乃就管理理念、管理方式、組織氣候、組織決策及組織變遷等五項內容，分別探討其對組織成員消費行為的可能影響。

首先，就管理理念而言，一個很重視人性化管理的組織，通常較允許員工有較多的自由與開創的空間，則員工較能有開闊的思考，而一旦有購買需求時，也比較能採取開放的態度，去搜尋更多的資訊，以形成明智的決策。相反地，一個不懂得激勵員工、視員工為不成熟的組織，很難激發員工的自信心，且處處限制員工行動的結果，較可能造成員工呆滯的思想，對購買行為也會採取較多的保守作法。這些都是管理理念對員工行為的影響，終而產生開明或保守的作風，進而影響員工的消費性格。

其次，就管理方式而言，一般組織的管理方式大致上可分為民主式、專制式和放任式等三種。在民主管理方式下，組織有一定的規範，可讓員工有充分任事的權力與自由，此可培養員工自主性與獨當一面的習性，進而在消費態度上能懂得尊重他人。至於在專制式管理方式下所培養出來的員工性格，乃是表現僵化而保守的特性、放棄工作責任、形成因循苟且的習性，這些也都可能轉為消費性格。在放任式管理制度下，員工毫無工作規範，作自以為是的發展，而表現在消費行為上容易毫無節制，且有浪費的現象。

另外，就組織內部氣候而言，一個充滿著和諧合作的組織，其員工必充滿著創造性，此不僅表現在消費行爲上，且在市場上的產品、製程及服務方式上，也都會表現更新的行動；尤其是處於今日產品生命週期愈來愈短的時代，此種創新精神將愈來愈重要。至於，一個充滿保守氣氛或不和諧的組織，其員工必多鉤心鬥角，此展現在消費行爲上亦多破壞商業倫理；在行銷上員工亦不易表現開創精神，以致在產品、製程和服務方式上常有遲滯的現象。

再次，就組織決策而言，一個由組織全體成員共同決策的組織，和一個由少數人或一、兩個人作決策的組織，不論在成效與決策過程上都是大大不同的。在以個人爲決策中心的組織中，其成員較少學習到決策的經驗，其表現在消費決策上也甚少搜集消費資訊，而只作少數或簡單的購買；且對產品的類型和品質所知甚少。至於，一個以組織全體成員或大部分成員作決策的組織，其成員較具有充分的決策知識，此用在消費行爲上亦能吸收更多的消費資訊，有助於個人的消費知識。

最後，以組織的變遷與發展而言，一個較能接受外在與內部環境變革的組織，其內部成員必充滿著蓬勃朝氣，員工也比較具有開創性，而能作長期性變革的努力；此種情況表現在消費行爲上，消費者就會尋求努力，找出解決消費問題的方法，並發展出新的消費過程。因此，處於變遷與發展環境中的個人，較能培養出靈活的消費理念與手法。相反地，在一個不重視變遷與發展的組織中，其員工較爲墨守成規，而表現出刻板的行爲，此亦常顯現在消費行爲上。

總之，組織管理對消費者行爲的影響，大多數屬於消費性格及其消費風格，此乃因組織管理理念與風格常會塑造其成員性格之故。對大多數消費者來說，他們通常都是某些組織的成員，在組織長久的陶冶下，吾人很難說消費者不受此等組織氣氛的感染而形成特有的消費方式。因此，不同的組織氣氛就會形成不同的消費性格與習慣。尤其是管理者所表現的消費行爲，常是所屬員工所學習或模仿的對象。此亦爲組織管理

對消費者行為的影響因素之一。

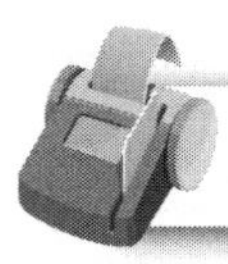

第四節　組織文化與消費行為

組織文化正如社會文化一樣影響著消費者的行為。任何組織都有它一套行事的依據和規範，此種規範即代表著組織文化。組織成員在組織文化的規範下，依據個人的知覺、經驗、學習、態度、動機和人格，而顯現出他的行為。個人的消費行為亦然。由此可知，由於組織文化的存在，也多多少少形成個人的消費文化。蓋組織文化支配著組織成員的若干價值觀和行動目標。

至於，所謂組織文化（organizational culture）類似於組織氣候（organizational climate），但前者涵蓋較廣，實不止限於組織氣候而已。蓋組織文化不但能生動地指出組織有不同程度的氣氛，且足以說明組織持續的傳統、價值、風俗、習慣，以及長久地影響組織成員態度和行為的社會化過程。就企業觀點而言，組織文化即指企業文化。

具體而言，組織文化是一種組織內相當一致的知覺，整合了個人、群體和組織系統的所有變數。它是組織內的共同特徵，是一種描述性的特質，以致能區分不同的組織。易言之，每個組織都有它各自的組織文化。組織就如同個人一樣，具有不同的人格特質，藉以表現不同的態度與行為。

每個組織既有各自的文化，則組織文化主宰著組織成員的價值、活動和目標，可告知員工進行作業的方式與重要性。它是一種員工的行為準則，員工依此而行事，以免違背組織的規範和價值觀。在消費行為上，組織成員長久地處於此種組織文化中，自然而然地建構其消費習性與規範，以求能與其他成員的作為一致。

然而，組織文化是如何建構的？通常組織文化都具有創始人的人格

特質，再加上管理階層與員工的互動而形成一定的行爲模式，以致造成組織的傳統、價值、規範和風俗習慣。對於新進員工來說，他必須接受此種文化傳統，這就牽涉到社會化（socialization）的問題。所謂組織社會化，就是組織成員必須瞭解和學習組織的價值、規範、風俗和期望，以便在擔任組織任務時，能成爲被接受的一員。在消費行爲上，此種學習適應過程，正足以使成員知道應購買何種產品和品牌，不應購買何種產品和品牌，如此才能使其行爲表現和其他成員一致，而不受排斥。

雖然組織文化和消費行爲的關係，並不十分明確；然而，消費者所購買的產品常力求與其他成員一致，則爲事實。例如，奇裝異服若違背組織的文化傳統，則必受到排斥；又如染髮、穿耳洞若不合乎組織的文化準則，也會被禁止。由此可知，消費文化必須能合乎組織的文化傳統，乃是不容置疑的。

當然，組織文化的特質亦能帶動消費文化。一個開創進取的組織文化，能帶動員工從事開創性的活動，而產生新的創意，此亦可形成新的消費文化。相反地，一個呆滯守成的組織文化，會培養出呆滯保守的組織成員，而從事於簡單、消極性的消費。

此外，誠如前章所述、組織文化對消費行爲亦常具有甚多功能，諸如可滿足成員需求、指引成員消費方向、規範消費領域、測度消費時尚、散佈組織的文化價值等，這些多少也可透過消費過程與行爲而顯現。因此，組織文化與消費行爲是可相互影響、交互爲用的。

總之，組織文化是會影響員工消費行爲的，只是其所影響的範圍常限於一隅，不如整個社會文化的影響來得大。然而，組織既是存在大社會之中，則組織文化常是社會文化的一部分，故而兩者常是互爲表裏。當然，組織的格局較小，且個別組織都有它獨立的特色，在行銷上只能對各類組織加以歸類，然後區隔出一些利基市場或地區性市場，以便於作更佳的行銷策略。此外，在消費市場或行銷市場上，行銷人員除了需注意組織各項環境因素對消費者的影響之外，尙需注意組織本身亦爲消

費者之一，其所購買的產品多爲大規模而數量較多的，這就牽涉到工業購買的問題。下節即將進行這方面的探討。

第五節　組織的工業購買

組織正如個人一樣，也是消費者之一。組織購買產品不僅在滿足其本身的需求，而大部分則在購買產品從事再製造或轉售或提供新服務的工作，故組織購買又可稱爲工業購買。雖然組織購買有少數只在提供內部成員需求的滿足，但此種內部需求基本上仍爲提供作再生產或服務的基礎，因此本節都將之合併爲組織的工業購買。此外，不同的組織有不同的購買目的，此乃牽涉到組織類型與性質的問題。是故，本節將分別探討組織購買者的類型與特色，組織的購買角色與方式，以及影響組織購買的因素等。至於組織購買的決策過程，則留待第十五章「消費決策」中探討之。

一、組織購買者的類型

由於組織性質與類型的不同，以致其所需購買的產品也有所不同。此種組織大致有三種類型，即企業組織、政府機關以及非營利組織，其中尤以企業組織爲最大宗。茲分述如下：

(一)企業組織

企業組織是指購置工業產品或自然物，以供作製造、銷售、租賃或提供服務的廠商而言。此種組織在購買上，又可分爲工業購買者（industrial buyers）和服務業購買者（service buyers）兩部分。

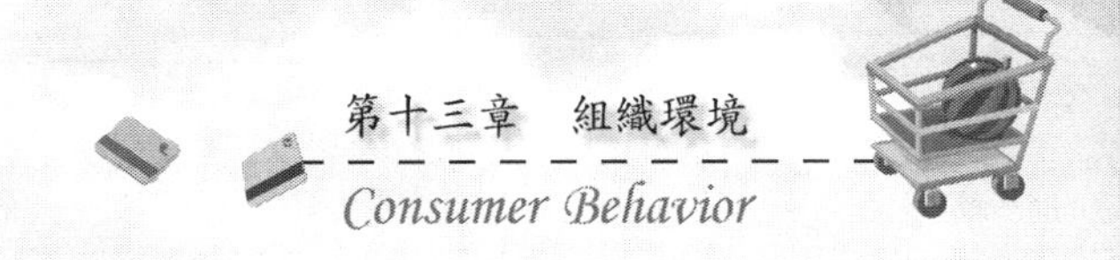

◆工業購買者

工業購買者是所有組織中的最大購買者，其所購買的包括農業、漁業、林業、畜牧業、礦業、製造業、建築材料業以及公用事業等所採集的自然物或所生產的原料、半製品和製成品等均屬之。工業購買者又可包括下列類型：

1.原始設備的製造者：此類購買者是將所購得的工業品，裝配或組合在其所製造的產品內，然後將其產品銷售到消費市場或組織市場上。例如，汽車製造廠即為汽車零件供應商的原始設備製造者。

2.最終產品的使用者：此類購買者是將所購買的工業品，用來執行業務或生產作業的；而不是將購得的工業品，用來裝配或組合在自己的產品內。例如，汽車製造廠是工具機製造廠的最終產品使用者。

3.產品的中間使用者：此類購買者是購買原物料、零組件等工業品，以作為生產的投入，然後再生產其他產品。例如，罐頭食品工廠是農、漁、牧產品的中間使用者。

◆服務業購買者

服務業購買者是指企業組織本身需要他人或其他機構提供服務，而加以購買。此類購買又可分為轉售者和服務提供者兩類。

1.轉售者：此類購買者是將所購入的產品再行銷售或租賃，用以獲致利潤的購買者，如批發商或零售商即屬之。這類購買者以創造時間、地點和所有權效用，以扮演採購代理人的角色，為顧客提供服務者。

2.服務提供者：服務提供者並不是轉售產品，而是直接提供顧客所需要的各項服務，如金融業、旅遊服務業等均屬之。在服務過程

中，服務提供者需購買某些設備和工具，如旅遊業爲顧客購買機票、園遊券等。

(二)政府機構

政府機構也是一種典型的組織消費者，這些機構包括中央及地方各級機構，都是產品和服務的重要購買者。政府機構所購買的產品多用來服務民眾，其之所以購買或租賃貨品和服務，乃在遂行政府的各項職能。

(三)非營利組織

非營利組織包括宗教團體、學校、醫院、政黨、公益團體等，此等組織爲維繫其運作，常需購買大量的產品和服務，以便能爲不同的群體或對象提供另外的服務。

二、組織市場的特性

組織正如個人消費者一樣，有其本身的特性。所謂組織市場（organizational market），是由購買產品與服務，用來從事生產其他產品與服務，以提供銷售、租賃，或供應給其他個人或機構的所有組織而言。此種市場是相當龐大的。組織市場的購買金額與產品的項目和數量，遠超過消費者市場。本節將依前述組織類別分述如下：

(一)企業市場的特性

企業市場和消費者市場有很多明顯的差異，其特性如下：

1.購買人數較少：企業市場的購買者比一般消費者市場爲少。例如，輪胎公司在企業市場上可能只有幾家汽車製造公司的買主，而在個人消費者市場上就有無數的購買者。

2.購買規模較大：在企業市場上的購買者固然比一般消費者市場少，但在購買數量和規模上則較大。例如，汽車製造公司購買輪胎的數量，會比個別消費者爲多。

3.地理位置集中：企業市場上的購買者較集中在一定的區域，而個別消費市場上的購買者則分散在各個地區。

4.需求彈性較小：由於企業市場本身生產產品較爲固定，以致其需求彈性較小；而個別消費者的需求差異性較大，以致其需求彈性也較大。

5.需求波動較大：企業產品或服務的需求波動比消費品的波動爲大，且較爲快速。當消費者的需求小幅增加時，企業產品的需求就會大幅增加。

6.購買決策複雜：企業購買決策的參與人數比消費者購買決策爲多，且更專業化。通常企業購買多由專業人員負責，且需經過一定程序辦理，以致參與購買決策的人數較多，甚而可組織採購決策小組。

7.講求購買技術：由於企業購買較爲專業化，且涉及較大的購買金額，故較講求購買技巧，且需考量經濟因素與財務狀況，而負責採購的人員必須具有專業知識。

8.購買過程正式化：所有的企業購買都有一定的採購程序，要求詳細的產品規格、書面的請購單、嚴謹地徵求供應商和正式的批准，這些程序常詳載於採購手冊和政策上。

9.採取直接購買：企業購買者大多向生產者直接採購，較少透過中間商去購買，尤其是以購買比較昂貴、技術性複雜或需要更多售後服務的工業品爲然。

10.採行互惠購買：企業市場的購買者常彼此互爲購買產品，亦即購買者可能是另一方的供應者，而供應者又可能是另一方的購買

者，此種互惠購買可增進彼此之間的良好合作關係。

(二)政府採購的特性

政府採購貨品基本上是用來服務民眾的，其與企業組織大量採購用來重新生產者不同。且政府採購都有一定的法規和程序，尤其是有關大宗貨品的採購須透過招標的程序。當然，政府採購的一些特色仍與企業組織的採購相同，如購買少、規模大、區位集中、需求彈性小、購買決策複雜等；然而政府採購仍有其基本特性，如下：

1.需合乎法規：政府採購無論中央或地方都受到較多的法規限制與監督，其採購程序與作業都要按照各種法規，如政府採購法和預算法的規定辦理；且受到立法機關、大眾媒體、專家學者和社會大眾的監督，所需作業比企業採購為多，決策緩慢，產品規格更為詳盡。

2.需經過審議：政府採購的項目和金額常需列明在預算書中，經過立法機關的審議，供應商可從預算書中看出政府採購支出的項目、數額和大致的內容。

3.採公開招標：在一般情況下，政府採購會訂定貨品的規格和數量、品質等，以採取公開招標的方式選取出標價格最低的廠商。但在特殊情況下，如品質保證、特殊技術要求、時間的急迫性、國防上的需要等考量，有時也可能採取議價的方式辦理。

4.傾向國內採購：政府機構為照顧本國廠商，常傾向於國內採購，除非本國廠商缺乏相當技術或未能及時供應或無法供應者為例外。

(三)非營利組織的特性

非營利組織的購買者有些必須購買大宗的產品和服務，有些則否，

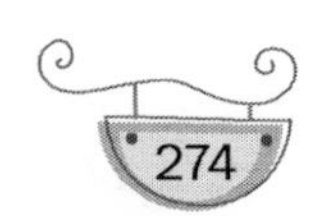

其乃視組織規模的大小而定。有些非營利組織的購買程序和企業組織或政府採購程序一樣，有些則否，這需依組織的性質而異。例如醫院、學校等必須購買大量的器材設備，而一些宗教團體、利益團體則只需採購一些文具用品，以致其間的採購特性各有差異。

三、組織購買的類型與角色

(一)組織購買的類型

誠如前述，組織購買者的特性不同於個人消費者，然而組織購買具有那些型態？其由那些人扮演購買角色？誰是購買者？誰是購買過程的參與者？這些都是本文所擬討論的課題。

一般而言，組織的購買情境可區分爲三種類型，包括直接重購（straight rebuy）、修正重購（modified rebuy）和全新採購（new task）。

◆直接重購

直接重購的購買決策係屬於例行性的。所謂直接重購，是指購買者依過去的購買基礎不再作任何修正，而再行採購以前所購買過的產品而言。例如，購買辦公室的文具用品等，通常都依例行方式辦理。當然，此種重購常與使用單位的滿意度有關。採購人員會衡量過去採購的滿意度，來選擇合適的供應商。原有的供應商爲了保住生意，會努力去維持產品與服務的品質，以提供自動重購系統，而節省採購者的時間。至於非原有的供應商爲求立足之地，也會想盡辦法提供新穎的產品，或探討購買者對現有供應商不滿的地方，以爭取供銷的機會。此種廠商會設法先取得小訂單，然後再求擴大其佔有率。

◆修正重購

修正重購的購買決策乃爲採購者必須對產品的規格、品質、價格、交貨要求和其他交易條件加以修改而言。參與修正重購決策者較多，原有的供應商會更爲謹慎，以盡全力去保住客戶；非原有的供應商則視此爲爭取生意的絕佳機會，將提供他們認爲較佳的商品或服務。

◆全新採購

新購爲購買者第一次購買某項商品或服務的情境。在新購的情況下，由於其不確定性較高，且買賣金額與風險性較大，參與購買決策的人數愈多，所需的資訊也愈多，決策完成的時間愈長。因此，新購情境是行銷人員的最大機會，也是最大挑戰。行銷人員應儘可能多去接觸那些具有影響購買決策的人，並提供有用的資訊，且加以協助。由於新購情境會牽涉到複雜的銷售問題，故宜組成行銷任務小組來處理。

購買者在直接重購的情境下並沒有作太多的決定，新購情境則剛好相反。在新購情境下，購買者必須決定產品的規格、供應商、價格範圍、付款條件、購置數量、運送時間、交貨期限以及服務條件等。這些決策的次序常依各種不同情境和不同的參與者而有所不同。此外，許多購買者寧可將採購問題作一次整體性的解決，而不願化整爲零地作多次購買，此稱爲系統採購（system buying）。它係源自於政府機構對武器與通訊系統的採購作業。在此種方式下，政府毋需購買大量零組件來組合，只要和簽約者打交道，由後者負責將整個系統加以組合即可。

(二)組織購買的角色

組織購買過程絕非少數人所可完全負責，故常組成採購決策單位，即爲採購中心（buying center）。它是指參與購買決策過程，並分享共同目標及分擔決策風險的所有個人和群體。採購中心包括所有在組織的購買過程中扮演下列七種角色的所有組織成員：

◆發起者

發起者（initiators）是指要求採購某項東西的人，可能是使用人或希望得到便利性與其他相關的人員。

◆使用者

使用者（users）係指將使用產品或服務的人。在很多情況下，使用者常常是率先提議購買的人，其在產品規格上常具有決定性的影響。

◆影響者

影響者（influencers）係指影響購買決策的人。他們通常在產品規格及各種不同購買方案上提供許多資訊，組織內的技術人員就是重要的影響者之一。

◆決策者

決策者（deciders）係指具有正式或非正式權力，以決定產品需求和供應商的人。在例行採購作業中，採購者常是決策者，或至少是同意者。但在大多數情況下，決策者多為負責人或主管。

◆核准者

核准者（approvers）係指核准決策者或購買者所提建議的人。他們多為部門主管或為最高負責人。

◆採購者

採購者（buyers）係指擁有正式職權去選擇供應商及安排購買條件的人。採購者可能協助修訂產品規格，但他們的主要角色乃在選擇供應商及進行各項協商。在較為龐大而複雜的採購案件中，購買者還可能包括參與協商的高階主管。

◆**把關者**

把關者（gatekeepers）係指負責控制採購資訊流程的人。例如，採購代表、接待員、技術員、秘書及電話總機人員都可能控制行銷人員和使用者或決策者的接觸。

總之，整個採購過程可能包括發起者，使用者、影響者、決策者、核准者、採購者和把關者，這些人員都可能影響組織購買的決策及其過程。因此，廠商除了需提供合理的價格、品質及信用程度外，尙需與這些人員建立密切關係，爭取更多的行銷機會。

四、影響組織購買行為的因素

組織購買者在作購買決策時，可能受到許多因素的影響。有許多行銷者認爲最重要的影響力是經濟因素，即購買者偏好價格低廉、品質良好或服務佳的供應商；惟事實上，組織購買者除了會考慮經濟因素之外，他們也可能會重視人際與社交關係、避免採購風險等。對大多數的組織購買者來說，他們可能同時兼具理性與情感，對經濟因素與非經濟因素都會有所反應。如果各供應商所提供的條件大致相同，採購人員就可能考慮人情因素，因爲不論他選擇那家供應商都能符合組織目標；相反地，如果不同供應商所提供產品的差異性很大，採購人員就會更加注意經濟因素。表13-1即在說明影響組織購買行爲的四大因素，包括環境因素、組織因素、人際因素、個人因素等。

(一)環境因素

組織所處的環境深深地影響組織的購買，這些因素包括經濟情勢、科技發展、政治情勢、法律環境、競爭情勢的變化，以及文化習尙等的變動。這些情況的變動帶給組織新的購買機會和挑戰。就經濟情勢來

表13-1　影響組織購買行為的主要因素

環境因素	組織因素	人際因素	個人因素
經濟情境	目標	權威	年齡
科技變動	政策	地位	所得
政治情境	作業程序	權力關係	教育水準
法律環境	組織結構	群體關係	工作職位
競爭	制度	認同	性格
文化習俗		互動	冒險態度

說，未來基本需求水準、經濟展望、資金成本等都會影響組織購買的意願。當經濟環境不確定性提高時，組織購買者將不再作新的投資，並降低庫存，在此種情況下很難再刺激行銷。此外，組織購買也受到科技變動的影響。例如，高科技的發展將引發購買者購買更精密的儀器與設備，用以提高生產效率。再就政治情勢而言，穩定與清明的政治情勢會激發更多的購買或投資，而不穩定的政局則降低購買或投資的意願。另外，法律規定的變動、競爭的環境以及文化與風俗習慣，常影響組織的購買。因此，企業行銷人員必須隨時注意這些環境力量的變動對組織購買決策的影響，才能將挑戰化為有利的機會。

(二)組織因素

每個採購組織都有其本身的目標、政策、作業程序、組織結構和制度，這些因素對組織的購買決策常會有很大的影響力。因此，企業行銷人員應儘可能去瞭解各個採購組織的特色。企業行銷人員應注意的是，組織購買的政策為何？對負責購買者有何規定或限制？授權程度何在？購買者的管理層級何在？有多少人參與購買決策？他們是那些人？互動的情況為何？選擇或評估供應商的標準為何？此外，企業行銷人員要瞭解與評估的，尚包括採購部門的層級、集中或分散採購、長期契約的要求、網路或人工採購等。目前影響組織採購的組織因素，最重要的是許

多組織都採取及時生產制度（just-in-time production，簡稱JIT），即要求在較短時間和較少勞力下生產更多樣化高品質的產品，這有賴於較嚴格的品管要求、供應商繁複而可靠的送貨、電腦化的採購系統、要求單一供應來源，並將生產時程告知供應商，故供應商必須隨時提供貨源，以便做好最佳的行銷工作。

(三)人際因素

人際互動與群體關係有時也會影響組織購買，尤其是購買者或購買決策者的地位、權威、受認同的程度，往往決定組織的購買與否。然而，企業行銷人員並無法瞭解購買過程中所牽涉的人際因素與群體動態關係。有時權力關係是看不見的，採購中心最高職位的參與者不見得擁有最大的影響力。這其中涉及是否擁有獎懲權力、私人情感、專業知識與技術、裙帶關係等錯綜複雜的因素。因此，企業行銷人員必須盡力觀察購買的決策過程，瞭解其中的人際因素，並設計有效的因應策略，以爭取最佳的行銷機會。

(四)個人因素

個人因素是指購買中心成員的個人特質，如動機、知覺、過去經驗、偏好、性格、態度等。這些特質也受到個人年齡、所得水準、教育程度、專業領域、工作職位等的影響。舉凡上述各項個人因素都可能影響組織的購買決策。當然，每個參與組織決策的個人由於其影響力不同，以致在決策過程中擁有不同的作用。同時，不同的採購人員常因不同的個人特徵，致有不同的採購型態。例如，有些採購人員基於專業，而樂於技術型採購；有些採購人員基於採購習慣，而喜歡殺價；有些教育水準較高的採購人員喜歡進行分析再行採購；有些採購人員較擅長談判，喜歡獲得最佳的交易型採購。

總之，影響組織購買行爲的因素很多，其有來自組織因素者，也

有源自於環境因素者，有基於人際影響者，更有因於個人因素者。企業行銷人員欲做好行工作，就必須深入探討各項因素的交互作用與相互影響，如此才能爭取最佳的行銷機會，接受各種挑戰。

第十四章　消費情境

Consumer Behavior

消費情境是最直接影響消費者行為的關鍵性因素之一。因此，吾人於探討消費者行為時，絕不能忽略了消費情境。當消費者在進行消費活動時，消費情境的良窳往往決定了消費者的購買行動。在消費者有意購買某種產品時，如果有了良好的消費情境，當更能增強其購買的意願；相反地，若消費情境不佳，他則可能改變其購買的意圖。本章首先將研討消費情境的意涵，然後將之分為個體性情境與整體性情境，據以分析購買當時的消費情境；接著研析如何作良好消費情境的安排。此外，影響消費者心理情境也是相當重要的，故而宜從事於消費者權益的維護。

第一節　消費情境的意涵

消費情境足以影響消費者的消費意願與行動，也左右了消費者選購某項產品的趨向。因此，從事於消費者行為的研究，必須對消費情境作分析與診斷，俾能掌握到消費的情境，以便能瞭解消費者購買意圖，從而引導他去採取購買行動。

然則，何謂消費情境（consumer conditions）？所謂消費情境，是指所有足以決定或改變消費者消費意願和行動的各種情境與狀態而言。一般所謂環境或情境，包括一切自然和人文的情境；有時可分為物理或物質的、精神的，以及所有社會人為的狀態。就消費者而言，消費情境可包括個體性情境和整體性情境。個體性情境又可包括個人的動機、知覺、學習、人格、態度、價值觀、習慣、嗜好、興趣、思維、慾望、年齡、性別、教育程度、購買能力、選擇能力，以及其他個人特質。整體性情境則包括社會文化、經濟狀況、科技發展、政治勢力、生態狀況、競爭態勢、法律規則、人口環境、社會大眾，以及其他足以促進消費的行銷通路等。這些都與消費意願和行動息息相關。

由上可知，消費者的消費情境是相當複雜的，舉凡一切足以直接或間接影響到消費者的消費意願與行動者均屬之。消費情境對消費者的影響，可就兩個方向去觀察：一爲投入（input），一爲產出（output）。就投入而言，消費者的內外在情境，如個人知覺、過去經驗、科技創新、經濟狀況等，都會投入消費者的消費意願之中，從而影響到消費行爲。就產出而言，消費者會審視各種情境因素，加以分析、評估，從而決定是否採取消費行爲。

當然，世事都在變動之中，今日的情況尤爲劇烈。所有的消費意願與行動，常隨著情境的變動而變動。當社會、經濟和科技等有了急遽的變動時，這些都足以左右人們的生活方式，連帶地影響到消費方式與習慣。因此，從事消費者行爲的研究者必須體驗到消費情境的變化，此種變動常充滿著不確定性、動盪性。

總之，消費情境是多面向、多元化，且是錯綜複雜的。消費者行爲的研究者，必須瞭解影響消費情境的因素，隨時審視各項情境因素的內涵與變化，如此才能協助企業作出最合宜的行銷策略與方案。

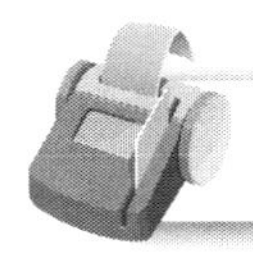

第二節　個體性消費情境

個體性消費情境是指影響個別消費者消費意願與行動的個人因素之所有狀態。這些狀態皆出自於消費者本身，亦即消費者的個人因素，決定了他的消費意願與所採取的消費行動。誠如前節所言，個體消費情境的因素甚多，本節僅選擇幾項較爲顯著的變數，加以研討之。這些變數在本書第二篇中已有過詳細討論，惟爲了完整起見，本節將選擇下列幾項略述之。

一、動機

動機是個別消費者購買行爲的原動力。易言之，購買行爲都是因爲動機而興起的。不管是生理性動機或心理性動機，都是促動消費者進行消費的一種驅力，它是屬於消費者的內在情境之一 。只有消費者有了動機，才可能產生消費行動。例如，個人因有了飢餓的需求，才可能有購買食物的行爲。消費者因有了欣賞慾，才有了欣賞電影的動機，終而採取看電影的行動。因此，就消費行爲而言，動機是屬於一種個體的消費情境。

二、知覺

消費者的知覺決定了他對產品與其選購與否的看法。因此，知覺也是個體性消費情境之一。當然，知覺可能與他過去的經驗、注意力、動機和心向、生理狀態和當時的情境息息相關。惟消費者一旦對某項產品有了良好的知覺，則他選擇購買該產品的可能性就增高；相反地，他若產生了不良知覺，則可能拒買該項產品。因此，行銷人員可在廣告設計、產品設計、商品命名，甚或設定心理價格，以激起消費者的良好知覺和印象，達成促銷的目的。

三、過去經驗

消費者過去購買產品的經驗，往往左右了日後再度購買該項產品的意願與行動。當消費者過去購買某項產品的經驗是愉悅的，則他再度購買的機會就可能增加；相反地，若他過去的購買經驗是不愉快的，則他再行購買的機會就降低了。因此，過去的購買經驗，也是個體性消費情

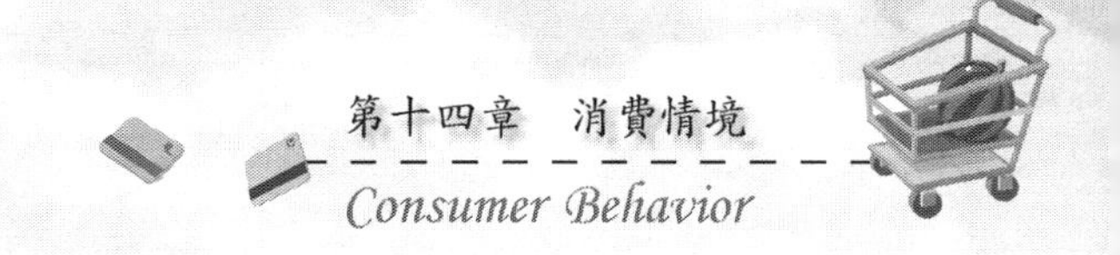

境的因素之一。然而，消費者過去的經驗，和他的年齡、性別、情緒、動機與其他變數，也是息息相關的。這些因素也可能改變他過去的購買經驗。

四、人格

消費者的人格也是屬於個體性消費情境因素之一。所謂人格，又稱爲性格，它是一個人所具有的獨特特性，是所有思想與行爲方式的總和。每個人的人格特質都不一樣，因此對產品的喜好和選擇方式也不相同，以致行銷者常要依據此種不同特質而作市場區隔，以求能獲取最大的利潤。例如，強調具有「獨立、衝動、應變能力強、剛性、自信」等性格的人，喜歡某種產品；而偏向於「保守、節儉、重名望、較柔弱、避免極端」等性格的人，則喜歡另一種產品。這就是一種不同人格情境造成不同的購買行動之例子。

五、態度

消費者的態度也是屬於一種個體性消費情境因素，它也決定了消費者的購買意願和行動。蓋態度是經由情感、認知和行爲意圖的過程所形成，以致影響其購買與否的意願。當消費者對某項產品產生了良好的認知和態度時，他的購買意願就增加了；相反地，若他有了不良態度，則購買意願必然降低。由此可知，態度也是決定購買與否的因素之一。

六、其他

個體性消費情境因素除了上述各項變數之外，尙可能包括價值觀、習慣與嗜好、興趣與慾望、思維、年齡、性別等。這些因素將分別或綜

合地影響消費意願與行動。即以教育程度而言，不同的教育程度可能形成不同的消費習慣。再就性別而言，不同的性別有不同的需求，以致產生不同的消費習慣與行爲。就年齡來說，不同的年齡顯然有不同的消費行爲，年長者有年長者的需求，年輕人有年輕人的需求，年幼者有年幼者的需求，再加上不同的消費習慣、嗜好、態度等，以致在每個人之間有不同的消費行爲。凡此例子眞是不勝枚舉。

總之，個體性消費情境的因素甚多，絕非本文所能完整地概括。然而，就行銷者而言，他必須從市場上挖掘這些因素，並且從中篩選影響消費行爲的最主要因素；並且依產品的特性加以搭配，如此才能作出最佳的行動方案，從中獲取最大的利潤。

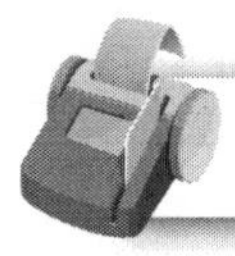

第三節　整體性消費情境

誠如第一節所言，消費情境包括個體性消費情境和整體性消費情境。整體性消費情境是指影響個別消費者消費意願和行動之外的其他情境，這些情境因素是集體性的，排除個別的因素，故稱之爲整體性消費情境。這些因素最主要包括人際互動模式、社會文化、社會階層、組織型態、政治情勢、經濟發展狀況、科技發展狀況，以及本章第一節所論列的各項因素。本節將只臚列幾項說明如後。

一、社會環境

社會環境（social environment）是指社會組織、家庭、社區、群體和社會階層等所構成的環境而言。此種環境是消費行爲的整體性情境，消費者的消費行爲無法脫離此種環境的影響。社會環境對消費行爲產生

重大影響的因素，以家庭和社會階層爲重心。家庭是個人所屬的最基本團體，在家庭中夫妻的購買角色、家庭生命週期等，往往是研究消費者行爲所必須深入探討的課題。其次，社會階層、職業、所得水準、生活型態、社會地位、身分等，往往也決定了人們的購買方式與行爲，以及對產品類型的選擇。這些都是社會環境對消費行爲的影響。

二、經濟環境

所謂經濟環境（economic environment），是指足以影響消費者的購買力，以及金錢支付能力和習慣的各項因素。這些因素都可能影響消費決策和作爲，其中最主要包括消費者所得水準、景氣循環、消費支出型態、產業結構變化、政府經濟政策和國家經濟發展水準等。

就消費者所得水準而言，若總所得（gross income）、可支用所得（disposable income）和可任意支用所得（discretionary income）較高時，其正可反映消費者的購買力（buying power）愈強；相反地，這些所得較低時，則消費者的購買力愈弱。其次，一個社會中若高所得者愈多，則其消費機會也愈多；反之，則愈少。

再就景氣循環而言，凡是處於繁榮期（prosperity）和復甦期（recovery），消費者消費的機會也較大；若處於衰退期（recession）或蕭條期（depression），則其消費機會就較小。再者，若以消費支出型態來看，消費產品和服務的種類，常因家庭或國家經濟情況而有所不同。同時，消費者的消費方式，如現金和信用卡的使用，常因個人儲蓄、債務和信用狀況等而有所不同。

此外，一個社會或國家產業結構的變化，可能會帶來不同的消費型態、消費方式和消費習慣。產業結構可包括：農業、工業、商業和服務業等，在一個國家或社會內經濟結構中所占的比重。例如，農業比重的下降可能造成原料的短缺，服務業比重的上升可爲服務業者帶來較大的

市場機會。又產業結構中農業比重下降或工業比重上升，則可能使消費者由購買農產品轉而購買工業品，除非該農產品爲不可替代者爲例外。

再就政府經濟政策來說，政府採取保護管制政策或自由開放政策，也影響到消費者選購產品的類型和機會。最後，國家經濟發展水準是潛在市場中的一個重要環境指標。國民生產毛額（GNP）是最常用來衡量一個國家經濟發展水準的統計指標之一。它是指在某一段期間內所生產的所有產品與服務之市場價值，將國民生產毛額除以一國的總人口數，即爲每人國民生產毛額（per capita GNP），這個數字對消費行爲更具意義。當每人國民生產毛額愈高，則代表該國人民的消費力愈高；反之，則愈低。

三、科技環境

科技的發展與進步常造就許多新產品和新技術，如此固然創造了新市場和新機會，但卻也摧毀了舊市場和產品與形成新威脅或危機。例如，電視機的發明造成電影的沒落，汽車的發明影響了火車的發展，電話和電腦傳訊的發明造成郵遞的減量等，因此。科技環境（technological environment）也是影響消費環境的因素之一。

就消費情境而言，科技的進步與發明改變了人們對產品的選擇，因而也改變了人類的日常生活。例如，電燈、電視機、洗碗機、空調設備、照相機、錄音機、避孕藥等的發明，今日家用電腦、傳訊設備、網際網路、奈米科技等相關產品的出現，很顯然衝擊了人們的溝通和生活方式，對消費情境也產生了重大的影響。這些都足以說明科技環境確爲消費情境的重要因素之一。

四、政治環境

政治環境（political environment）是指政府施政、立法機關和民間壓力團體等對政治權力的運作而言。就政府施政而言，政府政策如對國外產品的輸入與否、國內產品輸出與否、對某些產品的生產是否加以限制等，都會影響到消費者購買的便利性和採購意願。其他如政府對某些產品的管制，也影響到消費行爲。再就立法機關和民間利益團體的運作而言，某些壓力團體常透過自身的力量，或運用立法機關，企圖影響政府政策和措施，用以增加或限制對某些產品的生產，終而影響到消費者購買產品的便利性，和購買意願與消費行爲。此外，許多民間利益團體也可能提出一些安全保護、環境保護、人權保護、婦女和兒童保護等，直接間接影響商品的生產，從而影響到消費行爲。

五、法律環境

法律環境（legal environment），是指與政府施政有關，經由立法機關所制定的法案，而對消費環境發生影響的因素而言。通常法律環境和政治環境是息息相關的。法律環境因素，包括維護大衆權益的立法、維護公平競爭、保護生態環境、保護消費者權益和保護智慧財產權等法案。這些法案不僅影響到行銷決策，同時也左右了消費者的消費行爲。例如，爲了維護大衆安全利益而限制某些產品的設計和生產，而使得消費者無從選購此項產品。又如爲了保護智慧財產，而使得消費者只能選擇購買某一項產品。凡此都是法律環境因素對消費行爲發生影響的例子。

六、文化環境

文化環境（cultural environment），是指足以影響社會基本價值、認知、偏好及行爲的力量而言。此種文化價值常有核心價值（core values）和次級價值（secondary values）之分。核心價值是代代相傳，根深柢固，而不容易改變的；而次級價值則比較容易改變。例如，結婚是一種核心價值和信念，至於早婚或晚婚則是一種次級價值和信念。這些都將影響到個人的消費行動。其次，文化環境中的另一項要素，即爲次文化（sub-culture）。所謂次文化，是指同一社會中某些群體基於共同的生活經驗或情況，而產生共同的價值系統而言。例如，年齡相若、信仰相同、觀念相當等群體，都各基於共同信念、偏好、行爲，而形成次文化群體。這些次文化群體都各有其一定的需要、慾望和購買力，這就是不同的次文化影響消費行爲的情境。

七、生態環境

生態環境（ecological environment），或稱之爲自然環境（natural environment），其乃爲人類所處的一切自然環境，包括自然資源的取得、應用和維護等事項。人們生存在不同的自然環境中，常有不同的消費類型與行爲。例如，中國北方人們的主食爲麥類，南方則爲稻米類。又如寒帶地區和熱帶地區顯然在衣著方面，會有很大的差異。其他方面，由於不同的生態而在食、衣、住、行、育、樂等各個層面也會造成不同的消費行爲模式。由此可知，生態環境確爲消費情境因素之一。

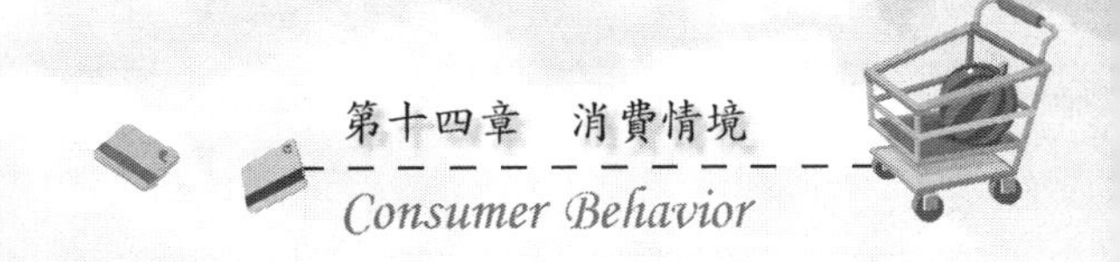

八、其他

在整體消費環境方面，除了上述各種情境因素之外，尚有人際互動關係、參照群體、家庭團體等，都會直接或間接影響到消費者的消費行爲。即以參照群體而言，消費者所景仰的人物之食、衣，常爲他所仿效的對象；亦即被景仰者的穿著常爲景仰者所模仿。又如家庭群體中，父母固爲子女在消費上的守門人，而其他兄弟姐妹的意見也常常左右或改變消費者的購買意念，以及對產品種類的選擇。其他無法在此一一列舉的因素，也常個別或互動地形成一種消費情境。

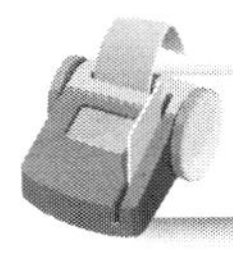

第四節　消費當時的情境

雖然前面兩節分別討論過個體性和整體性消費情境，然而最直接影響消費意願與行動的，當屬於消費者在購買商品當時的情境因素。這些情境因素可分爲下列兩方面討論之：

一、消費者方面

消費者是購買產品的主體，他可決定是否購買某項產品。影響或決定消費者是否購買或選購某項產品的因素，大致上又可分爲兩方面，一爲消費者的心理層面，另一則爲消費者的其他層面。首先，就心理層面而言，消費者之所以要購買某種商品，是由於缺乏或具有需求，只有缺乏或覺得有需要，他才會去購買。在購買當時，若有許多不同的品牌存在，他將會進一步去思考購買何種品牌的商品。此外，消費者會依據自己的習慣、特性、心境和當時的生理與心理狀態，去進行購買。其他有

關消費者的心理特質對購買行為的影響，在前面各章中討論已多，不再贅述。

至於，影響消費者購買時消費情境的因素，除了心理層面之外，尚包括其他層面。例如，消費者當時的財力狀況和購買力、所缺產品的大小和數量、所想購買物品的急迫性等，都可能影響當時的購買行動。當一項產品可有可無時，顯然不具急迫性，此時消費者大多選擇不予以購買。又當消費者有足夠的財力和購買力時，他不僅會購買，甚而會大量購買。當所缺產品太大或數量太多時，消費者會謹慎購買；相反地，若產品較小或數量很少時，消費者將傾向於隨意購買或衝動性購買。這些都足以說明消費者在購買時的當時情境。

二、行銷者方面

有關來自於行銷者方面的消費情境因素，並不是政治、經濟、科技等環境，而是商場的布置與安排。在商場的布置和安排方面，首要條件就是足以吸引消費者的目光和注意力。誠如本書第四章所言，所有商品或商店的命名，商品、商標、包裝、櫥窗、廣告等的設計，以及商品的陳列與擺設等，都足以影響消費者購買時的感官和知覺。此外，商場上的燈光照明、音響、顏色對比與調和、空氣流通與否，以及環境是否清幽等，很顯然地會影響消費者購買時的心境與意願。

行銷者為了激起消費者於購買時的消費意願，除了應重視物質或物理環境之外，最重要的也必須營造出社會心理的情境。有些促銷活動的進行，對消費者於購買時的情境和氣氛，有很深刻的影響。有些商店常常運用限時限量的促銷手法，來吸引消費者，就是明顯的例子。惟在運用促銷手法時，必須維持原有的品質，避免有欺瞞的行為，否則必適得其反。

總之，消費者在購買產品當時的情境，是受到個體和當時各種環境因素交互作用的影響。行銷者必須深入觀察消費者的各種因素，並妥善安排自我的行銷環境，如此才能順利達成促銷產品的目標。下節將繼續進行這方面的探討。

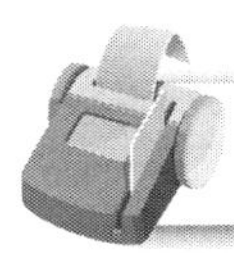

第五節　消費情境的安排

吾人在瞭解消費情境的意涵和各種影響因素之餘，必須設法安排合宜的消費情境，尤其是從事行銷工作者為然。須知今日乃是「消費者導向」的時代，行銷方法須能為消費者解決問題，且能以消費者的需求為前提，以消費者的滿足為依歸，如此才能安排好消費情境，作出良好的行銷方案。一項完整的消費情境之安排，必須遵循下列步驟：即估計可能的消費者、在接觸前做好準備、實地訪問、展示和推介產品、對消費者異議的應對、成交，以及作追蹤。

安排消費情境的第一項步驟，乃是必須估計未來可能的顧客。在安排消費情境的過程中，行銷人員必須設法接觸許多不同的顧客，用以尋求和顧客成交的可能機會。根據估計，在保險業中，行銷人員每推銷九位顧客，只有一位眞正成交。固然，企業機構可提供對行銷人員的種種協助與提示，但行銷成功與否多有賴行銷人員是否妥善安排良好的消費情境而定。此種良好消費情境的養成，必須從搜集顧客資料做起。

一般而言，行銷人員要取得顧客資料的方法很多，諸如可在與現有顧客交談中取得、可自行建立種種關係取得、可從參與各項社團活動中取得、可翻閱報章雜誌、翻查各項名錄等，甚至於可到處走動拜訪，建立關係。惟行銷人員一旦取得得顧客資料，必須加以過濾篩選，始不至於枉費過多的時間與精力。有時觀察或分析顧客的財務狀況、採購量、特殊需要、購貨地點、成長機會等，也有助於這些資料的追尋與判斷。

再者，行銷人員在實地拜訪顧客之前，宜先做好各項準備。他應儘可能地去瞭解顧客的需求，探知是由何人購買，其購買習慣為何，購買作風如何等。此種資料可透過所接觸的各界好友，從中查詢得知。此外，行銷人員還必須事先研訂實地訪問的目的，如對方是否有成為顧客條件的可能。有時行銷人員尚需研訂最適當的方式，如是否宜親自拜訪，是否宜先通電話，或是否宜先寄送函件等。當然，訪問時機也是事先準備時宜加以考慮的項目之一。

接著，行銷人員在拜訪顧客時，必須懂得如何見面，如何寒暄，力使雙方能保持良好的關係。甚至於，行銷人員本身的服裝儀容，都必須加以注意。探聽購買人穿著何種形式的服裝，而本身也身著該款服裝。見面時，宜保持彬彬有禮的態度，避免有分心的細節。開場白宜有積極肯定的言詞，然後繼以若干關鍵性的問題，提出產品資料或樣品，以吸引對方的注意，並爭取好感和重視。

另外，行銷人員在向購買人說明其產品時，應介紹該產品所能產生的利益，或所能節省的成本。行銷人員在推介產品時，固應以產品特性為主，但亦應隨時注意購買人所可能享有的利益。行銷人員必須依循所謂AIDAS模式，即吸引消費者的注意力（attention），激發其興趣（interest），並喚起其慾望（desire），終而促其採取購買行動（action），且能獲致滿足（satisfaction）。此外，產品的推介必須輔以必要的示範或表演。因為購買者若能親睹公司產品，則對其性能和優點必能產生深刻印象和記憶。

在產品展示和推介過程中，購買人必會提出種種質疑或異議。這些質疑或異議有些可能甚合邏輯，有些則可能純屬心理因素或情緒因素。在面對這些異議時，行銷人員必須採取積極而正面的態度，來釐清異議所在，再提供更充分的資訊。行銷人員對消費者的異議，必須很有耐心地加以解說，切不可露出鄙夷或不悅之色；而應以更肯定的態度，將之轉化為購買本公司產品的理由。

當產品展示和推介之後，行銷人員可嘗試著和消費者進行交易。有些行銷人員在進行此階段時，每有欠順暢之處。考其原因，有些係因自信心尚嫌不足，或因缺乏提出成交建議的勇氣，或有未能掌握成交的適當時機之故。凡是身爲行銷的工作者，都應能深入掌握成交的「訊號」，諸如：消費者表現了某項動作，或發表了某項評論，或提出了某項疑問，都可能是成交已屆的訊號。此時，行銷人員應能立即掌握和運用若干成交的技巧，如逕行建議成交，詢問其所擬購買之產品，或任由他作較次要的選擇，或表明倘不立即訂貨或購買則機會恐將不再。行銷人員甚至可代消費者提出若干應立即成交的理由，例如，此時價格最低，或數量較多和品質較佳而不必加價等。

最後，常爲人所忽略的步驟乃爲成交後的追蹤。該項步驟乃在確保顧客的滿意度，以期促成未來的再度交易。當交易成功之後，行銷人員必須完成若干細部手續、確定交易日期、購買商品後的售後服務等。緊接著，行銷人員要訂定一項追蹤訪問計畫，約定下次對產品的檢測、使用情況的瞭解，並提供若干服務。此舉乃在確保解除消費者的疑慮和不安，且有向購買者表明感謝之意，如此亦能有助於發掘問題。

總之，行銷人員必須對消費情境作適宜的安排，用以建構周詳的行銷計畫與技巧，才能做好行銷工作。蓋行銷工作的順利推廣，係建立在合宜的消費情境上。只有消費情境合宜，消費者才更願意採取消費行動。這就牽涉到消費權益的問題，此將在下節繼續討論之。

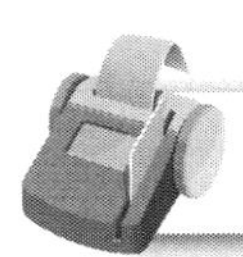

第六節　消費權益的維護

企業機構或行銷人員推展良好消費情境的一項途徑，就是能維護消費者的權益。就事實而論，企業獲利的主要根源乃爲消費者。企業生產的產品或提供的服務，也都是爲了滿足消費者的需求。因此，企業和消

費者之間乃為透過產品或服務的交易，而建立一種緊密的互惠關係。亦即消費者需要企業的產品和服務，以滿足生活之所需；而企業需要消費者購買其產品或服務，以求獲致合理的回報，並維持企業的發展及繼續提供產品或服務。此種相互滿足需求的互惠過程和關係，正是建構良好行銷和消費情境的契機。

然而，企業由於擁有豐富的財力和大量的其他資源，以致在顯然不對稱的情況下，使得企業占據了交易的優勢，而消費者則成為弱勢的一方，終而破壞了雙方的倫理關係。因此，維護消費者權益的呼聲乃應運而生，因而有了消費者主義（consumerism）運動的出現。所謂消費者主義，是指一種尋求增進購買者相對於行銷者的權利與權力之社會運動，其目的乃在保障消費者，以確保消費者在交易過程中的一切權益。此種消費者權益的維護，正是建構良好消費情境的氛圍之一部分。

在維護消費者權益的聲浪中，最早能闡揚消費者運動的基本期望者，就是一九六〇年代及一九七〇年代早期的美國消費者大憲章（Consumer's Magna Carta）。一九六二年，甘迺迪（J. Kennedy）總統在〈保障消費者權益的特定訊息〉一文中，清楚地倡議消費者基本權益，包括了安全權（right to safety）、知情權（right to informed）、選擇權（right to choose）以及被傾聽權（right to heard），可說是消費者權益發展中的一個重要里程碑。

所謂安全權，就是在告知消費者有關產品的安全事項。知情權，就是讓消費者知曉有關產品的功能、使用方法與注意事項，甚至包括行銷產品的全部內涵，如保固、標示、包裝和廣告等。選擇權，是指要確保消費者在各種競爭廠商和產品中，能自由選擇自己所需要產品的權利。至於被傾聽權，是指消費者在提出任何消費事項的申訴時，能得到傾聽和受到重視的權利。這些都在保障消費者的權益，以免受到侵害。

直到一九九七年，消費者國際（Consumer International）協會修訂了全球企業消費者憲章（Consumer Charter for Global Business），

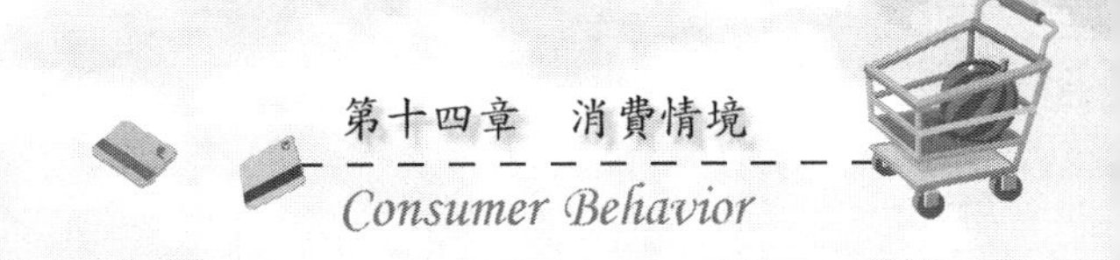

確認了八項消費者權益，包括安全權、選擇權、知情權、被傾聽權、尋求補救權（right to seek redress）、健康環境權（right to a healthy environment）、消費者教育權（right to consumer education）、基本需求權（right to basic needs）等。惟今日消費者權益更擴展了物有所值權（right to full value），以及隱私權（right to privacy），和代議與參與權（right to representation and participation）等消費權益意識。

其中除了安全權、知情權、選擇權和被傾聽權等已如前述之外，其餘將說明如下。所謂尋求補救權，就是指消費者在交易中受到不公平待遇，或因不安全的產品而招致損害，而有獲得適當合理的補救機會而言。所謂健康環境權，就是消費者有權要求企業從產品的設計、製造、包裝，一直到廢棄，均需合乎環境保護的要求而言。所謂消費者教育權，就是爲了讓消費者有能力瞭解和理性地使用產品，企業有責任提供充分的資源，以供消費者於購買時作出明智的抉擇之權利。所謂基本需求權，則指消費者於使用產品和服務時，能享受到基本需求之權利。

至於，物有所値權，是指消費者具有要求產品和服務的品質與功能，必須符合企業所提供資訊所指的相同價値而言。代議與參與權，是指消費者有權要求在訂定和他們權益相關的政策之過程中，能有人可代表他們的權益來發言與參與之意。最後，所謂隱私權，就是指消費者的隱私必須受到企業的尊重和保護。舉凡有關消費者任何資料的蒐集、儲存、傳送和使用等，都必須遵循相關法規的規定；倘未徵得當事人的同意，皆不得作任何商業用途，甚而要做出適當的防護措施，防止消費者資料被偷竊或盜用。

就事實而論，企業機構或行銷人員在維護消費者權益上最具體的作法，就是能充分而眞實地揭示產品和服務的資訊，以便消費者能眞正享有產品和服務的便利性。因此，爲了保護消費者權益，世界上許多國家均已制訂相關法規，以規範企業必須向消費者揭露其產品和服務的資訊。

就倫理觀點而言，企業在向消費者行銷及販售產品和服務時，其所提供的資訊是否足夠、正確和具相關性，是檢驗企業是否公平對待消費者的重要指標，也是是否合乎企業倫理的判斷標準。足夠的資訊（adequate information）可為潛在的消費者提供充足的資訊，以便於他們能對產品的購買作出最佳的選擇。清楚的資訊（clear information）是指直接而易懂的資訊，沒有欺騙也沒有經過任何的操縱。正確的資訊（accurate information）是指眞實的資訊，沒有任何的誇張或暗示。當企業機構在揭露產品資訊時，若能注意到這些標準，則較合乎倫理規範，且也是在消費情境中建構良好氛圍的良方之一。

其次，企業機構在保障消費者權益措施上，不僅應揭示充分而正確的產品資訊，也必須在產品安全上盡其義務。一般而言，企業機構生產產品或提供服務，其最主要的目的乃在滿足消費者的需求和慾望；但提供安全的產品或服務給消費者，則為責無旁貸的義務。所謂安全的產品或服務，就是產品或服務不至於傷害到消費者；亦即消費者在使用產品或服務時，不會受到任何危險、傷害或損失的威脅。

總之，企業機構或行銷人員處於今日這種消費者權益意識高漲的時代，必須盡其責任以保障消費者的權益，此不僅有益於消費者，也有助於企業的存續與發展，更是企業倫理的最高表現。由於今日企業管理學家均不約而同地呼籲要保障消費者權益，而企業機構無論是為了利潤的追求或自身形象的建立，在產銷之餘，也必須兼顧消費者權益，以求能共存共榮。

第十五章　消費決策

Consumer Behavior

消費行爲是消費者個人依其特性，而在人際與群體互動、社會文化等各種情境的交互影響下形成的。然而，消費決策也是依個人的心理、社會與文化等概念，所統整出來的整體消費構想。當個人有消費產品或服務的慾望和需求時，他會不斷地探尋和思考選購該項產品與服務的各種資訊，直到已完成購買行動爲止。雖然根據許多研究顯示，並非所有的消費者都是理性的採購者，甚至於大多數消費者的大多數購買都是例行性的日常行動，以致不會花費太多時間和精力於消費資訊上。然而，對於大宗數額和初次的購買來說，消費者往往會透過決策的過程去購買本身所眞正需要的產品。因此，本章將分析消費決策的含義、類型、過程，並分別說明個人和組織的購買決策。

第一節　消費決策的含義

決策（decision-making）是個人日常生活中很重要的一環，個人處於社會與群體活動中，隨時都必須作出決策。此種決策是推動個人活動的動力之一，缺乏決策將使個人的行動無以爲繼。在本質上，個人爲了達成其生活目標，常必須在實際活動過程中，對影響任何活動的可能方案作一抉擇，這就是決策。因此，所謂決策就是一種對不同行動途徑作抉擇的過程。當然，在作決策前，個人都會建立一定程度的選擇標準或規範，以供作抉擇的依據或參考。易言之，決策是以某些規範或標準爲基礎的一種選擇；也就是從若干種可供選擇的方案中，決定一個最適宜的方案之謂。

就消費行爲而言，消費決策就是對各種消費方案的抉擇。此時，消費者會謹愼地評估產品、品牌和服務的屬性，並理性地擇取合乎成本與自我需求的產品及其品牌和服務。當然，消費決策的制定尙牽涉到購買涉入（purchase involvement）與產品涉入（product involvement）的狀況。所謂購買涉入，就是消費者因其需求而產生對某特定購買決策的關切程度。產品涉入則爲消費者對某項產品的種類和品牌的關切程度。此兩者都會影響消費者的決策。

不過，消費決策的廣義內容實包括三項內涵：即購買決策、消費決策和處置決策。購買決策包括是否購買產品、何時購買、購買何種品牌、何處購買、如何購買、以何種方式購買、如何付款、以何種方式付款等。消費決策包括是否消費、何時消費、如何消費等。至於處置決策則包括是否使用、如何使用、直接置棄、回收、再銷售等。

再就購買過程而言，消費決策乃是一連串購買步驟的組合。消費決策之所以發生，至少包括下列三項程序：首先就是個人有消費產品的需求，其次是他會思考可行的消費方案，最後則就各項消費方案中作一個選擇。因此，就消費決策的活動過程而言，第一步爲消費的智力活動，第二步爲消費的設計活動，第三步才是消費的選擇活動。

然而，由於消費者涉入程度的差異，以致消費決策過程也有所不同。**圖15-1**即顯示，消費者由低涉入的情境轉入高涉入的情境時，消費決策也由簡單而變爲複雜。當然，消費情境由低涉入到高涉入，乃代表一種持續的過程，它並不是截然分開的。不過，由於涉入程度的差異，消費決策的制定可能會造成下列情況：

一、低度涉入消費決策

低度涉入的消費者喜作習慣性的消費決策，在決策過程中一旦有了需求，通常只確認一般性的問題，習慣於搜尋固定的資訊，且依內部資訊尋求理想的解答。在購買某項產品之後，於發現產品性能不及理想時，才會對產品進行評估。由於消費者的涉入程度較低，以致常有重複性的購買，因此習慣性的消費決策乃爲其消費行爲的模式。

所謂習慣性消費決策，是指消費者於購買產品時，常固定於一種或

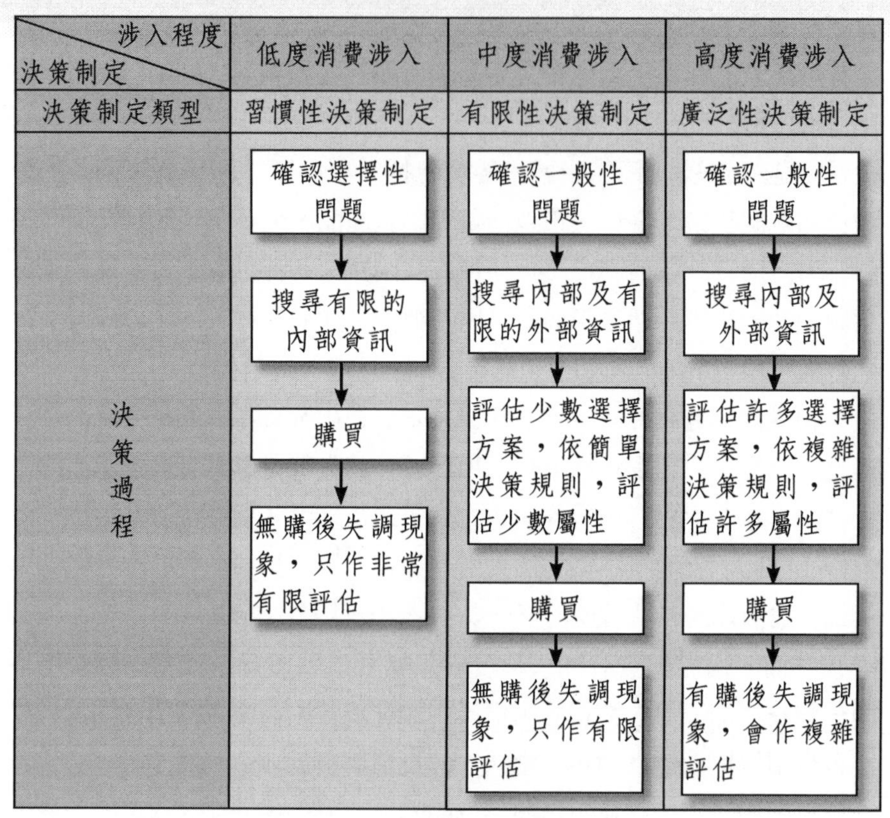

決策制定 \ 涉入程度	低度消費涉入	中度消費涉入	高度消費涉入
決策制定類型	習慣性決策制定	有限性決策制定	廣泛性決策制定
決策過程	確認選擇性問題 → 搜尋有限的內部資訊 → 購買 → 無購後失調現象，只作非常有限評估	確認一般性問題 → 搜尋內部及有限的外部資訊 → 評估少數選擇方案，依簡單決策規則，評估少數屬性 → 購買 → 無購後失調現象，只作有限評估	確認一般性問題 → 搜尋內部及外部資訊 → 評估許多選擇方案，依複雜決策規則，評估許多屬性 → 購買 → 有購後失調現象，會作複雜評估

圖15-1　消費涉入與消費決策

少數的選擇，只對單一產品或品牌有清楚的評估準則，幾乎不收集任何外部的資訊，以致只對單一產品或品牌作出例行性的反應。此種消費決策通常只限於兩方面，一爲品牌忠實性（brand loyalty），一爲重複性購買（repeat purchase）。品牌忠實性決策，就是消費者只固定地消費某種品牌；而重複性購買決策，就是消費者只單一地再選購某項產品。事實上，大部分的消費者不可能對各項消費決策作詳細而完整的考慮，因此只有選擇習慣性或例行性的消費決策。

二、中度涉入消費決策

中度涉入的消費者所作的決策，多屬於有限性的消費決策。此種決策過程會確認一般性問題，搜尋消費品內部與有限的外部資訊。不過，在決策過程中只作少數選擇方案的評估，並依簡單的決策原則，評估有關產品的少數屬性。在購買時，此種消費者會簡單比較一下產品價格，並於下次購買時選擇最便宜的品牌。

有限性的消費決策基本上只在回應一些情緒上或環境上的需求，例如消費者對現有品牌感到厭煩，而決定購買新的品牌或產品。此種消費決策就只在評估可供選擇產品的新鮮感或新奇性而已。又消費者可能會依據他人的期望或實際行爲來評估購買行動，而很少依自我的涉入程度去購買，這也是一種有限性的消費決策。此種決策乃表示消費者固有評估產品或品牌的基本準則，但並未形成任何明顯的品牌或產品偏好。

三、高度涉入消費決策

高度涉入程度的消費者，會作廣泛性的消費決策。他在消費決策過程中，會確認消費產品的一般性問題，並充分搜尋有關該項產品或品牌的內部和外部資訊；且依複雜的決策規則去評估產品的許多屬性和多種選擇方案。在購買時，此類消費者會比較產品類別或彼此品牌之間的共同性與差異性，並運用大量資訊去建立評估標準。

廣泛性的消費決策，乃表示消費者會採用許多產品的內外在資訊，去搜尋許多可供選擇的方案；且在購買後仍然對該項產品的購買決策作整體評估。此種消費決策固有情緒因素的存在，但大多數含有相當多的知覺因素，且期求產品能合乎自我的需求。在評估消費決策的過程中，廣泛性消費決策者運用感覺和情緒的評估標準，遠比產品屬性的評估標準爲多。

總之，消費決策是帶有消費涉入程度的意味。不過，基本上消費決策仍爲消費者面對消費情境時，必須對所有可能影響消費活動的方案作抉擇的過程。此種過程包含許多細部步驟，都有待消費者作決策，這將於第三節繼續討論之。

第二節　消費決策的類型

消費者的決策將影響其消費行動。因此，吾人於探討消費行爲時，絕不能忽視消費決策。惟消費決策常因消費者的不同而表現出一些差異，加以不同的學者常自不同的觀點來解釋消費決策的一般特性，其至少有如下類型：

一、經濟型消費決策

經濟型消費決策（economic consumer decision making），乃認爲消費者應爲理性決策者，其企圖以最低的成本購買最佳品質的產品，其行爲特徵乃包括：(1)懂得搜尋有關產品的各種可行方案，以供作抉擇；(2)能依據各種可供選擇的方案，正確地評估其優缺點，並作排序；(3)懂得確認最佳的方案，並加以選擇。依據經濟人理論（economic man theory）的觀點而言，此種消費決策能尋求完整的決策資訊，並具有高度的涉入程度與動機，擁有豐富的產品知識，以致能制定最完美的決策。

惟此種古典經濟模型的觀點，受到許多批評和反駁，而被認爲是不切實際的。因爲人類行爲很難是完全理性的，且個人常受價値觀、個人目標、習慣、本能、能力、知識等的限制，而難以單純地依據經濟條件

作出理性而完美的決策。甚且，一般消費者都不會進行繁複的決策，而只希望得到滿意的結果即可，並不一定要追求最佳的決策。因此，經濟型消費決策的論點，實太過於理想化和簡單化。

二、被動型消費決策

被動型消費決策（passive consumer decision making），與經濟型消費決策恰好相反。該型消費決策者不會主動去搜尋有關產品或服務的資訊。由於此類決策者不會主動搜尋資訊，以致常受行銷人員努力促銷的影響，且常依據自我的興趣衝動地消費，甚少作理性的思考。依此觀點，被動型消費決策者是屬於一群低度涉入程度的消費者，對產品知識甚爲貧乏，只求「聊勝於無」。就某種程度而言，被動型消費決策者相當符合傳統的銷售手法，往往成爲可操縱的對象。

不過，被動型消費決策理論很難解釋消費者在購買情境中所展現的主動行爲。因爲有時消費者固會表現衝動性購買，但在挑選產品時多少會蒐集資訊，以選購令人滿意的產品。本書前面各章所提及的消費動機、選擇性知覺、消費經驗、消費態度與習慣，以及意見領袖的影響等，都不是行銷人員所可操控的。因此，被動型消費決策的論點實太過簡化，且過於趨向單一思考。

三、認知型消費決策

認知型消費決策（cognitive consumer decision making）認爲，消費者具有思考和解決問題的能力，依此他們會主動去尋求滿足其慾望、豐富其生活的產品和服務。根據認知論者的看法，消費者所作的消費決策實爲強調搜尋與評估資訊的歷程，亦即依其對產品有關的資訊之看法作決策。由此，消費者會主動去處理產品資訊，並形成自己對產品的偏

好，且產生購買意願。不過，他們不一定會蒐集所有的資訊，而只選擇和其認知有關的資訊，並求得滿足的結果即可。由此可知，消費者常自行發展出慣用的決策法則，以簡化和加速決策過程，或用以應付過多而龐雜的資訊，從而降低資訊過度負荷（information overload）的現象。

準此，認知型消費決策模式，實介於經濟型和被動型消費決策的中間。在認知和問題解決的觀點下，此種消費決策者並沒有有關產品或服務的完整知識，而單憑其主觀的認知，將無法作出完美的決策。不過，此種消費決策者既係出自於自我認知，必將採取主動和積極的精神去搜集資訊，以試圖做出讓自己感到滿意的決策。

四、情緒型消費決策

所謂情緒型消費決策（emotional consumer decision making），是指消費者所作決策常出自於自我情緒的變化而作出衝動式（impulsive）的購買而言。此種類型的消費者在購物時，常不加思索，而完全受到自我情緒的牽動。當消費者受到情緒牽動時，根本就不會去蒐集購物資訊，而完全跟著自己的心情和感覺走。不過，情緒性消費決策並非完全不理智，因爲凡是能滿足自我情緒需求的消費，也是屬於理性消費決策的範圍。例如，購買名牌服飾固出自於衝動性購買，但這正足以表徵其社會地位，因此這算是理性的決策。

此外，消費者的心情（moods）也會影響其決策的結果。所謂心情，就是一種感覺狀態或心智狀態。情緒是對特定情境的反應，而心情則沒有範圍限制，是消費者在接觸產品、銷售環境或產品廣告之前，就已存在的心理狀態。心情對消費決策的影響很大，它往往決定購物的時間、地點、路線和對購物時的反應。一般而言，消費者心情較好時，較能回憶有關產品的資訊；但除非他早已有了定見或對產品品牌有了偏好，否則就比較不會作產品品牌的選擇。

總之，消費決策的類型不同，其所表現的消費行爲必有所差異。一個具有經濟型觀點的消費者，必擁有高度涉入動機，儘量搜集大量產品資訊，期求作最佳的消費決策，謀取最大利益的消費行動。至於對一個被動型決策的消費者來說，通常只具有低度涉入動機，甚少作理性思考，其消費動機只在求得最基本的滿足而已。認知型消費決策的消費者，則以主觀的思考收集有限的產品資訊，以致其消費行動只限於滿足自己的慾望和目標。最後，情緒型消費決策者往往會產生衝動性的購買，較少從事於理性的決策思維。

第三節　消費決策的過程

對消費者個人來說，雖然有不同的消費決策類型，然而一旦他們決定消費，都或多或少會從事於消費決策的過程。這些過程至少包括需求的確認、資訊的搜集、購前方案的評估、採購、消費、購後評估和使用後處置等步驟。

一、需求的確認

當消費者在感覺到有消費的需求時，將會審視自我的需求狀態，然後確認是否眞有消費的必要。對大多數消費者來說，確認消費需求有兩種方式：一爲依據實際狀況考量現有產品是否能滿足其需求，另一則爲依據期望狀況尋求新產品，以啓動購買決策。在所有的消費決策過程中，需求確認正是決策的第一步。消費者之所以要確認需求，乃是因爲他的需求期望和實際環境有了差異之故。當消費者的需求期望和其環境之間有了差距，此時其需求即已發生了，消費者就必須作出是否消費的決策。只有他確認有了消費的需求，才能降低不舒適感。

二、資訊的蒐集

在確認有了消費需求後，消費者就會開始搜集與產品有關的資訊。此時消費者會就記憶所及，作內部資訊的蒐集，一旦所得不足以作為選購產品的參考，就會向外尋求更多的資訊。當然，此種資訊的蒐集也常因個別差異和環境，而有所不同。有些消費者總是小心翼翼地運用詳細的資訊，有些則未作任何比較就下定決策。至於資訊的來源很多，有些是行銷人員所提供，有些是來自廣告、海報等，有些則來自他人的口碑相傳，有些則可自網際網路上搜尋。另外，有些資訊相當主觀，有些則相當客觀。這些都得依靠消費者去判斷和作選擇。

三、方案的評估

在消費者搜集有關產品的完整資訊之後，接著就是將這些資料加以整理，以作成一些可行方案，從而加以評估。消費者在評估各項方案時，將建立一些評估準則，以作為評估方案的依據。評估準則可能以產品的屬性作為基礎，也可能依據消費者個人的期望為標準，而選擇具有實用價值、最低價格、可投機轉換或便宜好用等特質的產品。當然，購前可行方案的評估，亦常受到個別差異和消費環境的影響。評估準則的選用，亦常因個人需求、知識、涉入程度、價值觀和生活型態的不同，而有所差異。

四、購買行動

購買行為大致上有三種類別，即嘗試性購買（trial purchase）、重複性購買（repeat purchase）、長期性購買（long-term purchase）。嘗試

性購買是指消費者第一次購買，且僅作少量購買，以嘗試產品的屬性與適用性。此可使消費者經由直接的試用，以評估產品的功效。當消費者在使用某項產品而感到滿意之後，他就會繼續採購而形成重複性購買，甚至於在產生品牌忠實性之後，將演變爲長期性購買。今日由於網際網路的發達，消費者將可自家中的電腦系統，直接由螢幕上評估產品品牌和其售價，以便立即作出抉擇，而產生購買行爲。

五、消費使用

消費者在購買產品後，接著就是產品或服務的消費和使用。消費者對產品的使用可能面對三種情況，即立即使用、短期儲存、長期儲存。對於大多數的消費者或產品來說，在消費者購買之後，通常都是立即使用。然而，有些產品因無特定或預期的使用目的，可能暫存或長期儲存，以爲備用。在消費者使用過這些產品之後，他們會產生滿意與否的感覺，此即爲後續的購後評估。

六、購後評估

消費者在使用產品後，會繼續作評估，其結果有下列情況：(1)產品符合期望，並沒有特別的感受；(2)產品超出期望，而產生滿意的結果；(3)產品低於期望，而引發不滿意的感覺。購後評估的主要目的，就是在釐清消費者對選購決策的正確性，藉此可降低購後認知失調（postpurchase cognitive dissonance）的現象。然而，消費者進行購後評估的程度，常取決於該決策的重要性，以及使用該項產品所獲得的經驗。一般而言，當產品能完全符合消費者的期望時，他應會再度購買。相反地，當該項產品令人失望或不符合消費者期望時，他必重新尋找新品牌的產品。因此，消費者的購後評估，實乃在累積購物經驗，以作爲

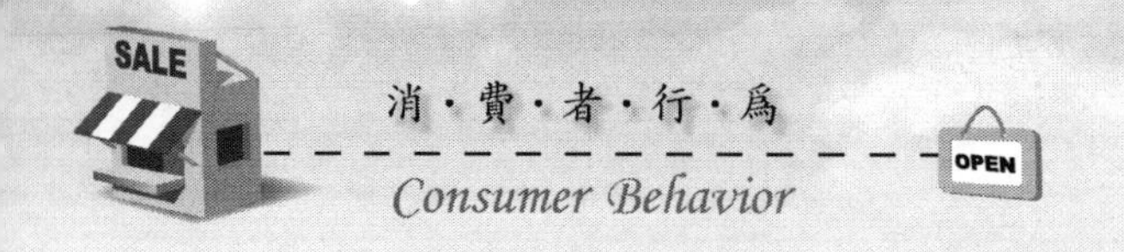

未來消費決策的參考。

七、使用後處置

消費者在購買某項產品之後，除了會作購後評估之外，尙可能對該項產品加以處置。處置的情況包括直接處理、加以回收或再行銷售轉賣。直接處理有很多方式，諸如加以使用、用完丟棄、轉送他人、改變其外型和內容。此外，由於環保觀念的驅使，有些消費者乃決定配合政府法令，將產品加以回收，使之由製成品又回到原料或再製造的階段。再者，有些產品雖已用過，但仍完好如初，此時可以再行銷售轉賣，如跳蚤市場、中古物收購商以及二手貨市場乃成爲產品的最後去處。

總之，消費者的消費決策過程是相當複雜的。消費決策過程的發生，實始自於消費者有消費需求，此時消費者必須確認消費需求；其次，他必須搜尋所欲購買產品的相關資訊，然後加以整理，並評估出可行的採購方案，再行購買。在購買而試用滿意之後，再重複購買或作長期性購買。同時，消費者會作購後評估，以收集資訊作未來再行購買時的參考，且對該項已購買的產品作一些處置。這些實爲消費決策的整個過程。

第四節　影響消費決策的變數

消費者從事消費活動，其消費決策常受到甚多因素的影響，這些變數包括消費者本身的特性、決策情境的特性、產品與服務的特性、決策過程與決策本身的特性等。其中決策過程已如前節所述，本節將討論其他各項如下：

一、消費者的特性

消費者特性是影響或決定消費決策的最主要因素。當消費者在作消費決策時，他會考慮自我所擁有的資源，如金錢、時間以及個人對資訊的接收和處理能力。在消費者個人擁有較多的金錢與時間，且自信對資訊接收和處理能力甚強時，消費者較願意傾其精力於消費決策上，否則他必作匆促的消費決策。此外，消費者對產品和服務的知識，也會影響其作消費決策的有效性。凡是儲存在消費者記憶中的知識愈爲豐富，則他所作的消費決策也愈爲周全而正確，較不易有後悔的情況發生。

再者，消費者對產品或品牌的態度，同樣會影響其決策行爲。態度是個人對可行方案正面或負面的整體評估。消費者的態度一旦形成，對產品的選擇即扮演著極重要的角色，且會形成一定的消費習慣，此已於第六章中有過討論。其他有關形成個人行爲特質的因素，諸如人格、動機、知覺、過去經驗，以及個人的價值觀與生活型態等，不僅會影響個人的消費行爲，而且會影響其消費決策過程，這些都在本書第二篇中有過詳細的研討，此處不再贅述。

然而，在此所要特別提及的，乃是消費者人格特質以及生理因素對消費決策的影響，前者如信心、自尊，以及獨斷性等，後者如疲勞。凡是具有信心和高度自尊的消費者，在處理消費資訊的方式上，比沒有信心和自尊低的人，在決策上較爲明快。又獨斷性強的人似乎比獨斷性弱的，更易接受權威。亦即獨斷性強的人傾向於接受新資訊，而獨斷性弱的人反而傾向於拒絕專家的意見。至於一般處於疲勞狀態下的人，很難處理決策上的問題，尤其是複雜的決策。

二、決策情境的特性

消費決策是發生在需求的環境中，因此環境和消費過程與消費後果之間都會相互影響。一般決策情境可分爲物理情境與社會情境。物理情境如時間壓力，往往影響決策的速度和決策過程的改變。當消費者有時間壓力時，他會快速地作成決策。有時因爲時間壓力，消費者常把不利的資料訊息看得較爲重要，而忽略了有利的資料訊息；而在感受較小或完全沒有時間壓力時，反而沒有此種現象。

此外，決策時間與信心也會相互影響。當決策時間很短時，消費者只能評估可用資訊的一部分，以致對自己的決策較沒有信心。假如沒有時間壓力，則缺乏信心的消費者在決策時會拖延決策，以尋求和評估新資訊，並求取更正確的可行方案。易言之，決策時的信心常隨著可用資訊，以及決策時間的增加而增加。

再就社會環境方面來說，消費者的決策往往受到人際互動與群體關係的影響。一般而言，消費者的決策常常要順應他人的期望與團體的壓力，以求能受到他人的認同與讚賞。有時消費者會主動去學習參考群體的消費準則，或徵詢意見領袖的看法。凡此都是社會環境對消費者決策的影響。另外，其他社會情境因素，如社會階層、文化、家庭、組織環境以及行銷環境等，不但會影響個人的消費行爲，也會左右其消費決策。

三、產品與服務的特性

所有的消費決策都是來自於消費者對產品或服務的需求，因此產品或服務的特性都會影響消費決策。通常產品或服務的新奇性、凸顯性與實用性，對消費決策本身及其消費方式，都會有重大影響。凡是愈爲

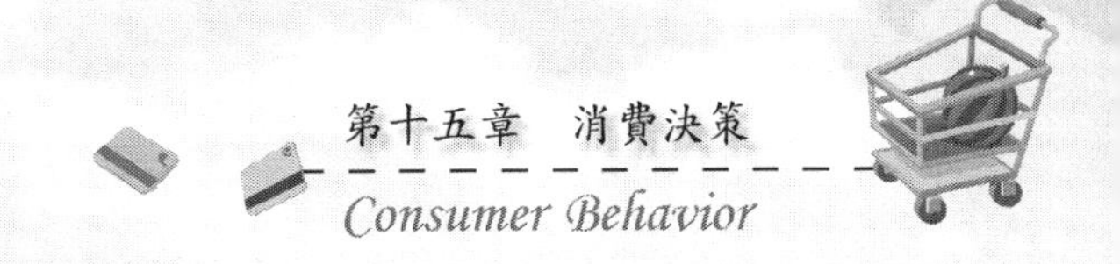

新奇、凸顯和實用的產品，愈能吸引消費者，從而決定其消費與否的意願。

此外，產品的風險性與安全性，也會影響消費決策。凡是愈爲安全而不具危險的產品，比較能爲消費者所接受，並願意快速去購買；相反地，具有風險性的產品會使消費決策遲緩，甚至拒絕購買。再者，產品使用的後果將影響消費者再次購買或重複購買與否的決策。當產品的屬性在消費者使用後，感覺到理想時，消費者再次或重複購買的可能性會提高，否則必降低。

四、決策本身的特性

消費決策本身的特性也會影響到消費決策。若消費者感受到先前的決策是正確的，則他再作此種類似決策的可能性就高，否則必低。通常評估決策本身特性的兩大要素，爲效率（efficiency）和效力（effectiveness）。所謂效率，是指消費者爲決策所投入與相對產出的衡量，決策成本與時間是效率的兩大指標。成本包括花費在作決策上的時間、精力以及資訊的處理與分配等。一般而言，一旦成本花費很大，而效果彰明，個人仍願意從事於該項決策。惟若成本花費很大，而所收成果不佳，則個人就不再作同樣的消費決策。至於時間，是指從發掘需求到決定如何處理的時間差距。若費時太多，會阻礙個人作決策。

再者，決策的效力是指決策能夠解決需求的程度。最常用來評估決策效力的標準，就是決策的準確性。準確性（accuracy）包括決策是否能正確地評估各項資訊、各項方案的成本與效益，以及最適合的消費方案等。其次，評估決策效力的另一標準，就是可行性（feasibility）。如果消費決策無法執行，即使是最正確的決策也是毫無用處的。

總之，影響消費者作決策的變數甚多，然而最重要的變數不外是消費者特性、情境特性、產品與服務特性、決策過程和決策本身特性等。

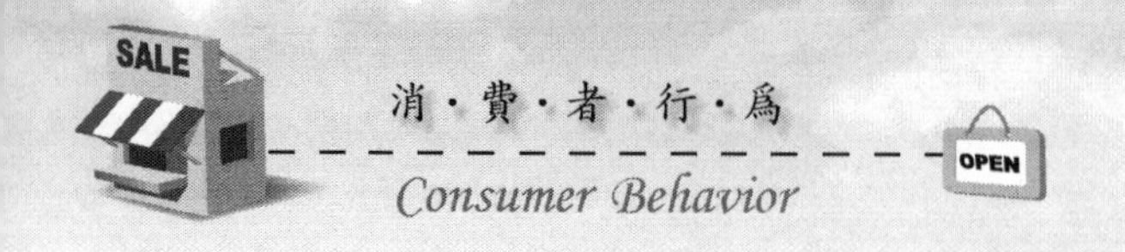

吾人只有深入探討這些變數，才能徹底瞭解消費決策。

第五節　組織的購買決策

組織購買是由許多個人所作成的決策，此類決策即爲這些人員交互作用的結果。惟組織購買決策是一連串的過程相互連結的。這些過程包括確認問題的發生、一般需求的說明、產品規格的決定、供應商的尋求、報價的徵求、供應商的選擇、正式訂購以及評估使用結果等。茲分述如下：

一、問題的確認

組織購買決策的首要步驟，就是確認組織有購買的需要。當組織內部人員發現購買某種產品及服務可解決某項問題或滿足某種需求時，就是購買過程的開始。問題的確認（problem recognition）都可能來自於外部或內部的刺激而產生。就內部刺激而言，最可能引發購買問題確認的事項，如組織決定開發一種新產品，就必須採購生產該項產品的新設備與原料；機器故障，就須換新或購新的零件；對過去採購的物品不滿意，就另覓新的供應商；採購主管隨時在找尋品質更好、價格更低廉的產品來源與機會等均屬之。就外部刺激來說，引發購買問題確認的事項，如採購人員可能在商展上獲得某些新觀念與構想；或看到廣告、接到行銷人員告知可提供更佳的產品或更低廉的價格等，都會產生問題確認的想法。因此，企業行銷不能只是守株待免、坐等電話，而必須主動出擊，幫助採購人員確認問題，只要有新產品推出，就要舉辦行銷活動，主動拜訪客戶。

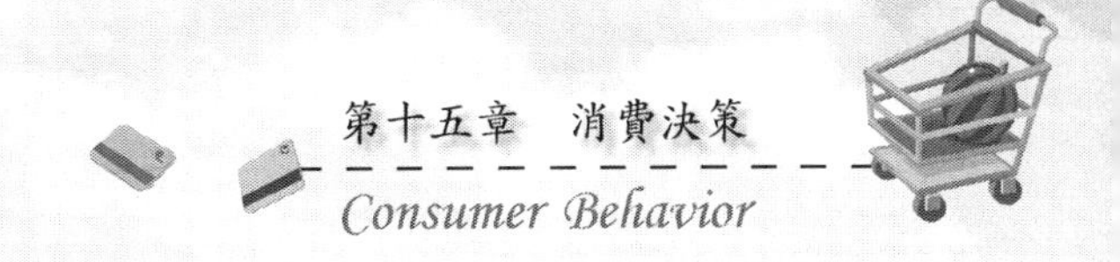

二、一般需求說明

當組織確認有購買的需求時，緊接著就要準備一般需求說明書（general need description），以決定所需產品的一般特性與數量。對標準化的產品而言，這不是大問題。但就複雜化的產品來說，採購人員必須與公司內部其他人員，如工程師、使用者、顧問等共同評估產品的價格、品質、耐久性、可靠性及其他屬性的重要性，以界定產品的一般特性。在此階段，供應商可提供更多協助，以提供給購買者各種考量的準則，從而決定組織的需求。

三、決定產品規格

組織購買者在準備好一般需求說明書之後，接著要決定產品規格（product specification），此項工作通常由產品價值分析工作小組負責。產品價值分析（value analysis）是一種降低成本的分析方法，其乃在透過產品成分的審愼研究，以決定產品的各個組件是否能重新設計，予以標準化，或使用更便宜的方式來生產。工程小組將決定適當的產品特性及其規格。嚴謹的產品規格可幫助採購人員不致買到不合乎標準的產品，而供應商亦可使用產品價值分析來爭取客戶。甚至於新供應商可藉此向買方分析更佳的生產方式，使買方由直接重購變成新購的狀況，終而得到銷售的機會。

四、尋找供應商

組織購買者爲尋找供應商（supplier search），可查閱工商名錄、電腦資料，或徵詢其他公司的意見、注意商業廣告、出席商展等。在尋找

供應商的過程中，購買者可臚列一張清單，剔除一些無法足量供應、交貨與信譽不佳的供應商，然後保留一些適宜的供應商。對於初審合格的供應商，購買者可能要檢視他們的生產設施，會晤相關人員。至於供應商方面，也應把自己列名在工商名錄上，發展有力的廣告及推廣方案，參與各項商展，並在市場上建立良好的信譽。

五、徵求報價

在徵求報價（proposal solicitation）階段，組織購買者必須找定幾家供應商，要求他們提出報價書。有些供應商可能只寄送目錄，有些可能派代表前來訪問。至於產品較複雜或昂貴時，購買者可能會要求提供詳細的書面報價，由此剔除一些供應商，並保留幾家供應商，要求作簡報，以便進一步評估。因此，企業行銷人員必須精於研究、撰寫及陳述報價，其報價書必須爲行銷文件，而非只是技術性文件。簡報應能讓購買者深具信心，使其知道公司具有優於其他競爭者的能力與資源。

六、選擇供應商

在徵求報價過後，接著就是選擇合宜的供應商。在此步驟中，採購中心成員就必須審核報價書，並分析供應商所提供產品的品質、送貨時間與其他服務，逐一列出各項表格，詳列各供應商的特性及其相對重要性，用來評比各入選的供應商，以找出最具吸引力的供應商。

事實上，選擇最合宜的供應商宜考量下列條件，如產品價格、品質及服務、產品生命週期、準時送貨、信用程度、道德規範、修護及服務能力、技術性支援、地理遠近等。採購中心人員宜針對上述各項加以評等，以選出最適當的供應商。同時，在作最後決定前，宜挑選幾家較合適的供應商，就各項條件加以比較後選出最合適的一家；但仍宜保留

一、二家，供作一旦有了問題，可資候補，而避免斷貨之虞。

七、正式訂購

組織購買者在決定供應商後，就必須發出訂購單（order-routine specification）給供應商，說明所需產品的規格、數量、預期交貨時間、退貨條件、產品保證等事項。對於維護、修理和營運項目（maintenance, repair and operating items，簡稱MRO），採購單位寧可採用「統購契約」（blanket contracts），而不用「定期採購訂單」（periodic purchase orders），以避免不斷重新訂購。統購契約是一種組織購買者和供應商之間的長期關係，使得供應商可在一段特定期間內依協議價格和條件長期供應購買者所需貨品。此種契約可減少許多重新談判過程，允許購買者塡寫較多訂單；同時可增加購買者向單一供應商購買產品的可能性，且採購項目可增多，除非購買者對供應商所提供的價格或服務不太滿意，否則可穩定供應商和購買者的關係。

八、評估使用結果

組織購買過程的最後階段，是評估使用結果。在此階段，採購單位會評估供應商所提供產品的使用結果。採購單位會與最終使用單位聯繫，並請其作評估。此種評估結果將決定公司是否繼續維持或停止與現有供應商之間的關係。因此，供應商也應注意購買者評估結果的各項變更，以確認購買者是否得到預期的滿足。

總之，組織購買過程大致可分爲上述八大階段，惟這是運用於新購的情況；至於在直接重購和修正重購的過程中，可能濃縮或刪減某些步驟。不過，此種購買模式也可能因爲每個組織的不同，而有其獨特的購買情境與需求。且採購中心的各個參與人都可能牽涉到不同的購買階段，有些階段可能按部就班地進行，有些則不斷重複。近來由於科技的精進，愈來愈多的組織購買者已採取電子式的途徑，來購買各式各樣的產品與服務，因此採購的程式化可能形成一種趨勢，其中最大的益處乃爲使購買者得以輕易地接觸到新供應商、降低採購成本，及加速訂單的處理與交貨時間。在供應商方面也可使行銷人員與顧客在線上聯結，以分享行銷資訊，提供對顧客的服務，並維持其關係。

第五篇　結　論

消費者行為基本上乃在探討消費者的消費心理與行為，它係受個體行為基礎和所處的各種環境之影響。然而，行銷人員的行銷技巧往往在一瞬間具有決定性的作用。當消費者在搜尋他所需要的產品或服務時，行銷人員若能適時地提供消費資訊，並運用合宜的行銷技巧，不僅可達成行銷的目的，也能使消費者購買到他所真正需要的產品，以滿足其慾望和需求。因此，吾人於探討影響消費者行為的各個層面之餘，乃繼續研析行銷技巧的運用。惟行銷技巧必須透過對行銷人員的訓練與發展，才得以養成。是故，本篇將只列述行銷訓練與發展，用以培訓行銷人員的行銷技巧，以作為本書的結論。

第十六章 行銷訓練與發展

Consumer Behavior

第一節　行銷訓練與發展的意涵

第二節　行銷訓練的類型與內容

第三節　行銷訓練的方法

第四節　行銷人員的自我發展

第五節　行銷技巧的培養

行銷訓練的目的，乃在訓練人員熟悉有關行銷的內涵，並善用行銷技術，以達成行銷的目標。行銷發展則爲行銷人員能作自我充實，不斷地吸收行銷新知識，以增進自我在行銷領域內的成長。在消費者行爲研究中，訓練有素的行銷人員當能協助消費者快速而準確地購買到他所需要的產品或服務，並爲自己提高行銷效率與業績。因此，行銷訓練與發展對行銷人員來說，是相當重要的。本章首先將分析行銷訓練與發展的含義，其次探討行銷訓練的類型與內容，再次研析行銷訓練的方法，接著討論行銷人員的自我發展。最後，則探討行銷人員究應如何培養其行銷技巧。

第一節　行銷訓練與發展的意涵

行銷訓練與發展有些類似，但並不完全相同。訓練與發展都是企業機構用以協助員工增進其工作知能的方法；但訓練偏重於技能訓練與實務操作，而發展多重視員工成長與管理理念和管理技能的培養。因此，有關行銷人員的養成與行銷技巧的成長，可就行銷訓練與行銷發展兩方面去探討。本節首先將分別論述其含義如下：

一、行銷訓練

所謂行銷訓練，乃是針對行銷人員所實施的一種再教育。它是指企業促使行銷人員學習行銷有關的知識與技巧，以改進其行銷績效，進而達成行銷目標的一種訓練措施。易言之，行銷訓練是企業透過有計畫、有組織的方法，以協助行銷者增進其行銷能力的措施。訓練的目的即在幫助行銷者學習正確的行銷方法、傳授行銷經驗、增進行銷知能、提高行銷素質、改善行銷績效、傳遞產品訊息、修正行銷的工作態度，以及

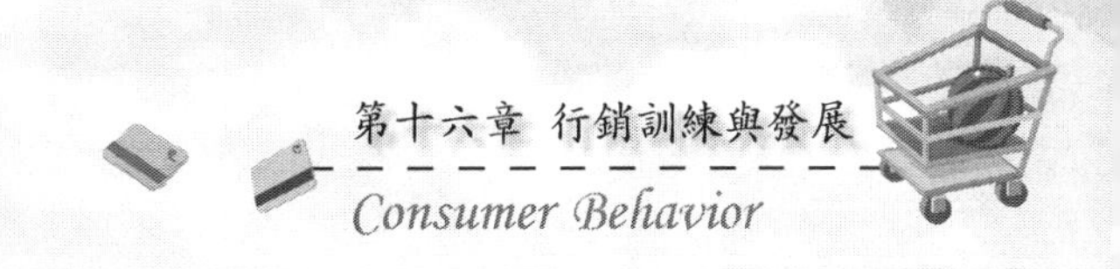

增進他在未來擔任更重要行銷的能力。

一般而言，訓練和教育都是透過教導與學習過程去發展人力的方法。惟訓練和教育是有區別的，訓練是屬於特定目標的塑造，是一種比較短期實務性技能的灌輸。它可幫助行銷者透過思想和行動，以發展適當的知識、技能和態度，促使行銷人員能達成行銷所預定的目標。教育則具有廣泛性、基礎性與啓發性，著重於知識、原理與觀念的灌輸，以及思維能力的培植。教育可使人增進一般知識，瞭解周圍環境，形成健全人格，並爲個人奠定日後自我發展的基礎。因此，訓練是短期的，教育則爲長期性的工作。訓練以工作爲主，教育則以課程爲重。兩者雖同屬學習，但前者直接使工作更加精通，亦即使人更直接應用工作所需的知識與技能；後者多屬基礎性，較少涉及特殊性的實用知識。當然，訓練和教育的關係十分密切，兩者實具有相輔相成的作用。

再者，訓練與教育都是論述有關人類學習與行爲改變的歷程。就目的來說，訓練基本上是針對特定的職務而言，始於各種組織與工作上特殊的需要，目的在使目前或未來擔任某項工作者，能夠克盡其職責。教育則以個人目標爲主，較不考慮組織的目標；雖然吾人可以設法使該兩項目標求得某種程度的一致，但教育由個人開始著手，其在幫助個人成長，並學習在社會上扮演多種角色。簡言之，教育以個人爲主，而訓練則以組織職務爲重；前者重「人」，後者重「事」。

此外，教育乃爲期望獲得個人意欲得到的日常生活經驗，訓練則爲協助個人攫取工作上的技能。教育所涵蓋的範圍較爲廣泛，訓練所包含的範疇較爲狹窄。教育較具有個人取向，訓練則較具組織取向。就組織立場言，人力資源管理的措施與政策必須有整套的訓練計畫，以提供員工增進其工作知能，作爲擔任未來工作的基礎。因此，行銷訓練的實施，一爲增進行銷人員的行銷經驗，一則有賴於擬訂有系統的行銷訓練計畫。

二、行銷發展

所謂行銷發展，是指一種有系統的行銷訓練與成長之程序，透過這種程序，可使行銷人員獲致有效的知識、技能、見識與態度，從而加以運用而言。行銷發展包括行銷人才的培育與行銷人員的自我發展兩部分。前者是由企業進行有計畫、有系統的培育，後者由行銷人員作自我進修與自我訓練。一般而言，企業的成長與人員的發展是一致的。人員的素質和表現，是企業最珍貴的一項資產。雖然企業人才可自外界羅致，但此種來源並不可靠，有時反而使本身人才被挖角。因此，爲了保障企業的未來生存與發展，最可靠的還是自我培植。是故，無論企業的大小，企業主都必須對人員發展投注最大的關切。

早期行銷發展也稱之爲行銷訓練，實則兩者仍有若干差異。蓋訓練大多是指教導新進行銷人員所需的知識，而發展則含有幫助行銷人員不斷成長的意義；甚而行銷發展計畫必須建立在自我發展（self-development）的觀念上。凡是在發展中的行銷人員，都必須有動機、有能力去學習，並求自我發展，才會有成長可言。過去那種以教室爲主的訓練方式，已轉變爲使用各種不同的發展技術，以求適應個人的發展需求。是故，凡是能夠從行銷工作中或工作外吸收發展知識與技巧的方法，都屬於行銷發展的範疇。

此外，自我發展固爲行銷發展的主要觀念，但企業欲求行銷發展的有效，還必須建立一個良好的組織環境，如重視行銷發展工作、提供行銷發展設施、給予發展者適當獎賞等。尤其是行銷發展的直屬主管，更是影響行銷發展成敗的主要關鍵。他必須支持行銷發展工作，建立行銷發展水準，並適時地加以指導，使發展者有更大的發展餘地；同時在工作指派中指導其發展，使其獲得廣泛的經驗，鍛鍊其承擔重責大任的才能與毅力。

總之，行銷發展的目標，一方面乃在使現有行銷人員具有更好的行銷技能，另一方面則在充分地運用行銷人力，使企業能夠經常獲得所需要的行銷人才，以求能達成行銷目標。因此，行銷發展是組織效能的指標之一，行銷管理階層必須正視之。

第二節　行銷訓練的類型與內容

有效的行銷訓練必須對訓練類型加以區分，並提供準確的訓練內容。本節將針對訓練需求而分別探討不同的訓練類型與內容。茲分述如下：

一、行銷訓練的類型

有關訓練的種類，各個專家學者的說法並不一致，致其分類甚爲分歧。此乃因訓練可依工作性質與內容、訓練目標、訓練時間等而進行分類之故。本節僅按練需求計畫的觀點，分爲下列各類：

(一)職前訓練

職前訓練（orientation training），或稱爲始業訓練或引導訓練，其實施對象悉爲新進行銷人員。它乃是對新進行銷人員進入企業之前，由主管教導其認識企業的組織、所應擔任的職務、相關工作單位及其他各種有關的權利義務之一切活動。職前訓練應使新進人員瞭解該企業的產品或服務項目，以及其對社會所產生的貢獻，和個人工作績效與企業的相互關係。

就訓練目標而言，職前訓練乃在指導新進人員對組織沿革、歷史、產品、政策、程序、職位，與其他人員的關係等有初步的認識，以建立員工的積極態度，並增進其工作效率。職前訓練本身的目的，就是在幫助新進人員及早適應組織，提供與工作績效有關的訊息，並建立對公司的美好印象，且緩和新進人員的焦慮情緒。是故，一般企業在招考、錄取新進人員之後，多立即於派職前施予短期的職前訓練。

(二)在職訓練

多數訓練常在工作中進行，此稱之爲在職訓練（on the job training，簡稱OJT）。此種訓練常由督導人員，或由專任輔導人員加以指導。在職訓練的方式不一，有的只是隨機加以指導，有的則非常正式而有組織，特別舉辦訓練班。通常，在職訓練依其實施目的，可分爲補充知能訓練、儲備知能訓練、管理發展訓練等。其目的在幫助行銷人員更加認識企業及產品，提供學習新的行銷知識與技能之機會，藉此發掘行銷人員之才能，以儲備人才，或藉此加強團隊工作效率。

在職訓練的最大優點，是在實際行銷情境中進行，可使訓練與實際工作密切結合。員工可藉此熟悉行銷工作時，所必須使用的工具與設備等。同時，在職訓練不需要花費太多的精神去安排，也不需要額外的工具設備；並且在學習階段，可使受訓者從事一些行銷工作。它是一種主動練習，因爲學習材料非常有意義，而增強了學習動機。但在職訓練若只是偶然性的，缺乏企業或專業人員指導，由於沒有明顯的目標，往往收效不大，以致敷衍了事；且由於初學者對行銷技巧較爲生疏，須有熟手隨時帶領或指導，才能建立其信心。

(三)職外訓練

有些訓練爲了不影響正常作業或人員安全起見，不宜在工作中進行，而實施職外訓練。例如對生疏的新進人員若貿然實施在職訓練，有時可能會打擊其信心，進而影響其行銷效率，此時較適宜施行職外訓練。所謂職外訓練（off the job training），就是在模擬的行銷情境中，其設備與條件和實際行銷情境極為類似或完全相同的一種訓練。職外模擬訓練重視訓練本身的教育效果，不太重視行銷量的因素。此種訓練方式，尤適用於監督或管理人員的訓練。其目的有的是在改進現職人員的行銷效率，有的則在增進人員本身能力，以為未來擔任重要的責任作準備。

當然，職外訓練與在職訓練可以同時進行，其目的在使受訓人員瞭解眞實的行銷情況，而有實習的機會，以加強訓練效果的學習遷移。

(四)外界訓練

有些訓練是委託外界機構代訓者，此稱為外界訓練（outside training）。外界機構包括大學、企業學校及專業訓練機構等。此項訓練完全視專業行銷性質而定，有時亦發生學習遷移的問題。

(五)其他訓練計畫

其他訓練計畫（other training program）甚多。就人員訓練而言，有些訓練是針對高級管理階層而設，稱之為高級管理人員訓練；有些為中級管理人員而設，稱之為中級管理人員訓練；有些為基層管理人員而設，稱之為基層管理人員訓練；有些為一般行銷人員而設，稱之為一般行銷訓練。此外，行銷訓練可就其工作內容，冠上訓練內容的名稱，諸如商品管理訓練、廣告訓練、商品維護訓練、行銷推廣訓練等均屬之。

二、行銷訓練的內容

行銷訓練乃為行銷人員所專設，因此其內容須以行銷工作為主，至少須包括行銷原理、行銷道德與倫理、行銷技巧、行銷策略、人際關係與溝通、產品特性、消費者行為、行銷傳播與個人行銷、商業社交與禮儀，以及服務規範等。茲分述如下：

(一)行銷學原理

行銷學原理乃在訓練行銷人員瞭解行銷的一般概論，包括行銷策略、行銷環境、消費者市場、組織市場、消費者心理、市場區隔、行銷定位、產品發展與生命週期、產品服務、產品訂價、產品通路、行銷溝通、行銷組織、行銷控制、零售、銷售以及公共關係等基本概念，以提供行銷人員對行銷有基本的概念，庶能有助於其對行銷概念的瞭解，而便於推展其行銷工作。

(二)行銷道德與倫理

行銷道德與倫理乃在訓練行銷人員瞭解和遵守行銷規範，包括行銷道德的本質、法律規範、對道德行為的認知、社會文化模式、商業文化、道德哲學、社會責任、社會監督等理念，尤其是在教導行銷人員必須信守承諾，表現對顧客的忠實性。唯有如此，才能使行銷工作更為順暢。

(三)行銷技巧

行銷技巧乃在教導行銷人員懂得運用技巧，以說服消費者產生對產品的注意、興趣，並於最後能採取購買行動。有關行銷技巧的內容，至少包括行銷理論、原則、過程、運用，以及人際關係的建立與維持、自我形象的建立、人性需求的瞭解、傾聽的技巧、面對面的談話技巧和溝通的技巧等。

(四)行銷策略

行銷策略乃在訓練行銷人員瞭解公司的政策、策略的要素與層次、公司成長策略，以及行銷策略的規劃、執行、回饋與控制，此對於行銷主管尤為重要。唯有行銷人員能瞭解公司的行銷策略，才能掌握行銷的

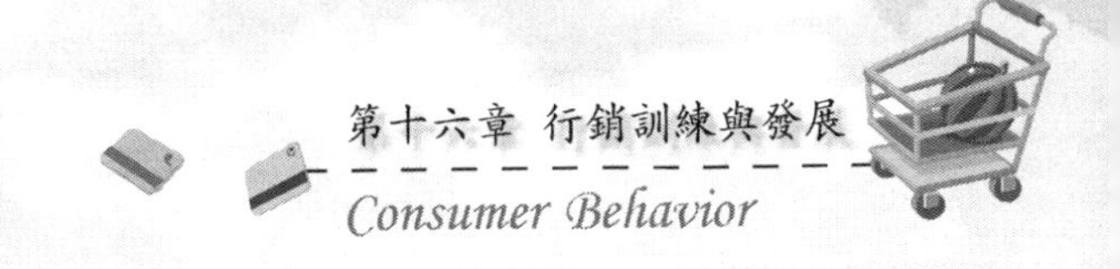

方向，並依此而規劃行銷工作，並做好行銷業務。

(五)人際關係與溝通

人際關係與溝通乃在訓練行銷人員基本的人際行爲，其至少包括人際的自我層面、互動層面、情境層面，以及人際溝通的本質、人際交流、溝通過程、溝通方式、溝通障礙，據以培養職場上、各種場合上的人際溝通技巧，並建立和諧互助的人際關係。

(六)產品特性

產品特性乃爲行銷人員在從事行銷工作時所須具備的最基本知識，唯有行銷人員能充分瞭解產品的一般特性以及其使用方法和效益，才能使消費者接受此產品，採取購買行動。產品特性至少包括產品的一般特質、價格、品質、使用方法、效益，和產品發展與生命週期，以及如何能滿足消費者的需求等。

(七)消費者行爲

消費者行爲乃在教導行銷人員瞭解消費者的動機、知覺、學習、人格、態度等如何影響其消費活動，以人際互動、群體關係、家庭決策、社會環境、組織環境、文化環境等如何影響消費者的消費決策，以便作適當的市場區隔，而有利於推展行銷工作。

(八)行銷傳播與個人行銷

行銷傳播與個人行銷乃在灌輸行銷人員有關促銷手法，包括廣告、人員銷售，以及如何運用公共關係，以促銷其產品。同時，行銷傳播須發展促銷組合，針對目標消費者宣導有關產品特性及生命週期，從而達成促銷的目標，並透過促銷建立與顧客之間的長期關係。

(九)商業社交與禮儀

商業社交與禮儀乃在教導行銷人員如何重視行銷禮儀，如何與消費大衆交往。此有賴行銷人員對自我形象的塑造，尤其是外表服裝儀容的整飭，以求能帶給消費者良好的印象。通常消費者對產品的印象，常與行銷人員的形象相聯結。因此，行銷人員的社交禮儀須有一定的規範，如此才容易有成功的交易。當然，社交禮儀和社會文化規範是息息相關的，此則有賴於行銷訓練的教導。

(十)服務規範

行銷人員的工作重點，不僅限於行銷工作的推展而已，而且更要重視對顧客的服務。因此，服務規範乃是行銷人員所必須瞭解和重視的。有關服務規範可包括購買服務過程、售後服務、服務品質的提升、與顧客接觸的對話，以及各種服務機制等，都是行銷人員所必須深入瞭解的。

總之，行銷訓練的內容包羅萬象，其可分爲許多有關行銷的細目，有些訓練可針對單一內容進行教導，有些則可綜合數項內容加以灌輸，其常依行銷訓練的需求而定。

第三節　行銷訓練的方法

一般言之，行銷訓練的方法與技術很多，每種方法都有其優劣點。這些方法包括講演法、示範演練法、視聽器材輔助法、模擬儀器及訓練器材輔助法、討論法、敏感性訓練法、個案研討法、角色扮演法、管理競賽法、編序教學法、電腦輔助教學法等。茲分項說明如下：

一、講演法

講演法（lecture）在一般訓練的場合中應用最廣，在某些情形下，它是一種相當有效的訓練方法。當學習材料對受訓者而言完全新穎，或受訓者人數過多時，或講解一種新教學法時，或授課時間很有限時，或教學場地不夠大時，以及當總結一些教學材料時，採用講演法可得到適當效果。此外，講演法可降低因工作改變及其他改善時所產生的焦慮感。不過，講演法受到的批評也很多，它的最大缺點，是受訓者無法主動地參與訓練，亦即僅有教師的活動，教學的好壞無法立即獲得反響。

二、示範演練法

所謂示範演練法（demonstration），乃指由訓練者實地演練，由學習者按照實際程序加以學習的一種訓練方法。該法運用在商業訓練上，乃爲學習一種新的行銷過程，或運用新的行銷設備與工具時爲最適宜。它的最大優點，乃爲學習者可立即得到實際練習的機會，以增強學習效果。不過，如果設備與工具不足，或學習人數過多，不易得到明顯的教學效果。

三、視聽器材輔助法

由於科技的進步，各種視聽器材（film and T.V.）如電影、幻燈片、放映機、錄影機及電視等都可幫助訓練。此種訓練法的效果一般比其他方法爲優，可協助受訓者作有效地學習，此乃因該法可吸收到受訓者注意力之故。同時，視聽器材若大量廣泛地使用，價格低廉，且可重複使用，適合作爲商業訓練教材。惟視聽器材輔助法的缺點，是在放映教材

時，無法給予受訓者積極參與活動的機會。不過，如能在放映後實施團體討論，則可彌補上項缺失，增強其教學效果。

四、模擬儀器及訓練器材輔助法

模擬儀器及訓練器材輔助法（simulatiors and training aids）主要用在訓練期間，提供和行銷情境相類似的物質設備，以協助訓練。採用該法的訓練有的是爲了避免危險，有的是爲了節省經費，有的是爲了不影響原來的作業程序。此種訓練的價值，不在外表設備與原來行銷情境的相似性與否，而是在實際行銷中學會反應原則，並作正確的反應，此即爲訓練學習遷移的核心所在。不過，該法的最大缺點，乃爲使用輔助器材時，會被看作爲「半玩具」的性質，以致妨礙了訓練目標。

五、討論法

討論法（conference）可提供受訓者充分討論的機會，即針對觀念與事實加以溝通，以驗證假設是否正確，俾從討論及推論中得到結論。該法應用在改進行銷績效與人員發展方面，可發展行銷人員解決問題和決策的能力，學習一種新穎而複雜的材料，並改變員工的態度。它的最大優點，即在符合心理的原則，使受訓者有充分而積極參與的機會，因而增強學習的效果。但是討論時容易流於形式或謾罵，討論會的主持人易失去超然而客觀的立場。

六、敏感性訓練法

敏感性訓練法（sensitivity training）是根據團體動態學（group dynamics）的理論而設計的。該法又可稱之爲行動研究（action research）、T群體訓練（T-group training）或實驗室訓練（laboratory training），其目的乃在用來訓練管理人員或發展人群關係的技巧。訓練時，將一個小團體帶離工作場地，有時由訓練者指定討論題目，有時連題目都不指定，一切由小團體作內部的交互作爲，以求瞭解他人行爲，敏感於他人的態度。整個學習與行爲改變的過程，即爲一種「解凍－轉變－重新凍結」的週期。此法的效果主要爲受訓者帶來工作上的轉變，對「個人」的幫助較大，對「組織」的貢獻較小；在改變受訓者的自我知覺，較其他訓練法爲優。但對某些受訓者則感受到許多壓力，侵害其個人隱私權。

七、個案研討法

個案研討法（case study）是以眞實或假設的問題個案提出於團體中，要求團體尋求解決問題的方法。個案研討法的程序爲：研讀個案、瞭解個案問題、尋求解決問題、提出解決方案，最後爲品評解決方案。其目的爲幫助受訓者分析問題，並發現解決問題的原則。此法的優點乃爲根據教育「做中學」（learning by doing）的原則：可鼓勵受訓者作判斷，尋求解答的方法；瞭解同一問題的不同觀點；淘汰不成熟的意見；訓練討論的方式；訓練受訓者考慮周全而落實等。

個案研討法最適用於：當行銷人員需要接受訓練，以分析及解決複雜問題，並作爲決策參考時；當行銷人員需要瞭解企業的多樣性，以解釋或面臨多種方案，且個人的個性各有不同時；當要訓練行銷人員從實際個案中歸納出原則，以運用自我問題的解決時；當公司面臨變革，需要訓練行銷人員的自信心時。不過，當受訓人是初學者，或不成熟未具經驗，且焦慮感高、嫉妒心強等，則不宜採用此法。

八、角色扮演法

角色扮演法（role playing）就是一種「假戲眞作」的方法，意指在假設的情境中，由參與者扮演一個假想的角色，體驗當事人的心理感受。此法主要在修正員工態度，發展良好的人際關係技巧，適宜於訓練督導、管理及銷售人員。此法的優點乃爲訓練受訓者「易地而處，爲他人設想」，體驗對方的感受以瞭解其行爲；同時，可發現自己的錯誤，或利用別人人格上的特性而改善人際關係。惟該法的花費龐大，模擬的情景很難完全符合事實上的問題。

九、管理競賽法

管理競賽法（management games）是一種動態的訓練方法，即運用企業情境，來訓練管理人員。實施時，由數人組成一組，仿照實際行銷情境，作一些管理或決策，各組之間相互競爭。各組代表一個「公司」，對有關成品存貨控制、行銷人員指派、行銷計畫、市場要求下勞力成本等各項問題，各自擬訂決策與採取行動；並將決策數量化，加以公開決定勝負。此種競賽有時需數小時、數天或數月才能完成，最後由專人講評，並由各組作檢討。

此法的優點是情況逼眞，每人都有主動參與的機會，同時，對自己決策的後果可得到反響；競賽者可把握幾個重要因素，作有效的決策；個人的注意力可集中於整個決策過程，有高瞻遠矚的眼光，而不會短視；個人知道運用決策工具，如財務報表與統計資料，來作較佳的決策；個人可自結果的反響當中，學會了決策深深地影響了一切狀況及後果。可惜到目前爲止，仍然無法證實管理競賽法是否眞正能產生正性遷移的學習。不過，經由競賽以後，如果競賽情境與實際行銷情境相似，

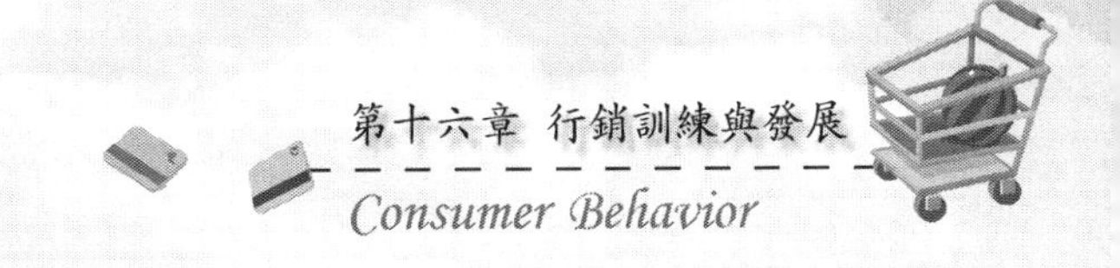

在眞正面臨問題時，仍可收到事半功倍的效果。

十、編序教學法

所謂編序教學法（programmed instruction），是指將要學習的材料分成幾個單元，或幾個階段；並依據難易的程度編排，由簡入難，循序漸進。在每個階段，學習者必須對學習材料作反應，同時會得到回饋，以便瞭解其反應是否正確；如果反應錯誤，則必須回過頭來學習正確反應，以便進行下一個階段的學習。因此，編序教學對每個人的適應度是不同的。

編序教學法的最大優點，是學習者可以積極地參與活動，並可立即得到回饋。其次，編序教學法平均比傳統方法節省訓練時間；對傳授正確的知識方面，也以編序教學法較佳。不過，編序教學法計畫，對訓練者而言，是一件相當費時的工作，擬訂編序計畫的人必須受到良好的訓練。同時，編序教學法的費用頗高，要擬訂一套完整的編序教材頗不簡單。顯然地，編序教學法的主要益處乃在於訓練效果上，尤其是在時間方面。

十一、電腦輔助教學法

電腦輔助教學法（computer assisted instruction）乃由編序教學法演變而來。電腦輔助教學法的主要好處，是在於電腦的記憶與儲存能力。由於電腦的記憶與儲存能力很大，因而可作各種編序安排，這是編序教學法所無法做到的。在目前，教育機關已大量採用電腦輔助教學法，但在人事訓練上，只有費用負擔能力較大的公司，才能使用它。也許在將來，人事訓練過程非常複雜，或電腦輔助器材低廉時，即非採用電腦輔助教學法不可。

總之，行銷訓練的方法甚多，在實施行銷訓練時，宜針對行銷性質、員工層級等各項因素加以考量，慎選訓練方法。同時，在實施行銷訓練時，可選擇單一方法，也可選擇多種方法併用，以求能達到訓練效果。

第四節　行銷人員的自我發展

誠如本章第一節所言，行銷發展最主要乃爲依賴自我的發展。所謂自我發展，就是個人在企業內未來的成長與發展而言。行銷人員要求自我發展，可從兩方面著手：一爲行銷工作的發展，一爲自我本身的成長。在行銷發展上，個人可從事目標管理（management by objectives）；亦即訂定各項行銷目標，然後逐步依序完成。在自我成長方面，可訂定自己的生涯規劃（career planning）；即依自己的志趣在商業途徑中規劃自我的發展途徑與進度，從而追求自我的成長。至於自我發展的方法，除了可運用第三節所說的方法之外，尚可採取下列途徑：

一、研讀資料

行銷人員若想作自我發展，可研讀書面資料（written materials），以促進自我的行銷知識與商業知能。這些資料包括：專業性的書刊雜誌、有關公司事務的報告、管理人員所作的談話記錄、管理文粹摘要、會議記錄等。在良好的組織氣氛下，企業成員將這些資料加以討論，常會形成新的計畫或改進意見。

二、接替計畫

接替計畫（under-study plan）就是在主管的指派下，協助主管或他人工作。自我發展的個人除了本身工作之外，可分出部分時間去協助或代行他人工作。如此可磨練自我的才能，增進自己的知識。因此，接替計畫有向他人學習的意義。不過，接替計畫的缺點，是一旦長久的替代，常造成失望或怨恨；再者，由於同事間的嫉妒，常破壞人際間的感情，引起人事紛擾。欲求自我發展的個人必須自願行之才行。

三、接受指派

行銷人員若想作自我發展，可自願接受特別指派（special assignment）。企業機構一般都很樂意特別指定有抱負，或須拓展個人經驗，或須加以考驗自己才能的人士，去做特定的工作。如參加某些特別會議，分析或研究某些實際問題，或對組織營運提出研究報告等。這些任務可附加在正規工作上，而成爲額外任務；也可讓其放開其他工作，而專責處理此類任務。此種特殊任務的指派，不僅有助於工作的完成，也是一種有價值的發展技術。

四、接受輪調

工作輪調（rotation）可拓展個人的見識和視野。由於今日企業分工與專業化的結果，員工只熟悉專門性工作；及其升任主管，往往對其所掌管的事項所知有限。因此，實施工作輪調，可提供員工學習的機會，並擴展其工作經驗。其優點爲：(1)可提供廣泛的工作背景；(2)可在實際工作中磨練員工；(3)可促進員工的學習精神；(4)可體認他人的問題與觀點，有助於合作態度的加強。其缺點爲：(1)剛輪調時，工作生疏，影響行銷效率；(2)時常輪調，使員工心存敷衍或不願負責；(3)調任時間過短，未能眞正取得工作經驗；(4)接受輪調人員，易被視爲內定晉升的人選，而受排擠，影響員工情感。當然，,上述優、缺點須視個人接受輪調的意願而定。

五、現場研究

現場研究（field study）也是一種自我訓練的方法。個人可隨團體選擇一家值得研究的公司，前往參觀。在參觀前，事先將該公司的有關資料與問題，作妥善的研究規劃，俾能屆時提出適當的問題。待到了現場作實際參觀後，再與現場的人員會晤，並提出問題；然後，參與人員還必須共同討論，擬就研究報告，並與該公司人員先作討論，經其同意後定稿。

此種訓練是藉著妥善規劃的旅行，參觀某特定公司，以瞭解其優點和缺點，作爲改善學員本身的參考依據。不過，這種研究必須有事先妥當的準備，依照計畫施行，愼重撰寫研究報告，並作細節的討論，才會有價值；否則，走馬看花式的參觀，其價值將極爲有限。

六、案頭作業

案頭作業（in-basket exercise）是衡量主管行政才能的發展方法。所謂案頭作業，就是在辦公桌上擺置兩個文件籃，一個用以收文，一個供作發文，用以觀察個人處理文件的能力。此種演練乃用以模擬他人每日處理工作的情況。在開始演練前，要瞭解演練的性質，並模擬公司的情況，諸如組織狀況、財務報表、產品性質與種類、工作說明書或其他人員的個性等資料。此時參加者以此爲背景，在一定時間內處理完那些複雜紛亂的文件資料；然後舉行評判會議，由大家相互比較處理的方式以及所作的決定。

案頭作業演練，可使受訓者徹底瞭解眞實生活的各種問題與解決方法。由於它模擬眞實情況，可使受訓者獲得應用原則與磨練技巧的機會，有益於發展人員對工作的態度。惟此種訓練必須要有眞實感，教材的編撰須愼重其事，場所設備必須作特殊安排。

總之，行銷人員自我發展的方法甚多，實無法一一加以列舉。而上述各種方法有些可在工作上發展，有些則可在工作外發展。然而，自我發展最重要的，乃是個人必須有作自我發展的意願，才有成功的可能。

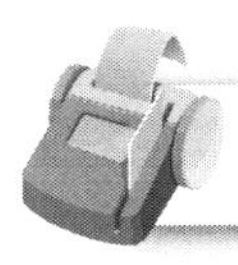

第五節　行銷技巧的培養

企業對行銷人員進行行銷訓練與發展，即希望行銷人員能具備豐富的行銷知識與技能，以協助企業達成行銷產品的目標。因此，行銷人員必須依據由訓練而獲得的知能，來發展自我的才能，以期能完成公司所賦予的任務，並奠定自我發展的機會。這些都有賴行銷技巧的養成。本節將依據本書所提供的架構，以及發揮行銷技巧的過程，提出下列各項以供參考。

一、鑽研消費心理

行銷人員要想成功地推銷產品，必須依賴其行銷技巧；而良好且適宜的行銷技巧，首先必須能瞭解消費者的心理。誠如本書第二篇所言，消費者的個體基礎，乃是由動機、知覺、學習、態度和人格等心理因素所構成。這些因素往往影響或決定了消費者的購買行動，唯有行銷者能瞭解這些心理狀態，才能掌握住消費者的購買意願和行動。是故，行銷人員若欲行銷成功，首要的任務就是能努力鑽研消費者的心理狀態，瞭解他們眞正的動機和個性等，才能確切地與消費者建立關係，終而完成行銷目標。準此，則鑽研消費者心理乃是培養良好行銷技巧的第一步。

二、審視消費情境

行銷人員要培養行銷技巧，除了要鑽研消費者心理之外，也必須能審視消費情境。當然，審視消費情境的過程，不外乎適宜地安排舒暢的消費情境以及觀察當時的消費情境氣氛。有關消費情境的安排，已在本書第四章和第十四章中有深入的討論，在此不再贅述。至於，消費情境氣氛的觀察，則有賴行銷人員根據所接受的訓練知能，培養自己的敏銳觀察力，適時地掌握消費者的心理狀態，順利地達成行銷目標。易言之，消費情境的安排與良好情境的培養，乃是成功行銷的要訣，也是培養行銷技巧的途徑之一。

三、熟悉產品特性

行銷人員若想培養良好的行銷技巧，就必須充分地熟悉產品的特性。蓋影響消費者動機的三大要素，即包括消費者特性、情境特性，以及產品的特性。此亦於本書第三章第三節中有過詳細的討論。不過，產品係消費者購買的對象，只有產品能符合和滿足消費者的需求，他才願意購買。因此，行銷人員必須能確切地熟悉產品特性，諸如產品的用途、性能、品質、生命週期、成分等，才能取得消費者的信賴，從而採取購買行動。是故，行銷人員培養良好行銷技巧的途徑之一，就是能熟悉他所要行銷的產品特性。

四、建立人際網絡

行銷人員若想做好行銷工作，就必須知道他的目標市場，此則有賴於人際網絡的建立。通常要建立寬廣人際網絡，行銷人員除了必須努力建構自我的人際關係之外，也必須深入各個群體搜尋各種行銷機會，尤其是不能忽視意見領袖的影響。因此，行銷人員必須很努力地去挖掘各種群體的意見領袖，並與之建立密切的關係。此外，若有可能的話，行銷人員也可透過各種關係深入各個社區，或作家庭訪問，以找尋潛在的消費者。再者，行銷人員更可利用各種聚會建立人脈，以擴展更寬廣的人際網絡。

五、充分提供資訊

行銷人員培養行銷技巧的另一途徑，就是能充分提供資訊。此種資訊不僅涵蓋產品的資訊，也包括其他資訊，諸如去何處購買、如何購買等均屬之。行銷人員所提供的消費資訊必須足夠、清楚、正確和具有相關性。足夠的資訊可便於消費者作出最佳的抉擇，清楚的資訊使消費者易懂，正確的資訊是眞實的，相關的資訊使消費者不易被誤導。凡此都有助於消費者對產品或服務的消費，更具信心。通常這些資訊都可透過廣告、促銷、人員推銷、公共關係或直效行銷等方式而傳播。其中又以廣告爲最大衆化，它也是傳遞資訊的最重要工具。

六、學習社交禮儀

行銷人員若要培養良好的行銷技巧，就必須學習相關的社交禮儀。行銷人員是直接接觸消費者的第一線人員，他的一言一行和任何舉止，都會影響到消費者的觀感，從而決定了消費者的購買與否。因此，行銷人員必須具備正當而合宜的社交禮儀規範，這些規範常顯現在談吐、儀表和服裝上。合宜的禮儀規範，是不矯揉造作，也不誇張吹噓，而是表現親切自然、和藹有禮，且具誠意。唯有如此，才能感動消費者，讓他願意購買產品。此外，行銷人員必須注意自己服裝儀容的整飭，最好能穿著樸實整潔，而不是華麗絢爛的衣裳。如果可能的話，甚至可選擇和消費者相同或近似的服飾，以取得他們的認同感。

七、善用溝通技巧

行銷人員培養良好行銷技巧的方式之一，就是要訓練自己的溝通技巧。良好的溝通技巧不僅是建立良好人際關係的基石，更是行銷是否成功的關鍵。當然，溝通能力除了表現在語言文字和肢體動作之外，也顯現在對資訊的領悟和處理能力上；後者則包括解釋訊息的能力、設定溝通目標的能力、體會他人訊息的能力等。行銷人員若能培養這些能力，且在進行溝通時，能發揮自我敏銳的觀察力，建立與消費者的同理心和認同感，則可達成行銷的目標。是故，行銷人員一方面必須善用自己的口語技巧和肢體語言，另一方面則必須能理解消費者的溝通意涵與方式，如此才能做好有效的溝通。

八、維護消費權益

行銷人員若能維護消費者權益，當能贏得消費者的信任，且願意再度購買其產品和服務。因此，維護消費者權益，是建構成功行銷的途徑之一。有關消費者權益的內涵，本書第十四章已有深入的討論，在此只研析行銷人員爲何要維護消費者權益。就事實而論，企業獲利的主要根源乃爲消費者，而行銷人員的業績也是來自於消費者，只有消費者感受到他的權益受到維護，他才願意購買該項產品和服務。甚而在其他條件

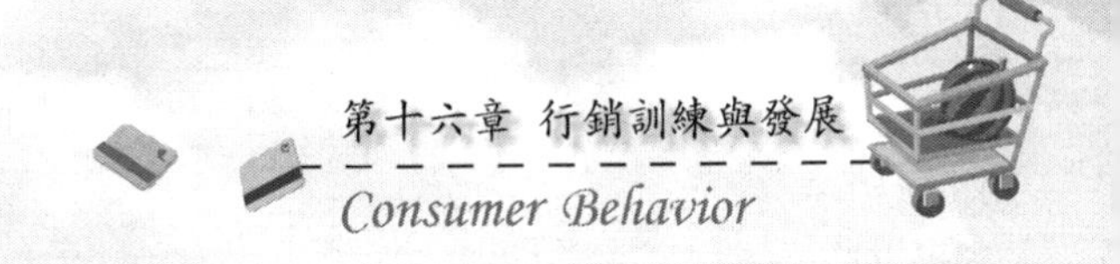

相同的情況下，消費者最願意選購的產品品牌，通常就是最能重視消費者權益的廠商。是故，重視消費者權益的維護，是行銷人員養成良好行銷技巧的途徑與方式。

總之，行銷技巧對行銷人員來說是最重要的。此乃因做好行銷工作，正是行銷人員的基本任務與責任。然而，要做好行銷工作則有賴行銷技巧的培養與發揮。當然，培養良好的行銷技巧不僅限於上述途徑，其他尚有人性奧秘的探索、自我敏銳知覺的培養、自我人格的健全、養成成熟性格、養成尊重他人的習慣，以及懂得掌握行銷的機會等，都是良好行銷技巧所不可或缺的。本文只列出和消費者行爲最有直接關係的，加以說明，同時將之作爲本書的最後結論。

消費者行為

作　　者／林欽榮
出 版 者／揚智文化事業股份有限公司
發 行 人／葉忠賢
總 編 輯／閻富萍
地　　址／台北縣深坑鄉北深路三段 260 號 8 樓
電　　話／(02)8662-6826
傳　　真／(02)2664-7633
網　　址／http://www.ycrc.com.tw
E-mail ／service@ycrc.com.tw
印　　刷／鼎易印刷事業股份有限公司
ISBN ／978-957-818-932-4
初版一刷／2002 年 9 月
二版一刷／2010 年 1 月
定　　價／新台幣 450 元

國家圖書館出版品預行編目資料

消費者行為=Consumer behavior / 林欽榮著.
-- 二版. -- 臺北縣深坑鄉：揚智文化,
2010.01
面；　公分

ISBN　978-957-818-932-4（平裝）

1.消費者行為　2.消費心理學

496.34　　98018410